译文纪实

INVITATION TO A BANQUET

Fuchsia Dunlop

[英] 扶霞·邓洛普 著　　　　何雨珈 译

君幸食
一场贯穿古今的中餐盛宴

上海译文出版社

献给默林（Merlin）

目　录

宴后记

开宴序

似是而非的中国菜：糖醋肉球

1994 年，我拿到四川大学的留学生奖学金，赴中国旅居。表面上看，我是去成都追求学术深造的，但从很小的时候开始，我就对美食和烹饪产生了比其他一切都要浓厚的兴趣。到川大之后，我很快"放弃"了学业，全身心地投入到对当地美食轻松闲适的探索中。完成大学学习的一年后，我留在了成都，当地著名的四川高等烹饪专科学校（四川"烹专"）邀我入学——我欣然接受。

人生着实有趣，冲动之下看似微小的决定竟能最终塑造生活与命运。我接受中餐厨师培训的最初动机单纯是对烹饪的热爱，同时也想在这座城市多盘桓一段时日，毕竟它对我的吸引力仿佛香饵钓鱼。然而，对于川菜，乃至更广阔范围的中餐的探索，让我深深着迷陷落。如果站在起点处看，的确不太可能，但这项探索最终变成了长久的事业。

从早年在成都开始，我走遍了中国的大江南北，流连于各种厨房、农场、博物馆，阅读了大量书籍，并与上至行业专家、下到业余爱好者的很多中国人聊美食与烹饪。同样重要的是，我品尝了大量异乎寻常的食材与菜肴，数量之多，超乎我的想象。这才是我真正的教育经历——品尝、品尝、再品尝；品尝不同地区的风味，体验中餐千变万化的排列组合；亲眼见证各种理论、描写、传说和食谱在实践中的应用，用嘴和舌头去获得切实的感受。武术大师和音乐家都是靠真拳实脚的演练学习成就的，专业"食者"亦然。

都说"三代才能出一个中餐美食家"。作为一个在二十出头时新入中国的外邦人，我目前还在过自己的第一遍人生；但鄙人何其有幸，在过去的二三十年里接受了很多人几辈子做梦也不敢想的丰富美食教育。这样的荣幸完全要归功于我那些深情厚谊的中国朋友和老师们，更不用说华夏大地上许许多多的陌生人和偶遇的点头之交；他们不厌其烦地带我品尝美食，与我促膝长谈，最终"改造"了我不开化的粗鄙味觉。

当然，初到中国长居时，我对"中国菜"这个概念也不算完全陌生。童年时期，我偶尔能吃上一顿中餐，虽然数量不多，但也令人难忘。和过去两三代的许多西方人一样，我算是吃着中国菜长大的——嗯，那勉强算得上中国菜吧。

牛皮纸袋窸窸窣窣作响，我们将其打开，倒出里面的金黄色小球，都还冒着热气，散发着诱人的香味。炸得酥脆的面糊包裹着软嫩的猪肉块，还配了个白色的一次性塑料杯，里面装满鲜红色的透明酱汁：糖醋酱。我和妹妹都兴奋得不行了。中餐外卖可是难得的享受，能在平时常吃的妈妈做的家常菜之外换换口味，还有机会玩玩筷子。摞在一起的铝箔碗盘，散发着酱油与姜的香气：这一套菜肴包括了虾仁杂碎、罐头笋炒鸡丁、粗砂砾状的豆芽炒面、面皮松软的卷饼（里面包的仍然是豆芽）、蛋炒饭。味道都很不错呢，但我们最喜欢的莫过于糖醋肉球（Sweet-and-Sour Pork Balls），这是我们永远的最爱，怎么都吃不够。

不止我和妹妹，在 1970 年代的英国长大的孩子们，很多人与中餐的初相识，就是通过糖醋肉球这道当时在中餐菜单上无处不在的菜。几乎每个城镇都有一家中式外卖店。二战后，新的中国移民潮从香港涌来，他们接管了英国的炸鱼薯条店，先是在利物浦，然后扩展到曼彻斯特等地，利用原有的店面，逐渐在原有菜单上添加中式菜肴[1]，中餐外卖店数量由此激增。1951 年，整个英国只有三十六名中餐馆经营者和管理者[2]；到 1970 年代初，全国估计有一万二千家中式外卖店和三千家堂食中餐馆[3]。

没人说得清外卖热潮从何发端；有人说最初是因为伦敦贝斯沃特

（Bayswater）那家莲花楼（Lotus House）生意太好，有顾客订不到位子，于是要求把菜带回家吃；有人说这种方式创始于伦敦最初的唐人街莱姆豪斯区（Limehouse），具体地点是张查理（Charlie Cheung）的"友记"（Local Friends）[4]。不过，早期的香港移民大部分是男性；随着《1962英联邦移民法令》（1962 Commonwealth Immigration Act）颁布新规，他们的妻子儿女也来到英国，家人团聚，于是中餐馆大多变成了家庭运作，全英国的中式外卖店呈雨后春笋之势[5]。这些外卖店的出品是借鉴和改良的粤菜大杂烩，其中包括豆芽炒面（chow mein）和杂碎（chop suey），后者的英文名字也来自粤语，意思是"各种切碎的食材混杂在一起"。

配料也很刻板：常见的去骨肉类（猪、鸡、虾和牛）轮番入菜，和罐头装的中餐常用蔬菜（竹笋、草菇、荸荠等等）以及新鲜的豆芽、洋葱和甜椒一起烹制，加上几种标准化的酱料（杂碎、糖醋酱、番茄酱或咖喱酱），要么就是炒面或炒饭。这些都已经是非常清淡低调的菜肴了，要是有尊贵的顾客对这些菜显得忧惧警觉，他们就可以选择煎蛋卷、咖喱酱薯条，甚或是烤鸡等英式菜肴。要让中国人自己来说，这些外卖根本算不上中餐。英国华裔作家毛翔青（Timothy Mo）的小说《酸甜》（Sour Sweet），背景就是1960年代伦敦的外卖业，其中写到陈姓一家人，他们认为，为那些非华人的客人做的菜，就是"垃圾，彻头彻尾的'擸撻'①，只能给'洋鬼子'吃"。

别说，"洋鬼子"们倒是特别喜欢这些东西。战争年代，食物都是定量配给，菜肴清淡无味。有了这些经历，中餐如同来自远方的异国清风，"吹"到了英国。那精彩多样的风味不仅完全不同于土豆泥和裹面糊烤香肠，价格还很实惠。我母亲回忆说，1960年代中期，

---

① 读作"La Sa"，即粤语的"垃圾"。（本书脚注如无特殊说明，均为译者注。全书编号"1、2、3⋯⋯"的注释为尾注，"①、②、③⋯⋯"为脚注。）

她偶尔会在伦敦款待自己一顿中式午餐，笨手笨脚地试用筷子。她总是吃一份套餐，包括用淀粉勾芡的浓汤，汤里裹着碎肉和豆芽；主菜是杂碎炒饭之类的；接着是一道永恒不变的甜点：罐头糖水荔枝。套餐的价格便宜得叫人不敢相信，五先令就能吃上一顿，一个三明治都比这贵。

随后的几十年里，中餐成为英国日常生活中颇受重视的元素。1949 年，中国内战结束，毛主席领导的共产党打败了国民党政权，滞留伦敦的国民党外交官开始推广中国美食：其中有个名叫罗孝建（Kenneth Lo）的，于 1955 年出版了第一本食谱，之后又写了三十本；他还在伦敦开了备受推崇的"忆华楼"餐厅（Memories of China）。1980 年代初，英国广播公司（BBC）委托美籍华裔厨师谭荣辉（Ken Hom）主持一档开创性的烹饪节目，向英国大众介绍中国菜的口味和烹饪技艺；与他的电视系列节目配套的烹饪书销量超过一百五十万册[6]。市场情报（Market Intelligence）的一份报告显示，到 2001 年，中餐已经成为英国人最喜爱的外国菜，65% 的英国家庭拥有中式炒锅[7]。

在北美，中餐经历了类似的发展轨迹，从默默无闻到无处不在，不过时间还要更早。1848 年萨克拉门托谷发现金矿后，成千上万的华南移民投身于淘金热，来到加州，播下旧金山唐人街的种子。中餐馆一家家地冒出来，很多都提供"一美元吃到饱"的自助餐，中西菜肴混搭，其中包括可能是美国最早的中式杂碎，利用肉和蔬菜的边角料做成，让白人矿工和其他劳工吃得狼吞虎咽。这只是一场美食热潮的开始，它还将从西海岸到东海岸，席卷全美。

二十世纪以来，随着中餐在美国越来越深入人心，杂碎、炒面和芙蓉蛋等早期菜单上的主角逐渐被其他菜肴取代。对于全球食客来说，这些菜具有更普遍的吸引力：西兰花炒牛肉、左宗棠鸡、宫保鸡丁……还有包了奶酪的油炸小馄饨，名为"炸蟹角"（Crab Rangoon），在美国就相当于英国的糖醋肉球。折叠式中餐外卖纸盒和幸运饼干

（fortune cookie）成为不可或缺的美国食物，恰如肉丸意面和熏牛肉三明治。到二十一世纪初，美国有大约四万家中餐馆，超过了麦当劳、汉堡王和肯德基的门店总和。正如美国华裔女作家李竞（Jennifer 8. Lee）在著作《幸运签饼纪事》（*The Fortune Cookie Chronicles*）中所写，其实，如今的美式中餐，已经"比苹果派还要美国"[8]了。

从特定视角看，中国菜在全球的崛起是个了不起的励志故事。这是主要由小企业家而非跨国公司推动的美食，没有其他任何同类的美食能产生如此非凡的影响或受到如此众多的喜爱，还能在如此数量的国家被接受并经历本地化过程。从纽约到巴格达，从斯德哥尔摩到内罗毕，从珀斯到利马，中餐在世界各地都形成了无法被忽视的文化。几乎每个国家都有自己的"经典"中餐，从我钟爱的糖醋肉球到印度的"满洲鸡"（chicken Manchurian）、斯里兰卡的"牛油鱿鱼"（hot butter cuttlefish）和瑞典的"四小盘"（four little dishes）。"中国菜"作为一个品牌，已经得到了全球性的认可。

不过，换个角度看，中餐这种成功也反过来侵害到自身。经过简化、改良，甚至在某种程度上有所退化的粤菜，先是在北美发展起来，然后像五彩纸屑般在全世界遍地开花，菜式稚嫩单一，涵盖的饮食范围十分有限，追求鲜艳的颜色、酸甜咸的重口味，油炸小吃和炒面当道。这样所谓的"中餐"大受欢迎，使得人们一叶障目，无法全面体会和欣赏中国美食文化的多样与精妙。大家对中餐倒是喜闻乐见，但大多还是觉得这是一种廉价、低级的"垃圾食品"。西方消费者愿意为寿司或欧洲高端餐厅的精选品鉴菜单一掷千金，而中餐馆老板们却还在苦苦说服顾客精致高级的中餐是物有所值的。

根本不必如此。最早引起英国公众注意的中餐是1884年伦敦世界卫生博览会（London International Health Exhibition of 1884）上的部分中国展品。那是一家在展会现场临时搭建的中餐馆，装潢典雅，菜单上有三十种左右的菜肴，背后的团队受到了一位优秀香港大厨的指导。这样的中餐绝非廉价杂碎之流，1884 年 7 月 17 日《标准报》（*The Standard*）上的一篇报道说："这是一家一流的经典美食餐厅；美食家们在此享用中式美食，既能欣赏到极致追求完美的备菜展示，又能感受到同样完美的科学'配药'的实际应用——美味可口的菜肴，这应该是最令人愉悦和赞赏的形式了。"[9]菜单上有一些欧洲菜，比如"法兰克福香肠"，但更多的是叫人眼花缭乱的中式佳肴，包括"比闻名遐迩的甲鱼汤还要美味且富有营养的"燕窝羹、北京鱼翅、荔枝肉球、豆腐干、皮蛋、绍兴热黄酒、各种中国糕点，最后还会献上"一小杯皇家贡茶"[10]。

伦敦借此一窥高级中餐料理，一时对此津津乐道；当时有位作家文森特·霍尔特（Vincent Holt）写道："众多时尚人士品尝了这些精巧雅致的美味佳肴，并表示高度赞赏。"[11]该临时餐厅的菜单大大激发了公众的好奇心，客座厨师们甚至被邀请到温莎城堡为维多利亚女王准备午餐；据说女王陛下特别中意燕窝羹[12]。然而，中餐在英国上流社会如此华丽迷人地登场，让大家领略了一番中式饮食之雅趣，结果却只是昙花一现。当时，在博览会上那座"中国宫廷"之外，英国仅有的几家小食肆提供的中餐根本不是面向本地客人，而是服务于定居在利物浦、格拉斯哥、加的夫和东伦敦莱姆豪斯地区码头周围为数不多的中国水手群体。随着时间的推移，就是这些不那么精致的中国菜，逐渐侵蚀了公众对中餐其他一切的看法和想象。

二十世纪初，新移民涓滴成流，英国本来稀少的华人数量逐渐增加，在伦敦中心地带开张的中餐馆多了起来，慢慢赢得非华人顾客的喜爱。伦敦西区的第一家中餐馆应该是 1908 年开业的"华园酒家"（Cathay）；1930 年代和 1940 年代，更多的中餐馆涌现，包括华都街（Wardour Street）上那家颇受欢迎的"利安酒楼"①（Ley-On）[13]。接下来的三十年里，大量中国移民从香港新界涌入英国，其中大多数都

---

① 又称"新中国楼"，Ley-on 是店主的名字"利安"，在好莱坞做过电影演员。

从事中式餐饮业[14]。

有些餐馆，尤其是位于伦敦苏活区（Soho）新兴唐人街的那些，倒是拥有训练有素的专业厨师；但大部分中式外卖店的员工从业前都是种地的农民，对中餐烹饪的细微精妙可谓一无所知，做这行不过勉力糊口罢了。正如一位餐饮老板对英国汉学家裴达礼（Hugh Baker）所说，新来一个厨子，"半小时的训练便足够了。告诉他们多放姜、豆芽和陈皮，给他们一口炒锅，一瓶酱油，这就算是掌握'中餐烹饪'的全部知识了"。[15]那些新入行的中餐馆老板们，通常都散落在英国各个城镇，孤身打拼，远离同胞，服务的是习惯于吃炸鱼薯条的当地人。他们的菜肴必得亲切、家常、便宜，其中的异国风情可以有，但不能多；也许正因如此，他们中的大多数人最终采用了一个世纪前在加州经过品尝和考验的中餐配方，和祖国的家乡菜几乎无甚相似之处。

美国的情况和英国类似，几乎所有早期的中餐厨师都来自一个地区：南粤。此外，正如英国大多数的中餐厨师都是几乎没接受过烹饪技艺训练的农民，美国华人移民的主力军大多也都不是粤府广州（以美食著称的城市）珠江沿岸食肆中技艺高超的厨师或口味挑剔的饕客，而是来自零星几个村镇县城，因为人口过剩、穷途末路，被迫流亡海外。他们对粤菜知之甚少，对其他地区的菜系更是几乎闻所未闻。在英美两国，新中餐主要是作为养家糊口的工具在发展，截然不同于1884年世界卫生博览会上那家旨在展示中国烹饪文化辉煌精妙的餐厅。

二十世纪的历史车轮滚滚向前，英美两国的华人人口不断增长，并呈现多样化的趋势。然而，尽管在华人聚居的唐人街能够觅得正宗的中国菜，在其他地方却还是只能吃到根据西方人口味定制的、千篇一律的简化中餐。即便是在唐人街，非华人顾客也不一定能吃到正宗中国菜，只能干瞪眼。比较正宗的菜肴往往被餐馆隐藏在中文菜单里，生怕西方人会对带骨禽类、没剥壳的大虾和苦瓜之类的食材望而生畏——其实，大部分西方人的实际行动的确如此。在 1990 年代的伦敦，我作为一个刚从中国返回的年轻的餐厅品鉴者，说着流利的普通话，无比渴望吃到真正的中餐。我想点的菜不管是什么，只要比炒去骨鸡肉或糖醋咕咾肉更具挑战性就行。但服务员往往会提出反对，劝我看看那些万年不变的套餐——根本没有哪个中国人会吃这些东西。

服务员们的担心并非毫无道理。几乎从第一次接触中餐开始，西方人对它的感情就很复杂，既充满热情，又全是犹疑。一些早期踏足中国的西方游客对中餐的品质与多样性赞不绝口。马可·波罗在 1300 年左右成书的《游记》（*Travels*）中，对"行在"①（今杭州）的集市盛赞有加，称集市上"供应丰富，日常生活所需之食物，这里应有尽有"。他还说，"习惯满足口腹之欲，每餐必吃鱼和肉"的居民，数量众多。[16]

很多在十七和十八世纪跋涉到中国的耶稣会传教士都会在写回家的信中提到美食烹饪的相关事宜。耶稣会传教士杜赫德（Jean-Baptiste du Halde）用法语写过著名的中国研究资料，主要由耶稣会的各种资料汇编而成，后来翻译成英文，名为《中华帝国全志》（*A Description of the Empire of China and Chinese-Tartary*），其中明确提到了不合欧洲人口味的中国珍馐，比如鹿鞭、狗肉等；但也赞美了鱼肉和火腿的美味，颂扬中餐烹饪技艺："只要事关味觉，法国厨师都会精益求精，但他们一定会大惊失色地发现，中国人在这一领域的本领远在他们之上，而且花费还要少得多。"[17]

不过，到了十八和十九世纪，英国人和其他的西方冒险家需要想方设法地打开中国紧闭的大门，和顽固不化的帝国进行贸易通商；他们对中国食物的评论变得越来越敌意深重。英国历史学家罗伯茨（J. A. G. Roberts）曾写道，很多人通过观察认为，中国人在饮食方

① 南宋一直将杭州称为"行在"，即"皇帝所在之地"。

面奸诈、邋遢、不会鉴别好坏。"中国人什么肉都吃,"十八世纪末,英国作家约翰·洛克曼(John Lockman)写道,"死在阴沟里的野兽,和那些经由屠夫宰杀的肉类,他们一视同仁,吃得开开心心……据说他们对老鼠肉也是来者不拒;在那里,蛇羹是盛名在外的佳肴。"[18]英国首个派往中国的使团领队马戛尔尼勋爵(Lord McCartney)后来描述 1793 年的使团出访记,其中写道,中国人全都是"令人恶心的食物提供者与食客,餐桌上有大蒜和气味浓烈的蔬菜",他们"互相用同一个杯子喝水,这个杯子有时会稍微冲一下,但从不会好好清洗,也不擦拭干净"。为中国人塑造"污秽食客"的形象可谓恰合时宜,毕竟当时西方在下更大的一盘棋,企图全面诋毁中国人,将他们的国家描绘成一个不断衰败的帝国,暗示时机成熟,先进的西方列强只需前去进犯剥削。曾经,欧洲人为华夏文明的种种神奇美妙而着迷;而现在吸引他们的,则是中国市场庞大的潜在利润。

在中餐进入美国的早期,游客蜂拥至旧金山唐人街品尝异国风味。但"中国佬"本身对老鼠肉、蛇肉、猫肉和蜥蜴肉大快朵颐的事情,却成为大众文化的笑谈。加州的铁路工与采金人津津有味地吃着便宜的杂碎,反过来又把中国劳工视作构成经济威胁的外来人。美国人对中餐的看法,被种族化的恐惧与忧虑蒙上了阴影。到 1870 年代,美国爆发了一场排华运动,并分别在 1882 年和 1992 年促成了两个立法行为,有效地阻止了中国到美国的移民。英国的小说与电影中,伦敦莱姆豪斯最早的唐人街就是恶鬼的巢穴,充斥着鸦片与犯罪。戏剧舞台上,处处可见华人反派角色。对中餐的无知与偏见更是普遍现象。

时至今日,全世界依然钟爱着中餐,此情缠绵,由来已久,但上述粗暴的种族偏见也从未完全消失,可谓如影随形。有数不清的人曾对我——一个专攻中餐的研究者——使用这样的开场白:"你吃过最恶心的东西是什么?"脸上还带着打趣的笑。不管露骨还是委婉,一些特定的先入为主的偏见已经根深蒂固："什么都吃"说明一个民族邋遢、变态或没有希望；比起牛排更爱吃豆腐就是缺乏男子气概的娘娘腔；用油烹饪出的食物也必然油腻；用味精就是投机取巧的吝啬鬼；把食物切得细碎，是为了让其无法辨认，达到以次充好的目的；中餐是穷人的食物，价格不应该昂贵。西方对中餐的"偏光滤镜"不胜枚举，以上只是其中几例。

就在不算遥远的 2002 年，《每日邮报》(Daily Mail) 还发表了一篇文章，将中餐斥为"全世界最具欺骗性的食物。做中国菜的中国人，会吃蝙蝠、蛇、猴子、熊掌、燕窝、鱼翅、鸭舌和鸡爪"。[19]中餐究竟是街头巷尾人人喜闻乐见的民间美食，还是一锅充满寄生虫与野生动物的可怕大乱炖？西方世界好像常常在这个问题上举棋不定。也许还从来没有哪个菜系同时承受着如此的喜爱与如此的辱骂。

长久以来，带有诋毁性质的、有关中餐的传说，一直是个扩大种族偏见的渠道。有人利用这些传说，将中国人描绘成异类、危险分子、狡诈的骗子和尚未文明开化的野蛮人。2020 年，有人提出，造成全球疾病大流行的冠状病毒可能先存在于野生动物体内，这些动物在中国市场上被当做食材售卖，才把病毒传给了人类。这一说法引发了一场针对中国人及其饮食习惯的谩骂风暴。中国的传统农贸市场，英文名字是"湿货市场"(wet market)，在西方媒体的报道中，这里就是叫人作呕的动物园，全是奇珍异兽。很少有记者指出，其实大多数市场不过就是社区邻里购买水果、蔬菜等新鲜食材的地方，里面有活鱼，有时候也有家禽，但很少有野生动物。一位亚洲女性吃蝙蝠汤的视频在网络上疯传，并成为指责中国人饮食习惯粗野与不卫生的证据，尽管蝙蝠汤并不属于中餐的范畴，而且那个视频是在太平洋岛国帕劳拍摄的。[20]这种错误与夸大的媒体报道像混乱的巨大旋涡，在现实世界中引发了可怕的后果，掀起西方各城市针对亚裔长相人群的言语和肢体攻击浪潮。

即便是糖醋肉球这种历史悠久、伴随英美小孩童年的亲切菜肴，也常常难免被批判。1968 年，新英格兰的一份不知名期刊上登载了一封相当无耻的信件，指出中餐里添加的味精可能导致心悸等症状，作者给这些病都贴上了"中餐馆综合征"的标签。[21]这封信似乎是个恶作剧，[22]科学家也已经完全推翻了那些反对味精的论点，但其"余毒"深远，深深扎根于西方世界认为"味精有毒"的普遍而毫无根据的恐惧中。（大部分西方人似乎并不知道，MSG，也就是味精，天然存在于帕尔马干酪等多种常用于西方烹饪的食材中。）

近年来，英国媒体大肆报道各种相关研究，指出根据研究结果，中餐脂肪含量高得惊人，含盐量甚至有损健康；而媒体显然忽略了一个问题，每项研究中用于调查的所谓"中餐"，都是针对西方消费者的外卖和超市的预制即食餐[23]。2019 年，在纽约，一位白人餐馆老板想要宣传她的新餐厅"好运李家"（Lucky Lee's），手段是向客户们保证，餐馆提供的是精致、"健康"版的中餐，绝不会让他们第二天"感觉想吐或胃胀"[24]。此举引得美国华裔大怒，因为他们显然话里有话，暗讽平日里大家吃的中餐是不干净的。

二十世纪初以来，不少作家、厨师和实业家都努力想要打破这些极具误导性的刻板印象，让西方人认识真正的中餐。英国有学者赖恬昌（TC Lai）、餐馆老板罗孝建、食物史学者及烹饪专家苏恩洁（Yan-kit So）、中餐大厨谭荣辉和烹饪专家熊德达（Deh-ta Hsiung），美国有医生兼菜谱作者杨步伟（Buwei Yang Chao）、学者林相如（Hsiang Ju Lin）、林翠凤（Tsuifeng Lin）①、美食作家芭芭拉·特罗普（Barbara Tropp）、林太太（Florence Lin）②、厨师兼美食作家甄文达（Martin Yan）、美食作家杨玉华（Grace Young）和费凯玲（Carolyn Phillips，人称"黄妈妈"）；他们，以及其他很多人，不仅

---

① 值得一提的是，林翠凤是学者林语堂的妻子，本名廖翠凤；而林相如是林翠凤和林语堂的三女儿。母女俩合著过中餐食谱。

② Florence Lin（1920–2017）是湖北汉口出生、宁波成长的美籍华人，著有中餐食谱，在美国中餐界很有名气，被华人们尊称为"林太太"。

致力于展示中国地方烹饪传统的多样性，还要表现中餐饮食文化的丰厚深远。具体到西方的各个城市，纽约的彭长贵、童志强（Michael Tong）和埃德·舍恩菲尔德（Ed Schoenfeld），旧金山的江孙芸（Cecilia Chiang）和周英卓（Brandon Jew）以及伦敦的彭永双（Michael Peng）、丘德威（Alan Yau）和黄震球（Andrew Wong）等大厨和餐馆老板们也都在努力提高中餐的地位，让"中餐"这个概念不止步于西兰花炒牛肉与糖醋咕咾肉。

时间继续往前推进，中国以令人瞩目的形象登上了国际舞台，也促使海外的人们进一步了解传统中餐烹饪文化。中国脱胎换骨，不再以二十世纪初的"东亚病夫"形象示人，这里的人们绝没有走投无路到什么都能往嘴里送。越来越多的西方人得到机会，前往中国生活、工作和旅行，新一代的华人创业者们正在国外掀起一场中餐风格与表现形式的变革。川菜与湘菜刺激味蕾的辛香滋味，再加上东北、陕北和包括上海在内的华东江南地区的种种风味，撼动了国外老派中餐的粤菜根基。过去的外卖店与英式粤菜馆尚在，但多了快闪餐馆、晚餐俱乐部等更具吸引力的现代餐厅形式，其中许多店主都是在中国长大、又到国外接受教育、会讲两国语言的年轻中国人。此外，数不清的博主与社交媒体网红活跃在互联网上，展示着货真价实的中国美食。终于，这扇大门微微地打开了，人们得以一窥中餐丰富内涵的边角。

很多被普遍认为是在西方诞生的饮食现象，其实都是"华裔"，在中国的历史可以追溯到数百年（有时甚至是几千年）以前。早在十二世纪，开封就有了餐馆，比巴黎出现餐厅要早大约六个世纪。而且开封的餐馆可不简单，会有专业特色菜系和烹饪风格。[25] 被现代西方美食家奉为圭臬的对食材产地与风土条件的讲究，根本不是法国人或加州人的发明。两千多年来，中国人对此一直孜孜以求；同样的，还有所有食材必须应季的美食理想，中国人讲究这个，不仅出于实用，也因为追求应季风味。当下流行"不可能汉堡"（Impossible Burger）这类用豆类和马铃薯等植物蛋白做成的仿荤食品，也有历史悠久的华夏祖先，至少在一千多年前的唐朝，中国厨师们就已经在制作各类素食"荤菜"了。

要寻找充满创造性的面食制作记忆，为何只问道意大利？中国北方早就发展出了高度发达的面食制作文化，只是在国外仍然鲜为人知。令人眼花缭乱的兰州拉面，通过扯面制作出来的西安 Biángbiáng 面，两者都在西方渐受追捧。然而这还远不能涵盖中餐丰富多彩的面食种类，比如手擀面、刀削面、剔尖面、竹升面、揪面、抻面、捽面等，制作面食的原材料也不仅限于小麦，还有燕麦、高粱等其他谷物。要是你对发酵感兴趣，中国有数不胜数的醋、酱、咸菜和腌渍物，其中大多数还完全不为国外所知。

早在西方掀起"分子料理"的热潮之前，中国厨师就已经妙手生花，用鱼肉做面条、把鸡胸肉变成"豆花"、用鸭子身上的各个部位谱写美妙的烹调赋格曲。日本料理如今在国外备受推崇，其中很多核心技艺和备菜方法都源于中国：寿司、豆腐、茶道、酱油和拉面，不外如是。中国美食精妙无比，对食材的切割、烹煮、风味和口感都有着细致入微的讲究，世界之大，无地能出其右。另外，中国幅员辽阔，地理条件与饮食风土文化差异很大，丰富多彩。话说，中国人喜欢对"西餐"进行非常粗略的概括，将整个西方世界的餐饮文化归结为想当然的单一菜系；而西方对"中餐"的概而论之，怕是不遑相让。

中国美食文化为有关健康和环境的当代热门议题提供了很多相当有帮助的视角。数个世纪以来，中国人一直热衷于宣扬适宜饮食以及天人合一。传统中餐饮食以谷物和蔬菜为主，辅以适量肉类和鱼类，以增添风味、均衡营养。中餐烹饪中蕴含着丰富的思想，当代西方社会全然能以之为参照和灵感，重新去思考自己不可持续的大量肉类消耗。中国厨师智慧非凡，足以作为充分利用食材、尽量减少浪费的

"敬天惜物"典范。而最让人击节赞叹的，也许是中餐烹饪能独辟蹊径，将健康、可持续和慎重饮食与非凡乐趣完美结合。

这本书想要探索的问题是，何为中餐，我们应该如何理解中餐，以及一个同样重要的问题——我们如何吃中餐？这些问题都非同小可，不但涉及我们在伦理与环境方面的一些重大困惑，也是一把钥匙，促使中国国门外的人从此开始欣赏灿烂的中国文化——在国际局势日益紧张的今时今日，这一点至关重要。同时，找到了这些问题的答案，也能帮助我们健康生活并纵情肆意地去享受人生中最为深远的一种感官与智识乐趣。也许我在中国学到的最重要的一课，就是如何同时吃得健康又快乐。

我儿时的那些糖醋肉球，无疑应该归属于中餐。它们讲述的故事，是中国移民想尽办法适应西方的新生活，创造出一种简单而经济的烹饪，既能养活自己和家人，又能迎合心存疑虑的西方人的胃口。这个故事里也有经济焦虑、地缘政治大事件与种族偏见的阵阵余波，这些元素的合谋，让西方人一叶障目，无法欣赏到真正的中餐。糖醋肉球同时还是一个鲜明辛辣的讽刺：一个多世纪以来，西方人对佐以酸甜咸酱料的廉价油炸中餐表现出无与伦比的偏爱，转头又将自己"不健康"的饮食习惯归咎于中国人。

好了，咱们不聊糖醋肉球了。

让真正的盛宴开始吧。

灶火

中餐的起源

火与食之歌：蜜汁叉烧

　　笃、笃、笃，菜刀在砧板上翻飞，鸭子先被对半分开，接着连骨带肉地被切成整齐的肉块。嚓、嚓、嚓，菜刀片过叉烧肉和烤五花。在专心于菜刀与砧板的厨师背后，烧味们气势宏伟地悬在橱窗里，被长长的钩子挂在几根亮光闪闪的钢筋上。一条五花肉，肉皮被烤得金黄酥脆，鼓起可爱的泡泡；一条条被捆扎着的深红色叉烧，表面的糖浆泛着光泽，边缘微焦，参差起伏；表面烤出铜光的整鸡在顶灯的照射下熠熠生辉；烧鸭喜气洋洋地斜挂着，表皮微微褶皱，光亮如漆。厨师砍、刹、切、片，让处理好的各种肉躺在热气腾腾的白米饭上，再舀起一勺勺蜜汁淋上去，递给服务员。经由服务员之手，美食被端到客人面前，而像我这样的客人，早就举着筷子翘首以盼、垂涎三尺了。

　　我的中餐探险之旅虽然是从"糖醋肉球"这种不正宗的菜肴开始的，但真正的"起飞"，是在我十几岁的尾巴上，地点是伦敦的唐人街。一位新加坡朋友带着我和表亲走过大门口翻卷腾跃的金龙，走进"点心大世界"泉章居（Chuen Cheng Ku）享用周日午餐。我们吃的是各种包子、水晶虾饺、金黄软糯的腊肉末萝卜糕。几年后，工作激发了我对中国的兴趣，我开始学习中文。后来，研究生时期，我去中国留学旅居，也潜心投身于中餐的研究。只要回到伦敦，我都经常去唐人街和朋友们聚餐。正是在唐人街，我童年那些"英国化"的中式套餐遇见了正宗的中餐。在这里，还站在门槛上犹疑的西方人能尝尝无骨豉汁牛肉与荷叶饼配香酥鸭子，先在陌生的世界站稳脚跟；而任何更具冒险精神的人就可以跟广东人家庭相聚一堂，享受一场盛宴，品尝味道有些刺激的虾酱炒鱿鱼、五香卤鸭心和铺在翡翠色豆苗上闪着光泽的蟹肉（蟹肉扒豆苗）。

华丽的大红门让唐人街的入口无比醒目，一串串红灯笼在微风中摇曳。除了这些繁复精美的装饰，挂在餐馆橱窗里的烧味也是非常引人注目的标志：不仅在伦敦的中国城有，在全世界的唐人街都不可或缺。无论华人还是非华人，烧味是大家都能接受的中国美食。吃惯了烤肉类和禽类的西方人觉得烧味不那么陌生；然而，烧味又和1970 年代中国饮食文化与英国人口味碰撞后产生的糖醋肉球不同，这可是地地道道的中餐。蜜汁叉烧（cha siu pork）是直接从华南的香港和广东"舶来"的美食，属于"烧味（烤制或烧制的肉类和禽类）"这个大家庭。

不过，随着对中餐的了解日益加深，我逐渐意识到，虽然蜜汁叉烧等烧味如此富含象征意义，它们其实远非中餐的典型代表。

我在中国吃了三十年，从没见过有谁会自己在家烤肉。二十一世纪初，都市里的年轻人逐渐迷上了西式的烘焙，并在厨房里配上各种相应的设备，但在那之前，中国的家庭是几乎没有烤箱的。1990 年代，我在中国学厨期间，大部分的餐馆也没有烤箱；即便到了今天，仍有大量餐馆并不配备烤箱。我在四川高等烹饪专科学校接受专业厨艺培训时，课程也不包括烧烤或烘焙。长久以来，在中国的大部分地区，这两种烹饪方法都有专人专精，比如配备了圆顶大烤炉的烤鸭摊贩、广东的烧味大师和专做烘焙生意的人。想在家里吃烤肉，就去熟食店或专做这种食物的餐厅购买，再和家常菜一块儿端上桌。

数千年来，中亚人一直用传统的"馕坑"（tandoor）烘烤面包馕饼，这是一种瓮形的大容器，底部生火，顶部开口。今天，在长久以来都深受中亚影响的中国西北部，维吾尔族人也还在用馕坑烤馕饼、肉串，有时还烤全羊。与此同时，在遥远的云南，一些少数民族则喜欢用明火做烧烤。不过，在中国的大部分地区，馒头包子是蒸或煎的，面条是煮的，日常的荤素菜肴都是在炉灶上烹制的。中国朋友们第一次来欧洲，我邀请他们到我家做客，品尝英式的周日烤肉①，他们都觉得是个新鲜事儿，特别富有异域情调。

在中国，叉烧等烤制肉类其实有着源远流长的历史。"叉烧"，顾名思义，就是"叉着烧制"，"叉"指的是曾经用来烤大块肉类的那种大叉子。叉从来不是中餐桌上常见的餐具，但考古学家在新石器时代及之后时代的遗址中出土了骨叉与金属叉[1]，汉代墓葬中的壁画也描绘了厨师用叉子烤肉块的画面[2]。两千多年前编纂的《礼记》当中列举了"八珍"，其中之一就是"炮豚"②，详细描述了将乳猪洗净去内脏，体内塞满枣子，裹上草帘，抹上湿黏土，上火烧烤，之后再下锅油炸，切片后放入鼎中，加上香料，隔水炖上三天三夜[3]。中国美食史学家将炮豚视作广东烤乳猪的前身；直到今天，宗族祭祀等场合也还会出现烤乳猪的身影，每每都是整只端上，一碰就碎的酥松猪皮温柔地贴在柔嫩多汁的猪肉上，（现今）有时还会在两边的眼窝处各放一盏闪烁的红灯。在不久的过去，这些猪崽儿会被挑在被重量压弯的长叉子上，利用闪着微弱红光的余烬的热气，慢慢翻转烤熟。如今，虽然"蜜汁叉烧"保留了原来的名字，真正用叉子挑着烧的做法却已极为罕见了。不过在 1980 年代末出版的一些专业中餐烹饪书中收录了相关的做法：用叉子挑起一整块猪五花，悬在满是余烬的火坑上方慢慢烤，厨师蹲在一旁手动翻转叉子。

火烤是最早、最原始的烹饪，先于锅碗瓢盆的诞生。在四川"烹专"学习期间，我惊讶地发现，课本的第一页就在介绍史前火的发现和烹饪的起源。课本引用了《礼记》中著名的成语，说人类懂得了控制火、利用火，借此摆脱了"茹毛饮血"的生食纪元[4]。很难

---

① Sunday Roast，传统英国家庭的周末大餐，一般是烤肉配上土豆和约克郡布丁，点缀各种蔬菜。
② 《礼记》原文："炮：取豚若将，刲之刳之，实枣于其腹中，编萑以苴之，涂之以谨涂，炮之，涂皆干，擘之，濯手以摩之，去其皽，为稻粉糔溲之以为酏，以付豚煎诸膏，膏必灭之，巨镬汤以小鼎芗脯于其中，使其汤毋灭鼎，三日三夜毋绝火，而后调之以醯醢。"

想象欧洲的烹饪教科书会用任何篇幅去追溯远古时期的烹饪起源，来说明烹饪将我们与野蛮人区别开来。但这本将马克思主义与典故轶事奇妙结合在一起的课本，绝非四川地方特色，因为自古以来，这样的思想就贯穿于中国文化之中，即烹饪帮助人们摆脱了野生蛮荒的过去，标志着人类文明的诞生。

根据中国古往今来的记载，早期的人类寄居在岩洞与巢穴中，艰难觅食、疾病缠身。只有在极少数情况下，雷电交加时正好野兽被天火击中，他们才会嗅到烧烤过的肉类那无可比拟的香味，用牙齿咬一口熟肉，窥见烹饪改革的可能性。后来，神话传说中的部落首领燧人氏教会大家用两块木头摩擦生火，这样便能将火控制于股掌之间。燧人氏是引导人类走向文明之光的传奇圣人之一，另外还包括了驯服洪水的灌溉之父大禹、农耕与利用草药治病的先驱炎帝神农氏。但要从头上追溯起来，还要数火的发现，让人们得以开启烹饪的大门，避免一些疾病，真正成为人类。

从上古时期，中国人就认为，烹饪是文明人类与野蛮人和动物的分水岭。看看后来西方思想家们的相关研究成果，这种古老的观念竟是惊人的预想。法国人类学家克洛德·列维-施特劳斯（Claude Levi-Strauss）在他研究的南美原住民神话中发现，烹饪象征着从自然到文化的过渡，是定义人之所以为人的关键因素。再把时间推近，美国灵长类动物学家理查德·兰厄姆（Richard Wrangham）认为，烹饪使我们真正成为人类，因为加热食材能充分释放其中的营养成分，让我们免去碾压和咀嚼的繁重劳动而轻松摄取营养，促使大脑从与猿猴相似的器官进化到能进行科学与哲学思考的"计算机"[5]。没有烹饪，我们不仅会继续"茹毛饮血"，还会一直智力低下。

不过，虽说烹饪是全人类进化的关键，但只有中国人将其置于自身认同的核心。对中国古人来说，通过烹饪对生食进行加工转化，不仅标志着人类与野蛮人之间的分野，更划分开文明世界（即中国及其统一前的诸国）的人们与游荡在这个世界边缘的蛮夷们。《礼记》

中指出："东方曰夷，被发文身，有不火食者矣；南方曰蛮，雕题交趾，有不火食者矣。"另一部古籍描述蛮夷们如同兽类，到中原进贡时，面对（熟）食物诱人的香气与风味，竟然无动于衷。[6]

也有些异邦人没有上述这么粗野。那些行为不可容忍的人，是"生"人；有些礼节上还算可以接受的蛮夷，就姑且称之为"熟"人吧。吃熟食是通往文明的桥梁：有一个美食外交，甚至可以说是"软实力"的早期范例，即公元前二世纪有位文人提出，中国人可以在帝国边境的食肆中用烤肉诱惑粗暴的北方蛮敌，从而征服他们。他写道："以匈奴之饥，饭羹啖膬炙，多饮酒，此则亡竭可立待也。"[7]①（与此一脉相承，我一本书的中文版读者最近也建议，中国应该将备受争议的海外孔子学院改成一流的中餐馆，通过这种途径来最大限度地发挥软实力的影响。）真要有蛮夷爱上了中餐，就会被视作已经汉化，完全规训于中原的统治[8]。中国古人倒也不是完全不吃生食，有一道美味佳肴，名曰"脍"，就有生肉和生鱼，有时候会稍微进行腌渍。这其实就是日本寿司的前身。但总体说来，做中国人，做文明与体面的人类，就意味着要烹饪，要通过火与调味来改变世界。

这一切听起来也许都是很古老的历史，但在当代中国，历史的回响仍然不绝于耳。虽然近年来一些大都市的餐馆菜单上出现了蔬菜沙拉和生鱼片，但大部分的材料还是会通过加热或至少是腌渍的方式，从完全未经加工的自然状态转化为食物。自古以来对生食的轻厌仍是主流：蔬菜通常都是煮熟的，生肉与生鱼的菜肴是极其罕见的。我的很多中国朋友一看到西餐厅里的生肉就脸色发白，也会批评日本料理"太生"。中国的疆域之内，只有生活在传统汉族烹饪范围之外的少数民族才会吃生肉。云南大理附近的白族人喜闻乐见的一道佳肴叫"生皮"，切碎的生猪肉和火烤过的猪皮摆在一起，配各种香料调和

① 出自《贾谊新书》，是西汉初年政论家、文学家贾谊的文论汇编，在西汉后期由刘向整理编辑而成。

的梅子醋蘸水上桌。而居住在同省南部热带地区的傣族人，有时候会吃生牛肉撒撇，是以牛消化器官里的液体调制的一种冷汤菜。无论是生皮还是撒撇，都是不可能出现在北京餐桌上的。

2000年代初，我陪三位川菜大厨前往加州的美国烹饪学院（Culinary Institute of America）访学。我们在学校的厨房里忙活，而学生们每天也会在那里准备自助午餐，偶尔会有煮熟了的冷餐牛肉和三文鱼，可能再有个汤，但大部分时候都是沙拉：精美豪华的沙拉五颜六色、多种多样。但几天下来，我的四川同伴们从内心深处产生了悲戚之感，因为对于吃惯了熟食的人来说，这儿没有什么能真正满足他们的胃口。最终，其中一个人半开玩笑半不客气地爆发了："再吃沙拉，我就要变成野人啦！"

一条条腌汁欲滴的蜜汁叉烧悬在烤炉中，美拉德反应逐渐发挥魔力，让肉的表面颜色逐渐变深，将其中的碳水化合物与氨基酸变幻为各种诱人的香气和滋味。中文里用来形容烤肉气味的"香"，在英文里通常翻译成"fragrant"；但中文含义要丰富得多，因为"香"也可以指"香火"，指古代仪式中与祭祀供品的香味一起飘向神灵世界的缭绕香烟。人们希望，这些卷曲升腾的香气，不仅能让人类五感迷离，也能吸引主宰人类命运的神灵们的注意。在中国人心中，烹饪的意义，不仅是把有危险的生食变为美味健康的食物、把野蛮人变成文明人，还是各种仪式的重中之重，因为仪式的开端就是献供饮食之物。[9]

任何社会中，人们都会相互喂养，以此来培育感情。但在中国，古往今来，可食用的供品也充当着通往灵界的渠道。在人类生存的凡界边缘，徘徊着一群躁动不安的神灵、鬼魂和先祖，其中有些怀着恶意，有些只是内心矛盾不知去向何方；不过，人们认为，他们全都可以用饮食的方式来说服和安抚。人们希望祭品散发的诱人香气，能够起到一种感官"摩斯电码"的作用，将人间的讯息传递到苍天之上，不仅喂饱这些世外鬼神的馋虫，还能赢得他们的欢心与保佑，为人间带来风调雨顺、五谷丰登和万事如意。从商朝末期开始，中国的整个国家社会与政治秩序都以用肉类、谷物和美酒祭品安抚神灵为中心，这种仪式的重要程度可以从《礼记》中的建议窥见一斑：为神灵鬼魂准备饮食祭品时，不管花费多少，都要毫无保留，比对在世凡人的吃食更为尽心竭力。[10]

食物也掌控着黎民百姓的生活与命运。老话说得好，"民以食为天"。食物不充足，人民就会暴动，推翻政权统治。帝王最重要的职责就是让臣民填饱肚子，因此要严格按照精确的历法进行祈求丰收的祭祀仪典。[11]宫廷中会派专人负责饲养祭祀用的牲畜、耕种和收割祭祀用的谷物，并准备祭祀用的食物，花费甚巨。根据后来的记载，在周朝，宫人中有超过一半，也就是两千多人，都会参与到为鬼神和皇室中的凡人准备饮食的工作中。[12]他们归膳夫（王的膳食主管）统一管理，其中有营养师，有肉类、野味、鱼类、龟鳖和贝类、腌渍菜和酱料、谷物、蔬菜水果方面的专人，还有几十位宫人专门负责冰和盐。[13]后来的公元前一世纪，有一万二千名专人负责为遍布周帝国的三百座宗庙准备祭祀用食品，每座宗庙都各自配备了祭司、乐师和庖厨。[14]这种规模在后世朝代中逐渐减小，但祭祀的规矩和习俗在整个帝制时代是一直延续的。今天，在曲阜孔庙或北京天坛附近走走，还会看到已经不再使用的"神厨"，过去祭祀用的膳食就是在那里烹饪的。

祭祀仪典上，从供品饮食中缥缈上升的"气"，会让超脱凡世的魂灵得到饱足和滋养。人世间的达官显贵们下葬时，陪葬品会囊括他们来世可能需要的一切，包括食物、盛具、炉灶和粮仓的陶土模型，有时还会附上一尊厨师雕像。位于湖北的一座公元前四世纪墓葬中附带了一个"食室"，算是个餐厅，可供死者先招待一下自己的祖先，再在他们的指引下升天。据墓志记载，食室中不仅配备了盛具，还有一份非常豪华的菜单，上有风干乳猪、蒸烤猪肉、炸烤鸡肉、水果和果脯。[15]汉朝有诸侯王死去，其食官监不幸被拉去殉葬——王希望死后还能继续吃到自己最爱吃的美味佳肴。[16]

1911年辛亥革命以后，国家层面的祭祀活动被彻底废除，但用食物供奉鬼神的民间习俗从未止息过。2004年的春节，我在湖南朋友陶林的老家村子里过年。她的父亲在一个祭台上摆了半只腊猪头、一整条腊鲤鱼、一个巨大的柚子、一盘豆腐和几杯茶与米酒，祭拜祖先，也供奉村子的土地神。他在祭品前叩头，烧纸钱，点燃了巨响的鞭炮，噼里啪啦的声音传到街头巷尾。之后，全家人沿路走到一位不久前去世的叔伯坟前，为他的亡灵献上更接地气的家常菜：糍粑、泡豇豆、豆腐、腊鱼腊肉、鸡爪、茶、米酒和可口可乐。香港上环的传统华人区有专卖丧葬用品的店铺，其中有纸做的烤鸭，还有装满纸制点心的硬纸板蒸笼。

通过食物与美酒的香气向鬼神请愿的习俗，在当代社会也存在实质的回响。在很多人生活的边缘，潜伏着一群影影绰绰的官员与各种所谓的"联络人"，他们能够上下其手地操纵人们的命运；其中一些人心怀不轨，而有些人则总是模棱两可、半推半就。在中国2013年发起反腐运动、严禁公款吃喝之前，很多高端餐厅严重依赖某些喜欢通过好吃好喝来讨好大人物的客户。

对于西方人来说，也许烤肉就是一座饮食高峰了。我们以周日烤肉为荣，餐桌上摆着大块的肉，甚为隆重；我们以牛排和薯条为荣；我们以扔到烧烤架上的鱼肉为荣；我们以在节日盛宴中居于核心地位的鹅与火鸡为荣。但对中国人来说，烤，只是最基本的开始。

随着陶器、青铜器以及后来铁器的发展，煮、蒸、烤、炒等多种多样的烹饪方法也应运而生。大约两千年前，中国人已经在逐渐养成将食物切成小块、用筷子夹着吃的习惯。叉子只会在烹饪中使用，刀也被"发配"到唯一的用武之地——厨房。"炙"是中国古代的佳肴之一，但由切成薄片的肉或鱼做成的"脍"也可与之相媲美。富人有时也被称为"肉食者"，他们能尽情吃肉；而平民老百姓在中国历史长河中的大部分时候，几乎完全以谷物、豆类和蔬菜为食。（考古学家认为，中国人有吃素的偏好，这也许有助于解释他们为什么从不把叉子作为进食工具，因为有证据表明叉子和吃肉密切相关。[17]）

在西方，用扦子叉肉在火堆前炙烤的古老习惯，逐渐演变成在封闭的烤箱中进行烧烤或烘焙。在中国，从汉朝开始，火堆就被厨房的灶台所替代，之后大约两千年的时间里，其设计上的变化微乎其微，直到二十世纪煤气和电力的到来。在那时候以及现在的某些农村地区，灶台一直是用砖和黏土砌成的突出高台，外侧开小口，以便添加柴煤等燃料；顶部开大口，放入汤罐、炒锅或蒸屉。灶头上方通常会摆放一尊或贴一张灶王爷像。灶王爷是中国最古老的"家神"，守护着华夏大地所有人的家庭生活，直到在"文革"期间被废黜（1980年代，某些地区复兴了灶王爷，但他再也没能重回之前的巅峰地位）。某些厨房的地面上还会升一小堆火，火炉上方架一个三脚铁支架，挂一口锅，在天长日久的熏烤中变得焦黑；也可能在余烬之中窝上一个砂锅，火焰飞舞，炊烟缭绕，从屋顶的洞口飘散出去。不过，在传统的家庭厨房中，唯一能进行的烧烤，是将茄子、新鲜辣椒或小螃蟹直接戳进炉膛中，烤熟后掸去灰烬再吃。

中国最后的王朝清朝，统治者是满族人，曾经的东北游牧民族。征服全国之后，他们逐渐汉化，遵从很多汉族的风俗习惯，但从未丢掉对奶制品和大块吃肉的偏爱。在传统的满族社会，聚在一起吃肉的画风相当粗犷。客人们会自带小刀，从简单煮过的大块肉上割下小块来吃——这种风俗自然是来源于他们渔猎与游牧的历史。[18]而汉族人则恰恰相反，喜欢用丰富多彩的调味方法来处理精细切割过的各种食材，烹制出千变万化的菜肴。正如十八世纪美食家袁枚所写："满洲菜多烧煮，汉人菜多羹汤。"[19]清朝宫廷菜融了两种风格：精割细烹的汉族佳肴与大开大合的满族烤肉和水爆牛羊肉。[20]

十八世纪末的作家李斗描写过在富庶的南方城市扬州举行的一场"满汉全席"，据说这场盛宴融合了来自两种文化最无上美味的佳肴。

这是一场铺张华丽的菜系融合，菜品一共"五分"（五个系列），算上小吃总共有九十道上下。其中一些菜品的汉族身份非常明显，比如文思豆腐羹、糟蒸鲥鱼和鸡笋粥；而有一"分"则全是肉食，称之为"毛血盘"，有镀炙哈尔巴小猪子、油炸猪羊肉、挂炉走油鸡鹅鸭、燎毛猪羊肉和其他水煮或蒸制的肉类，这些想必是满族菜。[21]同时代的乾隆皇帝在北京皇宫中的御膳以江南菜肴为主，但仍放不下满族的糕点和烤鸭。[22]（1761年，他在两周内吃了八次烤鸭）[23]。与之一脉相承，1889年，光绪皇帝大婚的筵席上，有一些细巧精致的小菜，但也有直接用扦叉炙烤的猪肉和羊肉。[24]晚清时期，已经半汉化的满族人还会随身携带个人餐具，一双筷子、一把小刀；刀在鞘中，直接塞进靴子，也可以挂在腰带上：筷刀齐备，汉菜和满菜都能吃。

从很多方面来说，汉族人都对这些异邦统治者和他们强制实施的满族习俗深恶痛绝（比如剃额发、留长辫）。[25]但因为御膳美名在外，他们便对一些满族美食产生了喜爱，其中就包括烤肉。皇城宫苑之外，大型的烤肉成为某些汉族仪式和特殊场合的专门待遇，但家常厨房中绝不会做。一些曾经的御厨在北京城自立门户开餐馆，专做在紫禁城的厨房中完善过的烤鸭，也就是著名的"北京烤鸭"。满族人习性不改，宴会上依然使用自带的小刀割肉吃。这倒有点像欧洲人，他们会用较大的刀和叉子先把烤肉切割好，再邀请客人入席；后者再分别用自己的小刀叉来进一步切割。但对汉族人来说，即便是北京烤鸭和广东烤乳猪这两道很可能深受满族影响的菜肴，都必须要在厨房里切成适合入口的块或片，才能端到食客面前（北京烤鸭的桌边片鸭是现代的创新）。

中国的专业厨师在烤制肉类时，技法往往极尽细致讲究——与英式烤肉之流的简单做法大相径庭。北京烤鸭的制作过程十分复杂，目的是最大限度地让鸭皮光亮酥脆、鸭肉鲜嫩多汁。厨师需要往鸭子体内泵气、风干、往鸭身上浇淋饴糖水、往鸭腹内灌水，再挂入圆顶烤炉用果木进行高温熏烤。广东烧味的烹制也是精细繁琐，注重每个部位的口感与味道。中国烤肉和英国烤肉实在千差万别，无怪乎1793 年英国首个访华使团会觉得东道主提供的食物在看似努力迎合外国人口味的同时，吃起来却不怎么样。"他们的烤肉，"使团成员之一的埃涅阿斯·安德森（Aeneas Anderson）写道，"外观非常奇特，因为他们用了某种特制的油，赋予了烤肉一种清漆般的光泽。它们的味道也不如欧洲厨房里干净简单的烹饪方法做出的菜肴合我们的胃口。"[26]

在西方人眼中，用明火烹制的大块烤肉是珍馐佳肴，是餐桌与美食文化的核心。他们觉得烤肉丰盛、直接、实诚且阳刚，比如烤架上的牛排，比如由男性一家之主郑重其事进行切割的周日烤肉。西方人可能觉得，通常将肉切成小块小片、与蔬菜一起精心烹制的中餐，未免有点自找麻烦，甚至可能过于柔弱，有失血气。清朝时期，一些满族人显然担心过度汉化会导致他们丧失那种粗犷的男子气概：乾隆皇帝虽然喜欢汉族佳肴，却依然坚持用自己专属的小刀来切割猪肉吃。据说清朝的开国皇帝曾说过："若废骑射，宽衣大袖，待他人割肉而后食，与尚左手之人（即无用之人）何以异耶。"[27]

但从汉族人的角度看，烤肉固然能称得上美味，足以引人食欲，但也有点太原始，甚至显得"返祖"，是烹饪起源留下的遗迹，反映不了文明考究的美食文化。"炙烤应该归入自然，而烹煮则属于文化，"人类学家克洛德·列维-施特劳斯如是写道，因为烹煮需要容器，"这就是一种文化物品"。[28]中国最有名的火烤菜肴之一——叫花鸡，是用树叶和黏土糊在整鸡身体上，形成外壳进行烘烤。据说，叫花鸡的创始人是个小偷。他偷来一只鸡，手上却没有任何厨具来烹饪：用火来烤并非主动做出的烹饪选择，而是因为别无他法。

如果说烤是最早的烹饪方法，那么从某种意义上说，中国人已经将其当成了遥远的绝响。从最初的简单烹饪方法不断发展而成的美食文化，强调的是将完整的生鲜食材转变为不那么原始、有更明显人类行为改造痕迹的东西。中华文化的实践者会对手上的食材进行切割、调味、转化，赋予其文明属性。无论是过去还是现在，烹饪都是在实践文明。从这个意义上说，和一大块烤猪肉相比，一盘蔬菜炒肉丝要更符合中华文化的精髓。

在伦敦唐人街的文兴酒家（Four Seasons restaurant），服务员将盘子摆在我面前。一片片边缘被烤成玫瑰色的蜜汁叉烧被摆成整齐的扇形，铺在热气腾腾的白米饭上。肉片上肉汁横流，边上好整以暇地摆了几条缎带般的水煮白菜——原本古老的大块烤肉，摇身一变就成了如此具有中国特色的佳肴。这是一道经典的粤菜——营养、实惠又美味。但归根结底，烤肉是"野人"和"蛮夷"的食物，属于总对古代中华帝国的边境虎视眈眈的游牧民族，也属于现代的欧美人。隐藏在肉片下面那些珍珠般的米饭粒才是这餐饭的核心。真正的中国人不仅要吃熟食，还必须得吃粮食。

谷粮天赐：白米饭

浙南遂昌县附近，戴建军的"躬耕书院"农场，正是午饭点儿。我们已经享用了好多菜肴，桌上盘碗四散，一片狼藉。一盘里面剩下点香菜拌豆腐干，另一盘里剩下焯水的时令鲜蔬；还有浓油赤酱的酱烧鱼和文火慢煨的芋头炖猪脚。丰富多彩的味道与口感让我们从口腹到头脑都欢欣满足，此时就该用我们的"淀粉主食"——一碗米饭——来做个圆满收尾了。吃的时候要淋上一点干烧鱼剩下的酱汁，或者就几口咸菜。

"吃饭。"戴建军的私厨朱引锋说着，舀了点米饭到碗里，递给了我。

午后微凉，清朗的光线捕捉到青花瓷碗上的热气，缭绕而起，悠然袅娜。米饭光泽如月，几乎晶莹剔透。碗中米饭粒粒分明，但又暧昧地粘在一起，结成温柔的小团。我端起饭碗，深嗅了一下那带点坚果味的抚慰人心的芳香，然后拿起木筷子，挑起一口松软的米饭送进嘴里。白味的米饭，没有油气，没有调味。然而，看似平淡无奇的它，却是这顿饭的文化、伦理与情感中心。

在浙江，以及整个中国南方，要是没有吃白米饭（steamed rice），就不算吃过饭——毕竟，吃正餐就叫吃"饭"，就是吃"煮熟的大米"。

我是英国人，吃土豆和面包这样的主食长大。起初，面对中国几乎每顿都有的毫无盐味的白米饭，我感觉不太满意。它的样子实在太平淡无奇了，勾不起食欲。我和很多外国人一样，喜欢点炒饭；运气好的话，有时还能在做游客生意的餐吧里点到炸薯条或土豆泥。但在中国人眼里，加鸡蛋或肉碎或蔬菜做的调味炒饭，只是偶尔为之，并非日常饮食。那是通常用隔夜剩饭做的快手餐，就这么简单一盘对付一顿。南方的大多数正餐都是以没有调味的白米饭为中心展开的：有时是颗粒分明的蒸"干"饭；有时是以粥的形式出现的"湿"饭，米粒与水融合成丝滑黏稠的质地。无论是固体还是液体，米饭都能形成一块至关重要的空白画布，一餐饭的色彩就以此为背景描画而成。西方人经常诟病中餐太咸或太油，这没什么好奇怪的：要是你只吃咸、辣或油重的菜，或者用它们搭炒饭而非白米饭，那的确会觉得咸和油。中国南方的大部分菜肴，都是一定要搭白米饭的，它们就是白米饭的调料、盐、油和风味，为米饭锦上添花，并非自成一体的菜肴。

一顿中餐，首先要有"饭"，在中国南方就是大米；再加"菜"（粤语里称之为"餸"），也就是"除了饭之外的其他所有东西"。汉字"菜"可以指一盘盘的菜肴，也可以是蔬菜。看这个字的构造，上面一个草字头，下面是采集的采：一只手放在草木上。在源远流长的中国历史中，大部分时候的大部分中国人，"除了饭之外的其他所有东西"，主要就是蔬菜，只偶尔能稍微打打牙祭，吃点鱼和肉，因此"菜"这个字眼就有了一定的逻辑。不过，"菜"其实能指除了"饭"以外的一切，包括肉、禽和鱼。最简单的菜，可能就是那么一盘韭菜炒豆干，甚至一碟好吃的咸菜；最复杂的"菜"，能包含无数佳肴，只有你们想不到，没有他们做不成。

然而，无论菜肴多么美味奢华，终极目的都是为了搭配主食，也就是人们常说的"下饭"。在包括浙江在内的一些中国省份，人们通常不说"菜"，直接称为"下饭"。用美国人类学家文思理（Sidney Mintz）的话说，饭是中国人饮食的"核心"，而菜（或称"下饭"）则是"边角"。而且，正如其他文化中的淀粉类主食一样，"核心食物的口味有时一尝之下显得平淡单调或千篇一律，与当地人通常对它的虔诚崇敬形成鲜明对照"。[1]正如我的英国父亲要是几顿没吃亲切而抚慰人心的土豆，就会如同没见亲人一样怅然若失。大部分的中国南方人，要是吃不到米饭，就会备感凄凉。没有配饭吃的食物，只能说是小吃，不能算正餐。

日常的一餐，主要是大量的饭，佐以少量的菜；而到了宴席上，两种角色就会完全反转，享乐重于温饱。菜品数量激增，可能会到令人应接不暇的程度；而淀粉含量高的米饭则成为小角色，小到几乎没有戏份，甚至也许会由几个小小的饺子或一个袖珍小碗的面条代为出场。但米饭绝不会完全消失：已经记不清有多少次，我在一场盛宴上吃完二十多道菜，解脱与胜利的感觉正慢慢充溢心间时，就会有好心的服务员来到身边，问我要不要吃点米饭、包子或面条来填一填。没有饭，就不成其为一顿正宗的中餐。所以，只要是中国人，即便在吃完一顿丰盛的英式烤牛肉配蔬菜，再品尝了甜品布丁之后，仅仅过了半小时，就会嚷嚷自己还饿着。从某种程度上说，这举动像一面镜子，神奇地映照出西方人对中餐的态度。

"饭"，可以指任何做熟的谷物，但谷物也有传统的等级之分。南方人最喜欢的是大米，而北方人则更喜欢能做饺子、面条、煎饼和包子馒头的小麦。穷人和边远地区吃的比较多的所谓"粗粮"或"杂粮"，比如玉米、高粱和燕麦，整体上则不那么受欢迎。这个"谷物金字塔"的最底层，是土豆和红薯等淀粉含量高的块茎类食物，通常只在饥荒或极度贫困的情况下才做主食。一位绍兴的三轮车夫曾给我讲述过他贫穷的童年，说那时候就老吃土豆。我告诉他，英国人觉得土豆是美味可口、非常不错的主食。他表示难以置信。"天啊！"他说，一脸的关切与担忧。

一个人对"饭"的态度，能多少说明其为人如何。家常便餐中，要是有人只顾大口吃菜，不怎么吃饭，就会显得贪嘴又粗俗。中国最著名的美食家、十八世纪的诗人袁枚曾曰："饭者，百味之本……往往见富贵人家，讲菜不讲饭，逐末忘本，真为可笑。"[2]千古礼仪典范，圣人孔夫子，即便面前有很多肉，也绝不吃超过主食比例的量。[3]饭在中餐中这种至高无上的地位，让以社交为目的之一的用餐活动变得非常灵活：只要锅里还有足够的米饭，即便突然又来一位客人，你也就是添双筷子的事儿，这顿饭就再多吃一会儿。

中国的孩子从小就会被父母和祖父母谆谆告诫，碗里的米饭要是没吃干净，剩了多少粒，以后嫁的丈夫、娶的媳妇儿脸上就会长多少颗麻子，这是报应。数个世纪以来，孩子们都要背诵唐朝诗人李绅的一首诗，在诗意中学会珍惜米饭：

> 锄禾日当午，汗滴禾下土。
> 谁知盘中餐，粒粒皆辛苦。

这种情感和精神在现代也有异曲同工的表述方式。几年前，我在中国的一家餐馆看到一幅海报，内容是政府反对浪费食物的公益广告，上面有一个青花瓷碗，里面装满了米饭，又叠加了重重梯田的剪影，画面下方的标语用简洁明了的中文写道："盘内一分钟，田内一年功。"

旧时中国人见面，常互相打招呼"吃饭了没有？"这个尽人皆知。米饭等谷物在生活与生计的中心地位贯穿于中文的方方面面。餐馆通常称为"饭馆"，得提供"饭"；烹饪在口语里就是"做饭"；叫花子是"要饭的"；暴饮暴食的人被鄙为"饭桶"；有工作，就是捧着个"饭碗"；要是这工作挣得多，那就是"金饭碗"；挣得少，那就可能是"纸饭碗"或者"泥饭碗"；过去，国有工厂里的稳定工作叫"铁饭碗"，而1990年代的经济改革则是"打破铁饭碗"。在中国的某些地区，人们会在死者的葬礼上摔破一些真的饭碗，这是仪式的一部分。

在戴建军的农场吃了那顿午饭之后，我和朱大厨到田野里去散步。时值十月下旬，农民们还在收割最后一批晚稻。天空碧蓝如洗，飘摇着几朵白云。谷地里的这片田野被群山拥在怀中，一梯一梯地往下缓降，一直延伸到村庄和最低处的湖边。这样的地形和风景，是人们用双手塑造的，是一尊活生生的大型雕塑。一块块平坦的田地，接壤处是呈弧形的弯曲田埂，形成一个个小"盆子"，方便在播种插秧的季节直接灌水。树间鸟儿啁啾，田里昆虫叽喳，像某种平静之下其实激越的合唱。

农人正在收割水稻，将长长的稻草扎成一捆捆摆在地上。朱引锋向我展示了脚踏式打谷机的工作原理，沉甸甸的稻穗耷拉着脑袋，被送进大漏斗里，脚踩踏板，咔哒咔哒，稻谷颗粒就从茎秆上分离了。大部分的稻田已经被收割干净，打完的稻草被堆成秸秆堆，立在只剩残茬的田中。一位头戴草帽的农民正在打理一大片厚毯般的稻谷，一颗颗椭圆形的谷粒上自有丘壑，闪着碧莹莹的金光，铺在长方形的竹席上，正晒着太阳。晒干后的米粒将经历脱壳、抛光，茎秆则会作为肥料和牲畜饲料。

水稻，拉丁学名 *Oryza sativa*，是中国最早被驯化栽培的谷物，而此地的人们种植水稻的时间更是全球最早。从河姆渡（距离戴建军的农场不过两三百英里）等浙江省内考古遗址中发现的水稻遗迹看来，在距今大约一万年前的新石器时代，长江流域就开始种植水稻了。有近期研究表明，最初当地种植水稻，主要是作为打猎与采集之外的附加食物；又过了五千年甚至更久，水稻才成为当地主要的食物来源。[4]到了公元前一百年左右，太史公马迁笔下，就有了这片富庶丰饶、郁郁葱葱的土地上，人们"饭稻羹鱼……无冻饿之人"的记录。这片区域也有了"鱼米之乡"的美名，这相当于西方语境下的"流奶与蜜之地"。

中国是全世界最能吃大米的国家。[5]中国南方的大部分地区都以长粒的籼米（拉丁种名 *Indica*）为主食；而在江南地区，人们通常偏爱谷粒更圆润的短粒粳米（拉丁种名 *Japonica*），日本寿司中使用的米就是一种粳米。前一个拉丁名来自一种早先的假设，认为是印度（India）首先驯化了水稻；后一个拉丁名则来自短粒粳米在日本

（Japan）盛行的事实。这两个拉丁种名让中国学者们相当苦恼，他们更喜欢直接说籼米和粳米。还有一种米叫糯米，大部分是白色，但也有黑色的。中国人普遍认为糯米不太容易消化，基本不以其为主食，而是用于甜味糕点与点心当中。但云南是个例外，生活在那里的傣族人就以糯米为主食。糯米的英文名是 sticky rice（直译为"黏性米"），或 glutinous rice（直译为"含麸质的米"），但其本身是不含麸质的。

稻米分很多地方品种，因风土、香气、口感、形状和颜色的不同而各具特色。中国美食家会对此进行赏鉴，也可能会关注稻米收获的特定年份。有本中国烹饪百科全书列出了将近四十种名贵大米品种，很多都拥有诗意好听的名字，比如北京的"白玉堂"大米、四川的"桃花米"和"黄龙香米"，还有产自江西的"麻姑米"，是以宋朝时期一位道姑命名的。[6]云南出产一种独特的红米，煮熟后透着淡淡的粉色。

大米最常见的做法非常简单，要么加一定量的水煮得半熟后蒸成干饭，这是中国南方正餐中几乎必然出场的角色；或者水多加一点，煨成"湿"的粥，通常作为早餐、搭配小菜或当夜宵食用。电饭煲如今已是随处可见，但在这项发明问世之前，干饭通常用炒锅或砂锅制作，因此底部会结一层金黄酥脆的锅巴，有点类似伊朗的波斯"黄金米饭"（tahdig）；或者就是先煮到半熟，然后装进有孔的木质容器"甑子"中，放在一锅微沸的水上蒸。如果用这种乡村常用的古老办法做饭，把米煮到半熟后剩下的液体（米汤）也会单独盛出来喝，或者在里面加点蔬菜，变成丝滑柔软的汤。

粥，是中国人的终极心灵食物（comfort food），最适合食用它的人群包括婴儿、老人和病号，以及任何需要用这清淡、细腻而柔滑的饭食来舒缓和安抚心灵与肠胃的人。千百年来，人们一直觉得粥是具有疗愈和药用效果的食物。宋朝诗人陆游甚至认为它有延年益寿的奇效：

世人个个学长年，不悟长年在眼前。

我得宛丘平易法，只将食粥致神仙。[7]

　　煮粥得小火慢煨，需要很长时间，于是现代就有了"煲电话粥"的说法，意思就是拿着电话无休无止地聊天。

　　大部分时候，米饭都是白味的，但中国人还是忍不住借用米饭来发挥他们特有的烹饪创造力。除了干饭和简单的白粥，大米还可以做成更有流动性的稀饭，加了其他配料、依旧粒粒分明的潮汕海鲜粥，还有口感顺滑的粤式鱼片粥或内脏粥，以及鸭身内或点心里的甜咸馅料。最近，在香港备受推崇的大班楼（The Chairman）餐厅，我大快朵颐了一种与众不同的海鲜粥，它被反复过滤到顺滑如绸缎的质地，实在是至高美味。头天的剩饭可以做成炒饭，也可以加水或高汤煮一煮，再加上其他零零碎碎的配菜，做成泡饭。不同地区各有妙招，会利用自产的谷物做成爽滑的粉条、肠粉、轻盈的米糕、蓬松的米花、晃嘟嘟的米冻、有嚼劲的年糕以及各种各样的点心。

　　大米碾碎成米粉，可用于腌制或包裹食材进行蒸煮。在古代的中国，盐和煮熟的米包着鱼做出来的腌制品被称之为"鲊"，这就是日本寿司的祖先。[8]这个"鲊"字如今还出现在很多中餐腌制品当中，仿佛古老厨艺传来久远的回声。比如四川和湖南的"鲊辣椒"，将辣椒剁碎，混合盐与米粉一起发酵而成。腌好以后就从坛子里舀出来，炒成香辣而黏糯的美味小吃。四川人会将猪肉或牛肉放在辛辣的调料中腌制，再裹上炒米做的米粉，上锅蒸到炻软。这样烹制的"一锅肉"美味柔嫩、抚慰人心，类似的做法被统一称为"粉蒸"，在中国南方各地均有制作。

　　米也可以作为培养红曲霉的基质，成品呈现深紫色，在水中浸泡后就变为品红色。变为紫色的米粒，既可作为传统药物，也可作为酿造某些玫红色酒的发酵剂，还是中国最古老的食用色素之一。正是因为使用了红曲米，南方的豆腐乳（大部分的中国超市都有卖，一般是罐装或听装）才会呈现那种引人注目的深红色，一些烧肉菜才会有深粉色调，全国各地的一些糕点上才会出现粉色的小点和图案。

虽然无处不在，但大米只是"饭"的一种。中国的两种自然环境分野明显，截然不同：潮湿的南方，是水稻生长的沃土；干旱的北方，那里的人们千百年来一直以小麦和其他适合旱地种植的谷物为主食。水稻是中国南方最早种植的谷物，但古代中华帝国是在北方的黄河流域一代建立起来的，那里是华夏文明的发源地，一切的古典文献与礼仪也都从那里开端。在中国北方，稷（粟米）和黍（黄米）先于水稻被种植，[9]从狩猎和采集到稳定农业的过渡可能比南方发生得更快也更早。水稻只是古时候被称为"五谷"的粮食之一，另外还有黍、稷、麦、菽（豆类总称，那时候被归入谷物之列）。

稷米与黍米，颗粒小而圆润，蒸制过后不会像大米那样结块，所以无论是做干饭还是煮粥，稷和黍最方便的吃法就是用勺子——在古代的中国北方，这也是常见的进食方式。[10]如今，稷黍在谷物中的地位已经很边缘化了，甚至在北方也是如此，但在最初的最初，它们也是具有象征意义的华夏神圣谷物。南北美洲的原住民将玉米奉为神灵，认为是它赋予了生命。然而在中国，正如历史学家弗朗西斯卡·布雷（Francesca Bray）指出的，竟然出乎意料地从来没有什么"稻神"。中国古人敬拜的反而是后稷。[11]祭祀时敬献给鬼神的，也不是大米，而是稷黍类谷物。

《诗经》，公元前一千年的前半期搜集的民间诗歌与祭祀颂歌总集，其中有首诗题为《生民》，描述了后稷奇迹般的降生。他从小天赋异禀，教会了人们如何种植稷，如何在祭祀中将稷和炙肉一起供奉给鬼神：

　　……诞降嘉种，维秬维秠，维穈维芑。恒之秬秠，是获是亩。恒之穈芑,是任是负。以归肇祀。①[12]

诗歌还描述了对丰收的粮食进行舂打、清洗和蒸制,在新岁来临之时的祭祀仪典上与烤制的公羊一起作为供品:

卬盛于豆,于豆于登。其香始升,上帝居歆,胡臭亶时?②

很久以前,汉朝开国皇帝将定期祭祀后稷定为国家礼制。[13]此后,风云变迁,历朝历代,直至1911年,在每个王朝的都城以及华夏各地的社稷坛上,都会用稷供奉神灵。公元前三世纪,一位商人记录下名相伊尹对商汤王讲述美食与政治之关系的著名言论,流传至今。[14]伊尹本身也是一名优秀的厨师,他在这番话中列出了商汤的王土之内最上乘的出产,其中就有好几种"稷",却完全没提到稻。在《诗经》当中,出现频率最高的谷物就是稷黍类。孔子也曾表示黍子是五谷之首。[15]稷黍谷物主要分为两种,一种是黄小米(*Setaria italica*),通常被广大百姓直接烹煮食用;另一种是黏性的大黄米(*Panicum miliaceum*),通常被用来酿酒。公元六世纪,贾思勰写了影响深远的农学开山之作《齐民要术》,那时北方的百姓已经在种植将近一百种不同的稷黍谷物了。[16]

早在新石器时代,黄河流域就逐渐形成农业社会,谷物种植也因此成为中华文明恒久的显著特征之一。一开始,人们在烧热的石块上将谷物烹熟;陶器应运而生之后,他们开始煮制谷物,后来又有了蒸制的做法。传说华夏民族始祖黄帝不仅发明了陶器,还教会人们如何将谷物蒸制为饭、煮制为粥,从而确立了中华饮食的核心原则之一,

---

① 参考译文:承蒙上天关怀,恩赐上乘的种子,其中有黑色的黍米,还有红色与白色的高粱。把各色粮食种下去,就有遍地的收获,又扛又背地运到粮仓里装满,忙完农活就可以祭祀祖先了。
② 参考译文:举着各种祭祀的盛器仰头,香味刚刚开始向上飘升,天上的神灵就非常高兴地问:"是什么好东西有如此浓烈的香味?"

一直传承至今。与其他民族不同的是，早期中国人对将谷物磨成粉兴趣寥寥，他们更喜欢将谷物放入臼中脱壳后整粒烹熟——比如今天碗中的蒸白米饭。

谷物不仅是重要的食物，也是酒精饮料的原材料，而食与酒都是筵席与祭典的焦点。现在，但凡含酒精的饮品都可以叫做"酒"，在英语中一般翻译为"wine"（葡萄酒）。但严格说来，早期的中国酒饮其实应该是麦酒（ale）或啤酒（beer）。河南省贾湖考古遗址出土的新石器时代陶器表明，大约九千年前，中国人就在用大米、蜂蜜、葡萄和山楂的混合物酿酒了。[17]也是在新石器时代，他们发明了一种将黏稠的大黄米酿成麦酒的方法[18]，很可能是往大黄米粥中置入霉菌和酵母菌，使其中的淀粉分解成糖，然后发酵成酒精。[19]商朝时期，这样的麦酒与煮熟的黍稷会被一起供奉给鬼神，然后在宴饮仪式上饮用。（后世说起商朝，总会提到那时的酗酒无度，特别是残酷而堕落的商纣王，他用美酒填满池子，用木棍挂满各种炙肉，组成"酒池肉林"，让年轻男女赤身裸体地在旁荒淫嬉戏。）

从最早的王朝开始，农业就是中国的国家核心议题，大部分可耕地都会用来种植谷物。[20]农耕生产粮食，可以喂养人与鬼神，让前者安心度日，后者保佑人间，同时还能盘活国家税收，因为其中大部分都来自对农产品的征税，最初也是以粮食的形式支付的。放任百姓忍饥挨饿，或者忽视神圣的社稷礼仪，都会导致暴乱与起义。[21]先贤墨子有曰："食者，国之宝也；兵者，国之爪也；城者，所以自守也。此三者，国之具也。"[22]作为职业之一的务农，曾被视作高于手工制造或贸易经商，地位仅次于读书研学。皇帝本尊也会在象征意义上做一个农人：每年春天，他都会到御用籍田中用耒耜犁出一条沟，这块田出产的谷物将用于国家祭典，而皇帝的这一举动标志着春耕的开始。盛大祭典上会用珍贵的青铜器来盛放蒸熟的谷物和谷物酿成的酒，而其他没那么重要的食物（包括肉类）则装在陶器、木器或筐篮中供奉给神灵。[23]

真正的中国人不仅要吃熟食，还必须得吃粮食。《礼记》当中提到在中原腹地边缘生活的野蛮人部落，除了说他们有着文身和不吃熟食（"不火食"）的奇怪习性以外，还提到有些人居然不吃谷物（"北方曰狄，衣羽毛穴居，有不粒食者矣"）。[24]长城，安居乐业的中原人与北方敌对游牧民族之间的分界线，长度不断在变，却以不朽之姿挺立了千百年，这其实也是一条同时具有实际与抽象意义的分界线：一边是农耕平原，另一边是草场牧地；一边是华夏中原人，一边是游牧民族；一边以谷物做主食，一边以大肉为生。[25]这是一条很难逾越的文化鸿沟。

中国古代唯一不吃谷物的人群是追求超凡修仙、长生不老的道家。他们完全背离了中国的传统文化习俗，摈弃谷物，主张以"气"为食，那是万物无形的本质。此外他们的食物还有露水和奇花异草，甚至于根本不被平常人当做食物的矿物质——这很像一些当代西方人提倡的"空气饮食"。一个公元前三世纪的墓葬中出土了一些养生文献，其中一份帛书的手稿，其标题就让人联想到当代西方的健康饮食书籍："却谷食气"。[26]

华夏帝国始于北方，传统延续下来，黍稷类谷物一直享有官方祭典供品的崇高地位。但早在约两千年前的汉朝，它们在北方人日常饮食中的绝对占比就已经渐渐被小麦所取代。在遥远的古代，人们觉得有着坚硬内核的小麦要煮成饭或者粥实在有些难度，而且容易结块，又不好吃。[27]但就在汉代前后，中亚的面粉加工技术传入了中国，小麦的处理和可口程度都有了飞跃，北方人开始试着制作面条和饺子，最终这些成了他们的日常主食。

公元第一个千年的末期，稻米在全中国的重要性与日俱增。[28]从唐朝开始，中国北方便饱受干旱和北界外游牧民族的侵扰。与此同时，来自越南的长粒籼稻新品种让南方农民们实现了一年两熟，农业技术的创新也提高了产量。南方人口激增，经济繁荣，稻米带来的财政收益充盈国库。中国的经济中心从饱受摧残、积贫积弱的北方向南转移，一去不复返。十二世纪，女真族的侵略者最终占领了北方都城汴梁（今开封），汉族人失去了大部分种植黍稷的土地。

稻米变成主食，面条也日益为百姓喜闻乐见，这两者也许在一定程度上促使中国人放下用勺子吃饭（筷子只用于夹配菜）的老习惯，而拿一双筷子吃几乎所有的东西，因为大米和黍稷类不一样，可以结块，一团团地夹起来。[29]明朝时期，人们开始用"大米"一词来称稻米，指的是那种长长的米粒；而黍稷类就变成"小米"，因为圆圆的颗粒很微小。[30]此时，大米早已占据绝对上风。在这场"谷物之争"中，大米战胜了小米。

最终，在中国南方地区，只要能想办法灌溉的土地，几乎每一块上都种了水稻。[31]山坡上开垦了梯田，种植季节被灌满水，等到禾稻长成，又将水抽干。云南元阳的梯田景观如童话一般，堪称最美稻田。我永远不会忘记第一次看到元阳梯田的情景。连日浓雾之后，我正要离开这个小镇，雾气突然散了，仿佛歌剧院的帷幕缓缓拉开。公路下方大开大散的就是著名的"老虎嘴"，山脊向下流淌，往远处延伸，被开垦成不规则的梯田，全都灌满了水，像无边无际的池塘，在夕阳下闪耀如镜。整个山谷纵横交错，银波粼粼，像大教堂的窗户，通体荧透光亮。远处，烟青色的群山缓缓起伏。时不时有身着鲜艳服饰的农民在田间劳作。四下寂静恬然，只有潺潺流水。不过突然有一群业余摄影师出现，快门咔咔响，让眼前的景象和他们一起重又堕入凡尘。

水稻是热量最高的谷物，每英亩生产出的食物热能和蛋白质高于小麦和玉米。[32]中国传统饮食以素食为主，而其中的能量大部分来源于稻米。自古以来，中国就没有太多牧场，牛羊等各类牲畜的数量远远少于欧洲。旧时，农民可能会养一头水牛或黄牛，用来拉犁耕田；再养点山羊和绵羊，等长大就吃肉取毛；但除此之外，人们主要饲养的还是猪和家禽，前者以一家人的残羹剩饭为食，后者就在土地上啄来啄去地觅食。[33]鳝鱼和泥鳅会在灌满水的田地和用于灌溉的水渠中盘旋游动，鸭子则在周围划来划去，它们的排泄物让土壤更为肥沃。田埂边长着桑树，宽大的桑叶会用来喂蚕，这是南方古老家庭手工业的一部分。田埂河岸边偶尔也种些其他农作物。水稻是一个可持续循环农业系统的基石，在第二次世界大战后绿色革命用新技术和化肥进行农业变革之前，这个系统一直在滋养着大片的土地，每单位土地养活的人口比其他任何农业系统都要多。[34]

小米则继续在偏远地区少量种植，用于维持生计，是水稻和小麦的"穷亲戚"，沦为燕麦、玉米、高粱等不得青眼的"粗粮"之流。曾经备受尊敬的五谷之首，竟逐渐隐没无闻。从前，人们会举行晚宴纪念艰苦的革命斗争，吃小米来"忆苦思甜"。[35]我在1990年代初到中国，那之后，即便在从古时候就开始种植小米的北方，我与小米的相遇也只在偶尔的早餐粥饭中。还有一次是在山西大同，我吃到一种用糯小米做成的黄米凉糕。

但也有迹象表明，这种古老的谷物可能会在当代中国东山再起。小米是坚强耐旱的谷物，在中国北方的贫困地区仍然作为自给粮食种植，水稻和小麦两个后来居上的"篡位者"，都比小米更需要水；而如今气候变化又加剧了北方一直以来的干旱威胁。[36]传统水稻种植是劳动密集型农业，而最近数十年来，有些农民正在放任土地荒废，不愿维护梯田，不愿低头弯腰，不愿浸在齐膝深的泥水里去把那柔嫩的秧苗插进田野中。在很多地方，时日久长的梯田已经明显荒芜塌陷，自然正在拿回之前被人工开垦的土地。中国政府努力推广传统饭食的替代品，尤其是土豆[37]——在一个通常在走投无路时才将土豆当主食吃的国家，这东西推销起来很难。

与此同时，中国人逐渐偏离数千年来的饮食习惯：饭吃得越来越少，和世界上其他国家的人一样，吃大鱼大肉，并沉迷于高度加工的食品，于是越来越多地患上癌症、肥胖症和Ⅱ型糖尿病等与现代饮食相关的疾病。以上种种因素叠加，注重健康的人们逐渐改变对白米饭单一的依赖，在日常的饭食中更多地加入所谓的"粗粮"，恰如同样注重健康的西方人渐渐摈弃了白面包，偏爱起全麦酸面包。我在成都的一些朋友早餐喜欢吃各种谷物和豆子混合熬成的粥。

这样的背景之下，一些精明的农人开始利用互联网向中产阶级推广小米，宣传话术称这是一种绿色手工农产品，正在取得越来越大的成功。弗朗西斯卡·布雷指出，这是出乎意料的发展趋势，"黍稷类粮食曾是他们穷困的标志，种植黍稷的传统也曾代表他们的落后，现在却在为他们带来财富和尊重"。[38]如今，小米已经赫然出现在城市网红餐馆的菜单上，比如顾客爆满的西贝莜面村连锁店，专营莜面等西北干旱地区的农产品所做的菜。这些曾经被视为粗鄙的农家菜，现在却摇身一变，被打上"绿色"食品标签，标榜它们来自污染较少的偏远地区。

在面临气候变化和工业化食品危机挑战的新时代，"后稷"（小米之神）能否拯救世界？坐了大约两千年"冷板凳"的"穷亲戚"小米，能否东山再起，昂首挺胸地与之前打败过自己的大米与小麦并肩而立？

至少在眼下，我面前这个碗中的白米饭仍然是中国南方典型餐食的核心。珍珠般的白色米粒热气飘散、芬芳袭人，讲述着中华文明和这个农业国家的起源，讲述着中国人的身份认同与价值观，也带着我们走过一条历史的长路，从敬拜黍稷的古代北方王朝衰弱落败，到南方的崛起，再到今天大家所共同面临的饮食困境。

羹调鱼顺：宋嫂鱼羹

　　宋嫂鱼羹（Mrs Song's Fish Stew）是中国东南部城市杭州的特色美食。碗中的热气飘然而上，深深地吸入一口，你会不由自主地沉迷在那隐约带着清爽醋香的柔和鲜味之中。这碗羹，既非固体，也不是完全的液体，只能形容为一个旋转的万花筒，可食用的多彩威尼斯玻璃；一条流动的食材之河，只是因为加入淀粉增稠而凝固住了。这碗"风味调色板"上色调平衡均匀：白色的鱼肉碎，金黄的蛋黄碎，深色的香菇丝和象牙白的竹笋，最后还点缀了几丝粉红的火腿和翠绿的葱花。这道羹汤以十几种不同的食材熬制而成，但没有任何一种过于突出，喧宾夺主；大家都交汇在一起，其乐融融，一团和气。

　　和很多杭州菜一样，这一道也有个故事可讲。它最初诞生于这座城市著名的西湖，那是一片如梦似幻的水域，两岸垂柳依依，间或有茶馆、小岛与小桥点缀其间。如今，船夫们划着游船，将客人带到那波光粼粼、宽阔静谧的湖面上欣赏美景。但这里曾经是非常繁忙的水道，游船与商船熙熙攘攘穿梭其间。大约九百年前，中国的北方都城被游牧民族侵占，宋朝的残兵败将南逃杭州（当时称为"临安"），建立了新的都城。流亡偏安期间的一天，皇帝乘自己的御船游览西湖，并找一些流动货郎渊索货物样品。其中有位卖自制吃食的女人毛遂自荐，自我介绍说因为嫁给了宋家老五，所以人称"宋五嫂"，也和皇帝一样，从北方逃亡来到杭州，以售卖鱼羹为生。皇帝品尝了她做的羹，自觉美味非常，融合了北方的烹调方法与南方的食材。一时间，国仇家恨、思乡之情，百感交集，皇帝赐宋嫂金银绢匹以表感谢（在有些传说版本中他还邀请她去御膳房工作）。

　　中餐语境下，汤分为两大类：汤和羹。汤，清爽澄澈，其中可能会漂浮着一些食材，但不能"吃"汤，只能"喝"汤。相反，宋嫂鱼羹这样的"羹"，就更为浓郁，几乎可以称为一锅炖菜了，里面会放很多切好的配料，通常都会放淀粉勾芡增稠——就像过去西方唐人街餐馆菜单上必有的鸡肉或蟹肉粟米浓汤。羹，丰富扎实；汤，清淡微妙。西方人好像通常更偏爱前者，也许因为它与西餐中常见的奶油般稠腻丝滑的浓汤不谋而合。很多讲究的粤菜馆会将肉或禽类与当季蔬菜、补药一起小火慢熬，煮成清澈而滋补的每日例汤，但西方人很少点这种汤，可能他们的舌头觉得这种"清汤寡水"太淡了，没什么内容，因此性价比太低——那些好料看都看不见，不像鸡肉粟米浓汤或热腾腾的酸辣汤，丰富的配料和浓郁的风味在舌尖上就有直观感受。

这边厢，中国人几乎每餐都得喝汤：要是一餐饭食没有汤，就显得干巴巴的，叫人心有不甘，尤其主菜是炒饭或炒面时，更亟需一碗汤来滋润和清口。家常便饭时，餐桌上唯一的液体可能就是汤，既是食物，也是饮料。羹则没那么不可或缺，并非日常饮食，只是偶尔一品。然而，虽然现在的大家可能觉得羹只是中餐桌上的一个龙套，人家曾经可是所有中餐菜肴中最重要的主角。大概可以这么说，在所有菜肴大类中，羹最能说明中餐烹饪的历史与特色。

远古时期，人们用原始的方式生火烤食；新石器时代，陶器应运而生，于是有了煮食。稻、黍、稷等谷物被放入锅中，煮成粥；又有鼎上放打孔的坦盘，蒸作饭。至于其他食材，无论肉、鱼还是菜，则大部分都是切割后放进水中煮，成品就被称为"羹"。穷人吃菜羹，偶尔能尝尝鱼羹；富人则奢侈地享受肉羹、禽羹或野味羹。古籍《礼记》中说人无论贵贱都会吃羹："羹食，自诸侯以下至于庶人，无等。"[1] 在大约两千年前的汉朝，宴席上的第一道菜就是羹。[2] 通常，羹与大米或小米形影不离，不仅搭配一起吃，还可能一起煮：羹在下面的鼎中咕嘟咕嘟，谷物则在上面的蒸笼中吸收水汽，变得蓬松绵软。[3] "羹"，说不清是汤还是炖菜，它其实就是中餐最原始、最初的

"菜"，是万肴之源，其出现时间只略晚于"烤"，比其他菜肴都要早。在古代中国，人们几乎每餐都要用羹配饭，也就是说，羹就是上文提到的"饭以外的一切"。

羹里有各种食材，包罗万象。《礼记》中提到了一些羹，每种都有特定的佐餐搭配，看上去实在美味至极：雉羹搭配菰米饭和田螺酱、肉羹或鸡羹搭配麦饭、犬羹或兔羹搭配糯米饭。[4]湖南马王堆汉墓出土的公元前三世纪竹简文物清单列出了墓主（一个贵族家庭的三位逝者）往生之旅需要的所有生活用品，其中就有二十四座青铜大鼎，里面装的是羹，入羹的食材包括乳猪、野鹿、鲤鱼、鲟鱼、野雁和雉鸡，有时是独料成羹，更多的时候是与蔬菜混合。[5]有些羹里加了米屑，变得浓稠丝滑，这就是现在用淀粉给汤羹勾芡的雏形。在马王堆年代之前不久的诗人屈原，试图在一首诗中用凡俗生活的乐趣招回逝者的灵魂，其中提到了令人垂涎欲滴的菜肴，有一道地方特色菜就是融合了酸苦之味的吴国之羹："和酸若苦，陈吴羹些。"[6]也是在那时候，贫苦百姓的常见饮食就是用野菜制成的羹——"食藜藿之羹"，成了清贫困顿中守正节俭的象征。[7]

北方有羊下水做成的羊杂羹（直到今天也是当地广受欢迎的美食）；杭州所在的江南地区，正如《史记》中记载，早在宋嫂为皇帝奉上那碗鱼羹之前的一千年左右，人们就开始以鱼为羹、以稻为饭了。而华南粤人从古至今都一样，以口味千奇百怪而著称，他们对蛇羹情有独钟，颇为外人议论。[8]（如今的广东人仍然热爱好味的蛇羹：我永远也不会忘记，几年前和朋友们在广州品尝到极其正靓的蛇羹，用五种不同的蛇做成，上面撒满了细细的香茅草和菊花瓣。）有个著名的历史故事①：一位君主在家宴上不让客人中的某位大臣品尝非常诱人的甲鱼羹，让人家脸上相当挂不住，相互之间起了大龃龉，因此

① 这个故事中的君主是春秋时期的郑灵公，大臣是公子宋。这也是成语"染指于鼎"的由来。

发生了连锁反应，最终导致这位君主被刺杀。[9]

历史向前推进，厨房中越来越多地出现了铁器和木炭，于是人们可以用高温更迅速地烹饪食物了。宋朝时期，一种新的烹饪方法开始在中国的厨房中流行起来，就是用专门的工具"追赶"热锅中细细切好的食材，即我们现在所熟知的"炒"。然而，在一段时间内，在鼎中烹煮的羹这种历史悠久的菜品，仍然是百姓餐桌上的常客。十三世纪的南宋时期，钱塘人吴自牧对杭州的市井生活进行了生动的描述，其中列出了临安城中餐馆和面馆提供的不同羹汤，真是五花八门的一长串，包括"五软羹""三脆羹""虾鱼肚儿羹""杂辣羹"和"杂彩羹"。[10]

做炒菜，最好是在热炒锅中小份小份地出菜，而羹不同，可以用巨大的锅进行大量制作。也许正因如此，宴会的菜单上，羹总是扮演着浓墨重彩的角色。比如十八世纪末期在扬州举行的一场宴会，在九十多道菜肴中，就有数道羹的身影，有的用不同食材切丝混合熬煮而成——鲜蛏萝卜丝羹、海带猪肚丝羹、鱼翅螃蟹羹、鲨鱼皮鸡汁羹、鹅肪掌羹；有的只用一种主要食材的羹——鸭舌羹、猪脑羹、文思豆腐羹。[11]1816 年，英国第二次派使团访华，北京城的一场筵席上，第四道席面是"十二大碗浸润在浓郁羹汤中的炖菜"。[12]类似地，1838 年，法国海军上校拉普拉斯（Laplace）在广东参加了一场晚宴，提到"大量盛在碗中的炖菜，接连不断地端上桌来。所有的菜肴，无一例外都浸泡在汤里。"[13]

后来，随着中餐的技法越来越多样和精妙，"羹"的光彩逐渐被其他多种菜肴夺去。然而，在华夏大地的各个地方菜系中，羹依然占据着重要的地位，不仅有粟米蟹肉羹这样的家常菜，还有地方特色菜，如杭州的宋嫂鱼羹、"丝绸之路"重镇西安的驼蹄羹和南粤的至高佳肴蛇羹——每一道都能让人蓦然回想起遥远王朝中那些最辉煌耀眼的美食。

在古代中国，羹也是被赋予了神圣意义的菜肴。在盛大的祭典上，安抚神灵的供品不止黍稷和美酒，还有装满羹的大鼎。不过，给人吃的羹汤调味可能丰富大胆、美味非常，比如那导致君主覆灭的甲鱼羹；而祭典供奉的神圣羹汤，也就是"大羹"，是不加调味料的白味羹，因为人们认为鬼神已经超脱了这些凡尘琐碎，不再会因味觉上的感官刺激而兴奋。[14]毕竟，他们吃的也并非供品的实体，而是祭典过程中往天空升腾的"气"。人们笃定，最能取悦神灵的羹，一定要代表纯粹清明、返璞归真、空灵脱俗。无味之羹，恰恰象征着尘世间一切味道的融合，恰如光谱中一切喧嚣鲜艳之色，最终却汇成纯白之光。

至少在约两千多前的汉朝，甚至很可能在汉朝之前，放入羹中的食材就被切成小块了——这就形成了独属于中餐的一个主题，并且历经岁月变迁和所有新食材与新技术带来的饮食革命，可谓亘古不变、回响不绝、永不消逝。今天你在中国餐桌上看到的炒肉与炒菜，也还是遵循着这个主题。外国人会用刀、叉或手来辅助对大块肉类的进食；而中国人吃的食物，则会事先用切割的方法变成适合筷子夹取的小块、小片、细丝。古代曾将烹饪称为"割烹"——先切割，再烹饪。将食物切片、切丝或切丁的习惯，当然与用筷子进餐的习惯密不可分，而且两者相辅相成，共同发展。中国古人对汤羹情有独钟，这可能是中国人最初采用筷子作为主要进食工具的原因之一，因为非常适合从一锅滚烫的液体中寻找和捞取小块食物。[15]

只用一种主材，也能做出一锅羹；但通常来说，就像宋嫂鱼羹，里面都会加好几种不同的食材。两千多年来，这种混合搭配、互补与对比，一直是中餐烹饪的核心理念。这和其他一些国家的烹饪形成鲜明对比，比如英国传统的烹饪方法，成菜中的肉或鱼仍然清晰可辨，与它们摆在同一盘里一同上桌的几种配菜都是分开烹饪的，互相之间界限分明。大部分的中国菜都要融合两种及以上的食材，切成相似的形状，然后一同烹饪。像北京烤鸭这种独材成菜的可谓少之又少，例外而非常规。我们常说中餐馆的菜单长得吓人，原因之一就是有限的食材切成各种各样的小块后，可以像彩票号码一样，进行几乎无限可能的搭配组合。用很多作品向西方读者解释中华文化的二十世纪伟大学者林语堂曾经写道："整个中国烹饪法，就是仰仗着各种品味的调和艺术。"[16]

喜欢将各种食材搭配在一起导致的结果之一，就是同样多的肉可以用来做更多的菜；所以，如果我们没法做到全人类都吃素，向中国人学习饮食习惯也许能成为世界环境问题的解决方法之一。在中餐厨房中，只够一个西方人吃的一块猪排，通常会被切成肉丝，与某种配菜同炒，端上桌供一家人吃。即便是极少量的肉、猪油或高汤，都可以用来给一大锅蔬菜增加风味。就在不太遥远的过去，大多数中国人都只在节庆期间才会吃大量的肉。同样分量的肉放在中餐烹饪的背景下，能供给更多人食用，但因为和多种多样的美味蔬菜搭配烹饪，又不让人觉得吝啬寒碜。在没有化肥的时代，中国人能用有限的耕地养活如此众多的人口，原因之一便是肉类在传统中餐饮食中扮演的这种次要角色。

中餐注重食材的切割与搭配，与西方烹饪传统大相径庭，从中也能略微理解双方之间根深蒂固的偏见。1851 年，淘金者威廉·萧（William Shaw）对中餐的评头品足，与很多早期的西方评论者别无二致。他说，旧金山唐人街中餐馆的很多菜肴，都是用切成小块的食材混合烹煮而成，他的原话是"各种咖喱、剁碎的食物和原汁肉块"。他觉得这些菜都很美味，却明显不知道自己在吃什么："我可不愿意询问究竟用了什么食材，以免坏了胃口。"[17]很多早期来华的欧洲游客也同样提到了这一令他们惊讶的事实，即中国的食物总是切得非常细致均匀。1793 年随英国第一个访华使团出行的埃涅阿斯·安德森，描述了他在北京的一顿晚餐："和往常一样，有各种各样的炖菜和杂烩。除了节庆时期，肉类是很少或从不在餐桌上出现的。"[18]很多早期的英国来华游客都提到参加了盛大的筵席，却很少描述餐食的细节，真叫人失望。这究竟是因为他们面对餐桌上的种种异域美食根本无动于衷，还是因为他们基本不知道面前的菜肴到底是什么？

面对经过精细切割、融合而无法辨认的食材，西方人往往紧张不安。法国海军上校拉普拉斯提到那顿十九世纪早期的广州晚宴时，写道："第一轮上的菜……是各种各样的冷盘开胃小菜，比如盐渍蚯蚓，经过事先处理和风干，但因为切得太细，我在吞其下肚之前，很幸运地并不知道那究竟是什么；还有盐渍或熏制过的鱼和火腿，全都被切成极薄的片状……鸭和鸡也切得极小……"[19] 时间往前推进，2002 年，《每日邮报》那篇将中餐斥为"全世界最具欺骗性的食物"的卑鄙文章宣称，你永远无法分辨"那挑在筷子上、黏糊糊的幻彩荧光鬼东西，究竟是什么食物"。[20] 英国人曾经怀疑法国人用暧昧不明的酱料"粉饰"他们的食材，也一脉相承地担心唐人街的厨师会想办法用廉价的低等食材来假充正宗上等餐食。烤鸡是一眼就能认出来的，但那盘炒"鸡丝"中切成细丝的肉究竟是什么呢？真的是鸡肉，还是猫肉或者蛇肉呢？面对未知，再佐以无知与种族偏见，西方人的想象力可谓肆意驰骋。

正如人类学家玛格丽特·维瑟（Margaret Visser）所写，盎格鲁烹饪文化的主题之一，就是渴望"知道我究竟吃的什么"，而且"英国烹饪一直鄙视和拒绝轻浮、不实或仅仅是混乱的欧洲大陆混合风；其理想一直是'不加掩饰地表现最好的食材'"。[21] 而中餐烹饪，正如 1857 年英国外交官德庇时（John Francis Davis）所说的那样："与法国烹饪的相似之处远胜于英国烹饪，会普遍使用炖烩和拼配的形式，而不是光把食材进行简单罗列；并且在每道肉类菜肴中都会使用大量的蔬菜。"[22] 英国人怀着一种根深蒂固的观念，认为像中餐这样以"变形"而非直白呈现为主旨的菜肴，是在进行理直气壮的招摇撞骗。把食物切成小块的习惯，进一步加深了人们对中国人神秘莫测，饮食也深奥难懂的整体刻板印象。

如果换成中国人的视角，中餐不过就是更文明优雅而已。任何野蛮人或动物可能拿起来就吃的原材料到了中国人手里，都能变身精美细致的佳肴。刀这么暴力和野蛮的东西必须赶出餐桌，只配待在厨房里。食客们就安静文雅地用餐吧，让筷子轻柔地将食物"抱"起，听不到金属和瓷器碰撞的声音，耳根也清净。（圣贤孟子有句名言："君子远庖厨。"[23]）如果都像英国人那样，简单地烤好一大块肉，再粗暴地配上土豆与胡萝卜坨坨上桌，创意何在，乐趣何在？切好肉片，和蔬菜一起烹饪，再搭配其他多种菜肴，效果显然好很多。好比点着烛光，不慌不忙地跳上一支脱衣舞，总比直接赤身裸体地在泥浆里摔跤来得更性感、更有情趣。把鱼肉与竹笋切碎熬成的浓汤，挑逗舌尖，显然是更迷人的。

还有，家里来了客人，你就用寒碜的"烤肉双素"（土豆和胡萝卜）招待，人家还怎么感觉宾至如归啊？在中国，即便是一顿简单的家常便饭，品种花样也要更多些：食材细细切好，混合搭配，形成丰富多彩的一桌菜肴。如果是下馆子和吃席面，十几二十道菜也不是什么稀罕事，食材与烹饪方法多得叫人眼花缭乱。我曾经和一位中国朋友在意大利都灵一家相当时髦的餐厅享用了四道精美的菜肴，之后对方说："要是在中国，这些才只是开胃菜而已。"中国人也许会觉得西餐粗糙、笨拙且过于简单，所以时至今日，还有很多人习惯性地将整个西方世界的烹饪传统大而化之地斥为"很简单、很单调"。

中餐厨师的职责之一，就是要用对比鲜明的食材创造出一种近乎魔法的和谐。烹饪是一门精湛的技艺，甚至算得上一种"炼金术"，这样的理念在古代文献中被反复表达和提及。圣贤老子有云："治大国，若烹小鲜。"[24]这话在英国人听来大概是在轻视治国理政，毕竟他们觉得烹饪很容易，就是烤只鸡，再烤几块土豆嘛；但放在中国的语境下，则恰恰相反——这句话寓意深刻，意思是无论治国还是将小鱼烹制成讲究的菜肴，都需要敏锐细致的洞察。

说得再具体一点，在中国古代文献中，治国理政之道常常被比作给羹调味。公元前六世纪，齐景公的辅政卿相晏子就曾发表过一番著名的政论，用烹饪作喻，来解释政治上的和谐是来自不同意见的融合，这与盲目和谄媚的一致附和是不同的：

> 和如羹焉，水火醯醢盐梅，以烹鱼肉，燀之以薪，宰夫和
> 之，齐之以味；济其不及，以泄其过。君子食之，以平其心。君
> 臣亦然。君所谓可而有否焉，臣献其否以成其可。君所谓否而有
> 可焉，臣献其可以去其否。是以政平而不干，民无争心。①25

厨师与统治者有个相同的使命，就是创造和谐。统治者调配手下
服务的人才，来创造和谐的国家和社会；厨师则通过刀工、融合与调
味来创造和谐的味道。令人惊奇的是，这一套哲学在二十一世纪的中
餐厨房中依然铿锵有力地绕梁不绝。当代中国厨师和古代治国的君臣
一样，仍然在努力用对比鲜明、喧喧嚷嚷的食材与调料创造和谐与平
衡，利用它们在颜色、口感与风味之间微妙的相互作用，谱写美味的
菜肴与合理的菜单。"你只需要加一点点糖，"我的朋友戴双在向我
解释一个菜单时说道，"不是要突出甜味，而是要'和味'，让菜肴
的风味更加和谐。"在中文里，"和"这个字，既可以读"he"，"和
谐"的"和"；也可以读"huo"，"拌和"的"和"。在中国的某些
地方，尤其是南方，至今还把汤勺叫做"调羹"，调和羹汤之意。

"和谐"这个理念在当代政治中也有应用。26中国前国家主席胡锦
涛曾说希望建立一个"和谐"社会，这样的声音其实已经在中国回
响了数千年，既响在庖厨之远，也响在庙堂之高。当然，和谐，不是
一团和气，人人附和，而是不同意见的互补与融合，恰似良药苦口，

---

① 此处将原书中的英文尽量直译，做古文的参考译文（全书均做似处理，不再特
殊说明）："和谐，正如一碗羹。你有水、火、醋、肉馅、盐和梅子，用来煮鱼和
肉。先用木柴点火将锅烧开，然后厨师就把各种食材融合到一起，适当调味，少
则加之，多则减之，然后，主人吃了就会身心舒畅。君臣之间的关系也是如此。
要是君主认可不太恰当的事情，臣子就会提请注意这件事的不恰当，从而让君主
的施政往好的方向发展；要是君主否定了好的事情，臣子就会提请注意这件事的
好，从而让君主的施政摈弃不好的地方。因此政局稳定，民心平和。"

逆耳忠言才更利于做出明智的决定。正如晏子在那番"和羹"的言论后面所说："若以水济水。谁能食之？"如果只是寡淡的水与水调和，谁能吃得下去？[27]中国古代的哲学家人人皆知，举凡高效的治理，都需要刺耳辛辣的批评之声，正如羹当中那比较容易取悦味蕾的甜味，需要用酸味和苦味来平衡。没有尖锐的批评，人们很可能只能做出一罐寡淡的番茄汤，叫人备感乏味，而无法成就一锅精心调味的好羹汤。

　　如今，要说代表性的中餐，大家似乎都会说炒菜，也许事实的确如此。但炒菜的大部分基因都承袭于古老的羹：将食物切成筷子可以夹着吃的小块，荤素的搭配，将不同的食材融成和谐的整体。炒菜算是（相对）近代崛起的形式，而羹则是起源。杭州餐桌上的一碗鱼羹，讲述的故事不仅是一位宋朝厨师巧遇思念故土的皇帝，其外沿要大上很多，涵盖了中餐烹饪的起源与演变。

　　曾有宋嫂羹汤的杭州西湖，如画的风景历久弥新。只要住在附近，我每天晨起都会去湖边走走看看，觉得平静而愉悦。早春时节，初生的柳芽嫩绿欲滴，绽放的玉兰粉白可喜。之后便有桃红夭夭，到秋天空气中便会弥漫桂花的甜香。晴好的天气里水光潋滟；雨天则山色空蒙，全部的美景都像隐没在神秘的中国传统水墨画中。夜幕降临时，我站在西边的湖岸远眺渐隐在暮色中的群山与湖水，感觉即便历经了种种王朝兴衰、叛乱、战争与革命，这里的景色也没什么变化，还是九百年前宋嫂划船烹羹的那个西湖。西湖美景，叫我身心恬静，正如这里催生的温柔羹汤将各种食材和谐统一，安抚品羹人的口腹与灵魂。在中国，厨师其实一直也是某种程度上的医师。"药食同源"，古人诚不欺我。

生命在于滋养：苦瓜排骨汤

宋嫂鱼羹是羹，而苦瓜排骨汤（Bitter Melon and Pork Rib Soup）是汤：清淡澄澈的汤汁中，大块大块翠绿的苦瓜与入口大小的排骨交融在一起。长时间小火炖煮之后，苦瓜舒展了些，苦味被排骨的清鲜中和，变得柔软。但这仍然是一道"大人才爱吃"的菜肴，有那么点质朴、肃穆和直接，不会摧眉折腰逢迎味蕾。中文里的"苦"，可以指苦味，也可以指受苦。"吃苦"，就是忍受悲痛与艰辛。然而，苦也是一种必要的矫正：以治国理政来说，忠臣的苦口婆心比佞臣的甜言蜜语更有益于统治，是把政府熬成一锅和谐之羹的重要食材，不可或缺；以传统中医来说，苦味的食物有助于恢复人体的平衡。具体说来，苦瓜是"凉"性食物，有助于缓解因不健康的饮食过度引起的上火症状。

这锅汤在炉灶上咕嘟咕嘟，我稍微搅了一搅。我刚从伦敦一家眼科医院的急诊室回来。前一天晚上，我左眼痛了起来，到了早上已经疼痛难忍。我找了熟悉的医生，对方只瞧了一瞧，就叫我去那家医院。我做了各种各样的有必要没必要的检查，几个小时后，医生下了诊断，说没有感染，只是眼球发炎，说明可能有全身性炎症。她开了处方，两周份的类固醇眼药水和非甾体抗炎药。她说，要是用了这些药还没好，就让我试试一个疗程的口服类固醇。

就在那个诊室里，我所受过的"中式营养学"教育浮现在心中，让我灵光一闪。我想起连续熬夜之后疲惫不堪的自己，而且原因多种多样，复杂得没法解释：吃了大量的奶酪等比较重口的食物，按中国人的老说法，一定会引起身体上火，引发各种"热症"，比如发红、肿胀、发烧和疼痛。我突然想，中国人说的"上火"，其实应该就是这位医生说的发炎吧？如果真是这样，我能不能通过中医的食疗法来去火，从而缓解目前严重的情况？不妨试一试呗。

我不想让眼睛有任何受害的风险，于是请求医生允许暂缓用药，让我先试试好好休息和特定饮食来自愈。鉴于炎症很严重，她坚持要我滴眼药水，但那些口服的非甾体抗炎药可以先不吃；又严肃告诫说，要是我的眼睛在四十八小时之后还没有好转，或者出现任何恶化症状，就需要立即开始口服这些药物。以防万一，我从药房拿了一大袋子药，忍着依旧严重的疼痛离开了医院，路上去了一家中国超市，然后回了家。

我不是什么老中医或营养饮食学专家。但历经多年中餐美食学的熏陶与教化，我也略懂这其中的玄妙。几乎所有中国人，或者至少是老一辈中的所有人，都懂得要对付"上火"，就别吃"热性"的食物，要多吃点"凉性"的东西，所以那天我大概知道自己需要采取什么措施。我暂时不吃奶酪、巧克力、薯片和其他油炸的或口味重的东西，甜食也不吃了，包括橘子等被明确定性为"热性"的水果。取而代之的是简单清淡的中式饮食，即用黄瓜、绿豆、梨和苦瓜等食材熬煮出来的汤、做的蒸菜或水煮菜，搭配白米饭或粥。我取消了外出计划，窝在沙发里休息。

从有文字记载的历史开始，中国人就认为食物和医药密不可分。已知最早的中国食谱其实也是医药方子：马王堆汉墓出土了帛书的"五十二病方"[1]。编纂这些病方时，人们一方面认为疾病是人的身体运行不畅引起的，同时也秉持着更古老的观念，即恶灵侵扰也会引起恶症，所以这些谱方中广泛地混杂了烹饪、医药和驱邪等多种内容。不过，即便这些手稿可能浸染了古老的信仰沉渣，它们也同时是对未来的预兆，是结合食谱与医疗文献的开山之作，这历史悠久的传统延续至今、经久不衰。早在遥远的古代，这些食谱就表达了如今仍然流行的"养生"理念——通过恰当摄取食物来滋养人体之"气"，从而达到健康长寿的目的。

这些食谱被编写的同时，中医理论奠基作之一《黄帝内经》也在编纂中。相传此书为黄帝所作，他是传说中整个华夏民族的祖先，也是疗愈术法之父。这本著作以"集大成"之态，融汇了之前千百年的相关知识，概述了一些重要的医学理念。《黄帝内经》将人体比作宇宙的缩影，而宇宙又是阴阳的动态交互所塑造的。阴阳本指山坡的背阴和向阳面；但在书中，"阴"主要代表阴凉、凉性与阴柔的女性，"阳"则是光亮、热性与阳刚的男性。两者截然对立、界限分明，却又相生相成、密不可分，不断地相互消解又相互激发，就像我们所熟悉的由旋涡和两点组成的阴阳八卦图。阴阳又可进一步分为五行：金、水、木、火、土，也同样处于相生相克的无尽循环之中。五行对应着其他各种"五"字辈的系统，包括"五味"（酸、甘、苦、辛、咸）、"五色"、"五谷"和人体的"五脏"。

《黄帝内经》实际上有多位编纂者，他们认为，疾病是人体内部或人体与周遭自然环境之间失衡引起的。五味都不过量的均衡饮食，是保持身体康健的基础之一。"是故谨和五味，骨正筋柔，气血以流，腠理以密，如是则骨气以精。"[2][①]

那时，中国人已然认识到，某些食物可以对症治疗疾病：比如，甜味食物可以安抚躁动的肝脏，辛味食物可以滋润因干燥而虚弱的肺脏。[3][②]到公元六世纪，中国人已经逐渐按照"热性"和"凉性"来为食物分类。[4]让身体发热的食物就被归为"热性"，而起相反作用的就是"凉性"（这一分类系统不无道理，比如，一些被归入"热性"的高热量食物，确实会让营养失调者体温上升）。这种看法与西方前现代的体液医学学说有着惊人的不谋而合之处；后者源自希腊医师伽林

---

① 英文直译："如果人们注意五味调和，骨骼就会保持挺拔，肌肉就会柔软年轻，呼吸和血液就会自由循环……如此一来他们的呼吸和骨骼就会充满生命的精华。"

② 这个说法与《黄帝内经》的记载有所出入。《黄帝内经》原文是："五味所入，酸入肝，辛入肺，苦入心，咸入肾，甘入脾。"

（Galen）的研究，他也强调要注意饮食，将其作为一种手段来治疗身体失衡引起的种种疾病（欧洲的模式是基于四种体液、味道及其他原理的相互联系，而非中国的"五"）。[5]不过，到十九世纪中叶，欧洲人就已经彻底摈弃了这些古老的医学理论，而中医的传统理念却一直传承至今。

很久很久以前，中国人就认定，食疗优于激进的药物治疗。公元七世纪的唐朝，长于著述的名医孙思邈就在坚持"凡欲以治疗，先以食疗；既食疗不愈，后乃药尔"的著名理论[①]：

> 夫为医者当须先洞晓病源，知其所犯，以食治之；食疗不愈，然后命药。药性刚烈，犹若御兵；兵之猛暴，岂容妄发。发用乖宜，损伤处众；药之投疾，殃滥亦然。[6]

古往今来，这种态度始终坚定如一。即便到了现代，中国人遇到小病小灾的，也是先试着进行食疗，不行再求助药物。他们总说："药补不如食补。"

时间向前推进，中国的医师们更加详细地观察了特定食物对人体健康的影响，对早期的医学理论进行了补充。十六世纪末，明朝医师李时珍历时约三十载，写下了医药全书《本草纲目》，系统性地解说了将近两千种食材、植物、动物和矿物的药用滋补功效，从野生草药到厨用蔬菜、从水生贝类到珍奇野味，包罗万药。[7]（比如，书中提到"苦瓜"，称其"苦、寒、无毒……除邪热，解劳乏，清心明目。"[8]）今天，在中华大地的书架上，每一本食疗菜谱与相关书籍中，都能感受到对《本草纲目》的传承。这些书常常会按照热性与

[①] 此处引的英文与中文原文在语序上有出入，仍然尽量直译："药的本质都很刚烈，就像军队的士兵，野蛮、急躁，又有谁敢肆意调动呢。倘若用兵不当，所到之处，无不满目疮痍，造成极大伤害和破坏。同样，如果对病症贸然用药，就会导致对身体的过度伤害。好的医生首先要仔细诊断，找出病因，先尝试用食物来治疗。食疗无效再开药治疗。"

凉性将食材归类列表，附上各自的特性与疗效。

在《黄帝内经》问世两千多年后的今天，世界各地仍有很多华人的生活与饮食在遵循着其中的一个重要原则：疾病始源于身体的失衡，适当的饮食有助于恢复健康的平衡，甚至都不用考虑吃药。食疗不仅用于初期症状，以防发展成严重疾病，还可以在一开始就预防疾病起源。人们要是发现了"火热内生"的早期症状，比如干咳或脸上长斑，就会用凉性食物来帮助祛火。即便没什么症状，他们依旧会在冬天吃热性的羊肉驱寒，在夏天喝凉性的绿茶祛暑。四川人解释自己嗜吃辣椒和花椒的原因，会说当地气候潮湿，不利于健康，需要用"温性"的辛辣食材来进行中和调理。

药食同源，并无清晰的界限。我的中医师开的药，用各种根茎与草药熬制而成，黑乎乎、苦兮兮的，这可以明确地称之为"药"，特别不好喝；我晚上吃的烤鸭，可以确切地被归类为"美食"；然而在这两者之间，还有一个巨大的交集。普通餐馆的菜单上会有药用的人参和枸杞熬的鸡汤，具有滋补功效；家常便饭中的白萝卜丝也能入药。中国书店的食谱专区有大量关于食疗的书籍，普通食谱书中有很多方子也会介绍不同食材的滋补功效。

1990 年代，我初到中国，自那以后，每每对中国人，尤其是老一辈中国人为自己健康负责、调整饮食来预防和治疗疾病的生活方式深感敬佩。他们如数家珍，很清楚孕妇和刚生完孩子的产妇应该吃什么东西，也能为平时促进身体健康及提高生育能力提供饮食参谋。轻微的发炎或"上火"症状，是身体亮起的红灯，最好被认为是调整饮食或生活习惯的警告，而不要急着去用药来压制。提供饮食建议，是中国人对他人表达关爱和牵挂的方式之一，但真的有用吗？

当然了，中国的食疗法中肯定有迷信和异想天开的成分（正如西医普遍认可的安慰剂效应）。比如，"以形补形"理论，认为脚痛就应该吃动物的脚来治疗，或者吃与大脑形状相似的核桃来提高智力，这些都根源于古代的"交感巫术"。"热性"与"凉性"食物的系统比较模糊和主观，具体的分类在不同的地区也不尽相同。中国人和西方人一样容易被昂贵而时髦的所谓"超级食品"（superfood）所诱惑——在中国，做过"超食"的包括珍珠粉、干虫草和燕窝（十八世纪的伟大小说《红楼梦》里，女主角林黛玉就总是轻启丹唇，服下燕窝，希望能恢复日渐衰弱的生命力）。而且中国历来也不乏江湖游医和痴迷于奇特玄妙饮食之人，比如那些辟谷的道士，或者十九世纪初的扬州大盐商黄至筠：据说他花了大价钱在早餐上，不仅有炖燕窝和参汤，连鸡蛋都是由吃珍稀草药的母鸡下的。

二十世纪初，在国外接受教育的一代知识分子对中国传统文化的态度和立场变了，而且往往偏见颇深。鸦片战争期间，中国饱受西方列强凌辱，之后很多人便觉得传统文化是"落后"的，是中国发展的绊脚石。第一批革命者身穿西装，废除了旧的国家祭祀仪典，推翻了君主专制。中国现代文学奠基人之一鲁迅在短篇小说《药》当中描述了一对老夫妇为了给儿子治疗当时是绝症的结核病，用全部的血汗钱买来了非法的迷信药物：一块沾满死刑犯鲜血的馒头。二十世纪很多早期的思想家都提出，中国的未来要靠西方的"德先生（民主）与赛先生（科学）"。

新中国成立初期，由于西医的匮乏和传统疗法相对廉价亲民，中医生存了下来。近年，在新冠大流行期间，政府也推荐一些传统疗法。不过，也有些人担心中医比较"落后"。年轻一代基本已经不像父母辈那么了解如何通过食物与传统疗法来预防和治疗疾病了。一位中国朋友曾经对我如是说："比起传统医学，我们更倾向于吃药。"

事实上，中国的食疗法，大部分内容的主题都是理智与节制。从根本上说，这不仅仅是个疗愈系统，而是一种思维方式，鼓励人们注意症状的苗头，并用均衡饮食来解决，从而保持健康、避免疾病，这就是"养生"。西医通常针对的是全面爆发的疾病，而非病症的端倪，所以方式方法可能会像孙思邈用来作喻的"兵"一样，刚烈、粗暴和被动；而中医的食疗则是有意识地保持温和、循序渐进和防患于未然。虽然只有庸医才会建议用苦瓜汤来治疗晚期癌症，但食疗有没有可能降低罹患癌症的几率呢？

你想对中医食疗进行具体评估？一定是困难的，因为它太全面、太主观、太"印象派"，所以很难以科学调查的标准去要求。总体而言，它跟单个的"超食"无关，而是一个复杂的"关系网"；它与维生素和矿物质等膳食补充剂无关，而是一整套生活方式。它关系到你吃的一切，关系到整个人体系统，算是一门科学，更是一门艺术。

科学家可以用特定疾病或医疗结论为背景，研究特定成分的具体特性，甚至一次研究几种成分。但是，根据周围环境的各种变化和每一种轻微的症状来调整入口的食物，究竟有没有效果？这是任何人都无法证明，也无法反驳的事情。中医食疗通常会用在疾病刚出现苗头的时候，即重病前的"浅水区"。谁又能说得清，改变饮食习惯就能治好的轻微不适，有没有可能发展成癌症或关节炎呢？

1884年，伦敦世界卫生博览会让伦敦人首次品尝到了中国菜。有趣的是，在博览会的官方文献中，在中国生活了将近四十年的苏格兰医生德贞（John Dudgeon）对中国的饮食和养生法大加赞赏。他说，虽然存在一些不可否认的缺陷，"尽管中国人对我们的科学一无所知，却非常出色地适应了周围的环境，享受到我们难以想象的最大程度的舒适、健康和对疾病的免疫"。他又补充说，自己几十年的经历表明，与西方民族相比，中国人"患的病更少，得的病也更容易治疗。如果说真的存在炎症这回事的话，那么他们也更容易摆脱各种急性炎症的困扰"。[9]

无论人们如何看待中医食疗的功效，有一点毋庸置疑：很少有哪个民族比中国人更坚持饮食对维护身体健康的重要性，或者比他们更痴迷于"养生"这个概念。西方对中餐有很多错误的成见，而其中最荒谬的，当属一个相当普遍的观点，即中餐"不健康"。

大多数中餐不健康的所谓"证据"都是基于误会产生的，比如大家觉得英美的那些外卖中餐就是大部分中国人实际上的饮食。西方人偏爱炒饭甚于白米饭，偏爱炒面甚于汤面，偏爱油炸食品甚于蒸煮食物——然后想当然地觉得，中餐真油腻啊。他们用勺子把油乎乎的食物舀进饭碗里，而不是用筷子夹起食物，把油留在菜盘里，所以他们吃的油当然要比本应摄入的多啦。（我认识的一位中国厨师看到美国厨师往土豆泥里放黄油再充分搅拌时，表示大为震惊："他们说我们的东西油腻，可他们自己食物里的脂肪，虽然不那么明显，却是会全部被吃掉的啊！"）西方人往往大快朵颐那些调味丰富的菜肴，却看也不看淡然健康的米饭，然后给中餐贴上"咸"的标签。很多时候，西方人觉得中餐不健康，往往是因为他们吃的方式不对："不健康"其实是他们自己的镜像反映，而根本不是中餐的真实面貌。

中国人眼中的很多饮食常识，外国人却一无所知，这往往让前者大惑不解。我在杭州给一些餐馆工作人员做中西餐的讲座，说西方人不太了解自己所吃食物的药用价值，结果全场哗然。有位家乡是江南的中国朋友，在皮埃蒙特和我一起吃饭，看到邻桌的人正用黄油状的酱料搭配意大利肉饺，之后又吃了烩牛肉配黄油土豆泥，再是一道风味浓郁的苹果挞，竟然没有吃任何清淡的蔬菜，他简直目瞪口呆。"这样吃会上火的！"他说，"光是看看我就头疼了。"我们那顿午饭他倒是吃得很开心，但也说了："这么吃一顿还行，但中国人肯定没法这么吃第二顿了。"

还有一次，我和一位马来西亚华裔朋友在英国国宝级大厨赫斯顿·布鲁门撒尔（Heston Blumenthal）坐镇的著名"肥鸭"餐厅（Fat Duck）吃饭。具有惊人独创性的美味菜肴连续不断地上桌，那顿饭吃得愉悦又激动。但我们在连吃了几道美妙甜品后因为摄入糖分过量而昏昏沉沉，这位华裔朋友说，最后这几道菜都是浓郁、甜蜜而沉重的。"如果是中餐筵席，"她说，"就算有四十道菜，收尾也是喝一道清淡的汤，或者吃点新鲜水果，这样你才能舒服地回家去，睡个好觉。"

她说的有道理。大快朵颐"西餐"，你可能会很开心、很过瘾，但最后会饱胀无比、昏昏欲睡。要是每晚都这么吃，你搞不好就要罹患痛风、胃肠道癌症或Ⅱ型糖尿病了。而且我们中确实有很多人就是这样的下场。许多西方人最终都会在"要么饕餮，要么斋戒"两个极端之间反复横跳：今天来个夹满培根、奶酪溢出的牛肉汉堡，第二天又只吃几根胡萝卜或芹菜；今天肆无忌惮地放纵自己，第二天又清心寡欲如苦行僧。不然的话，我们常常就只能做出两种截然不同的选择：要么把自己吃得总发炎症、全身肥胖；要么通过不断警戒、焦虑和自我约束来践行养生之道，努力实行"清洁"饮食，达成健康目的。

中餐的饮食之道则与此形成鲜明对比。一餐之中，你既可放肆享受美食，又能及时"解毒"，饕餮斋戒两不误。比如，东坡肉，一道用五花肉（越肥越好）与料酒、酱油和糖文火慢炖而成、风味浓郁的美味佳肴。在中国，没人会一个人吃下一整碗东坡肉，而是夹起一块，配上白米饭、青菜和汤，这比连吃三大块肉要满足和舒服得多。而像上述那样吃肥猪肉，可能比只配土豆泥和番茄酱的烤鸡胸肉更健康。在我组织的中国美食之旅中，客人们通常会惊喜地发现，虽然总是一顿接一顿地享用美味，身体感觉却很舒服，甚至体重也在减轻。正如我朋友所说，在中国，你真的可以享受一场四十道菜的盛宴，然后回家美美地睡上一觉。（当然啦，要是席间喝起白酒，你和大家争相敬酒，那就另当别论了。）

英文中的"restaurant"（餐馆）一词，来源于法语的"restaurer"，意即"恢复（体力）"。餐馆最初也出现在十八世纪的法国，那时的巴黎逐渐有了些小食肆，专门为体弱多病的客人提供健康养生汤（法语"restaurant"），后来这些地方就被直接称为"restaurant"[10]。在如今的欧美，餐馆作为疗愈之地的功能已经完全消失了，要养生和健体，请去水疗中心和健身俱乐部，在那些地方，健康往往离不开严格的自律与对感官乐趣的约束。而在中国，要是你愿意，不仅有专门经营药膳的餐厅可去，还可以在掌握了正确点菜技巧的基础上，在任何地方吃到一顿养生餐——即便是在机场的小餐馆，也会有内容全面的套餐，有荤素搭配的主菜、白米饭、汤和咸菜；甚至——在紧要关头别无选择的时候——连肯德基的中国分店，菜单上让人"上火"的炸鸡旁都会配上味道还不错的芙蓉鲜蔬汤（菠菜鸡蛋汤）。从这个意义上来说，遵循原意的"restaurant"在欧洲早已消亡，却在中国焕发着盎然生机。

　　我是不知不觉中开始了解中国食疗体系的，主要源于长时间以来中国朋友们不经意的交谈。他们会建议我，炎热的天气吃苦瓜，应对湿气就得吃辣椒和花椒。他们会叮嘱我吃"凉性"的河蟹时，配上"温性"的黄酒与姜；炒饭比较干，就要配汤来润一润。要是我住在某个中国朋友家里时生病了，他们会给我吃一些"对症"的滋补食物。终于，我发现自己脑子里也响起同样的声音，并变成中医食疗的亲身实践者。"西餐"在我眼里越来越失衡得惊人，缺乏对身体健康的关切。只要生病或疲累时，我就下意识地在中餐饮食智慧中寻求解决之道。

　　遇到一些因慢性病而长期遭遇不适的人，我常推测他们可以通过养成中式饮食习惯来缓解，但问题是太难解释了。没有什么灵丹妙药，没有任何一种"超级食物"，也没有所谓的"饮食计划"。那就像一种本能、一种态度、一种多年来我对别人的行为耳濡目染才习得的技艺。现在，我在一定程度上也能对别人潜移默化了。我可以尝试为某人进行中式烹饪，看能否助其摆脱病痛，但没办法三言两语就解释清楚其中的玄妙。

　　话说到此，你可能在想，我那个严重发炎的眼球怎么样了。嗯，我不是去了医院吗？到第二天快结束时，情况已经有所好转了——好转到我两天（而不是医生叮嘱的两个星期）之后就停了眼药水。到下星期，我去医院复诊，整个健康状况已经恢复如初。我告诉医生自己什么药也没吃，她震惊不已。那场病就如此告终了。那之后的几个月，但凡我过度疲劳或放纵自己大吃了一顿之后，就能感觉眼球周围的炎症又在蠢蠢欲动着要卷土重来。于是我又恢复了好好休息和"凉性"饮食的生活，便万事大吉。最终，相关症状完全消失了。

"眼球事件"并非个例，我多次通过中医食疗的知识成功避免疾病恶化和药物治疗。同样的情况还有我脸上得了蜂窝组织炎（可能会导致脑炎）；一只脚痛得不行且肉眼可见地肿起来，搞得走路一瘸一拐（导致我被转到一家诊所治疗潜在的早发性关节炎）；被初诊为哮喘以及一次可怕的慢性疲劳综合征发作。虽然很难确定，但我仍然觉得，是因为自己的日常保健方法受到了中国的影响，才得以多次在严重疾病的边缘悬崖勒马，侥幸躲过。

从更宽泛的意义上讲，多年来在所谓的"西方"与中国之间游走，我已经修炼成了一名经验丰富的"外交官"、一个文化相对论者、一根"墙头草"和一个小心谨慎、绝不轻易下判断的人。沉浸投入地体验非母国的另一种文化，人就会变成这样。也许正因如此，像我这样的人会像打碎一整面镜子一样打破单一的观点，通过昆虫一般的多棱复眼，从多个角度来看世界。数十年来，我的主要工作就是为西方人撰写介绍中国美食的文章；但同时也尽力在那些诟病怀疑"西餐"的中国人面前，为西餐辩护，列出其种种优点，坚称尽管不是所有外国菜系都如中国美食那样丰富多彩，但我们都有美味的食物和精彩迷人的饮食传统。

不过，尽管在意识形态上坚决维护相互尊重和相互认可，也和很多英国人一样爱吃牧羊人派、炸鱼薯条和烤奶酪三明治，我还是不得不承认，数十年来在中国享受的"饮食特权"，将自己变成了一个可怕的"势利小人"，对中餐无限地偏心眼儿。我越来越不相信有任何其他美食能与中餐相比了。首要原因倒不是中餐的多样性、精湛的技艺、冒险大胆的创新或纯粹的美味，尽管这些都是很有力的论据。从根本上说，原因是我想不出还有哪个国家的美食，能将敏锐洞察、精妙技术、复杂多样与对人生之趣纯粹的追求，同健康和平衡的自律原则如此密不可分地结合在一起。在中国，好的食物带来的绝不仅仅是当下身体与精神上的愉悦，更会充分考虑到你在用餐时、用餐后、用餐翌日乃至余生的感受。

中餐烹饪学中，健康饮食与感官享受不存在任何矛盾。汉学家夏德安（Donald Harper）曾解释道，早在公元前三世纪，厨师鼻祖伊尹那番关于美食与政治的著名见解便已被提及："美食烹饪艺术从根本上关注的就是食物对人们身体健康的影响，而不仅仅是为了追求美食享受本身。食物被归属于药物……厨之道与医药之术相似相通。"[11]表面上看，李时珍在十六世纪写成的巨著《本草纲目》是在讲营养医学，然而正如中医研究专家罗维前（Vivienne Lo）所说，里面有大量烹饪相关的细节，包括对味道和口感的评论，也提到很多与感官愉悦有关的内容，所有这些都与相关物质的医药功效无甚关联。[12]西方文化中，"健康饮食"往往与享乐和放纵背道而驰；但在中国文化的背景下，即便明确以滋补和疗愈为目的的食物，也可以通过精湛的厨艺烹调出诱人风味。

我开始学习烹饪中餐时，也在逐渐入门如何真正地品尝它，从那以后，我就体验到了无穷无尽的美食乐趣。同时，我也觉得自己变得更健康，更有能力照顾自己和他人的日常生活。我可以用烹饪来实现宾主尽欢，也让客人们觉得舒服健康。我惊喜地发现，通过多年学习和经验积累，自己不仅成了一名厨师，还勉强算是位"食医"了。

天地

食材的选择

在田间，在箸间：火焖鞭笋

　　木橱柜里高高摞着一捆捆的纸，每张纸上都是购买记录，详细写着日期、时间、地点、农民的手机号码和签名、食材的种类和数量；还有一张农民的数码照片，是在农田上照的，手里拿着他/她供应的出产：一网活虾、一篮青豆或一盆小黄瓜。翻开 2008 年 5 月 24 日那天的记录，我认出了许多刚刚在午餐中下肚的食材。那是我第一次去戴建军位于杭州的餐厅——龙井草堂。

　　当时我正带着一个美食团巡礼中国美食，原本压根儿没打算去杭州，但四川不幸发生了地震，我们被迫临时调整行程。我认识的一位杭州厨师推荐说，有顿饭应该去这家，"算是个有机餐厅吧"。于是我们穿越龙井村垄垄茶田的绿波，过了一道月门，走进一座园林。那里有片小小的湖泊，荷叶娇弱无力地斜着身子，桂花树与翠竹掩映着几座木头餐亭。一位服务员，颈戴珍珠项链、身穿蝴蝶刺绣的紫色旗袍，带我们走过一座小桥，进入餐厅。餐桌上，琳琅满目的凉菜整暇以待。

　　我们顿时明白，这将是一顿非同寻常的大餐。我们先饮下新鲜的石磨豆浆——按照当地的口味，加了酱油、脆韧的榨菜碎和其他咸鲜的小碎块，调成咸豆浆，美得我仿佛进入了幸福的梦境。开胃菜中有当天早上采摘的小黄瓜配甜面酱、焯水野菜配烤松子。一只养了三年的老鸭子，原油原汁地蒸了四个多小时，我此前从未尝过味道如此深邃鲜美的鸭汤。有些是简单的农家菜，比如小葱炒蛋；也有筵席佳肴，比如豪华汤汁中糯糯的甲鱼裙边。小小的河虾在滚油中炸过，再跳进炒锅，和姜片一同裹上焦糖；我们整只整只地入口，咂摸着那脆脆的外壳和虾肉中的甜鲜。这里的餐食不仅美味可口，更灌注了一种难能可贵的静谧祥和。

吃完那顿午饭，我问能不能和老板聊聊。那天下午，我和他开始了一场即将持续逾十五年的对话。原来，被大家亲切地称为"阿戴"的戴建军，致力于为自己的餐厅寻找优质的时令食材，几乎已经痴迷其中（大家叫他"阿戴"，展现的是熟悉和亲昵）。八年前，他租下土地，按照传统江南风格设计了一个园林，聘请了一位大厨，一心要为客人提供按照农时历法和节气出产的无污染"放心菜"。他直接从杭州郊区的农民和手工艺者那里采购新鲜食材，其中很多"供货商"都年事已高，坚定地守护着日益衰落的地方技艺与传统。

中国传统历法根据日相和月相的运行变化来划分时间。一年分为十二个阴历月（有闰月的年份是十三个月）和二十四个节气。一个节气大概持续两个星期，以自然现象命名，如"惊蛰"、"清明"和"霜降"。历法是农民们的劳作指南，告诉他们何时播种与收割、何时饲养与休憩。历法也涉及文化和社会的层面：搬家、婚嫁、腌渍等行为的吉日和忌日都有标明。二十世纪初，中华民国百废待兴，怀着对现代化的昂扬热情，宣布采用西历为官方历法；但在饮食和节庆方面，人们仍然沿用旧历。阿戴严格按照农历的月相和节庆来制定自己的菜单，并要求农产品供货商们也以此为旨。

我们初见后的多年里，阿戴最初的很多供应商相继去世或退休，城市的扩张也在逐渐蚕食他们的土地。时代的大潮下，他被迫让采购团队更加深入到农村地区，寻找隐没在浙江"穷乡僻壤"间那些遵循古法耕种和饲养的农园、没受破坏的风景和传统的手工作坊。最终，他在浙南的偏远地区租下了一些土地，建立了一座农场和乡野中的世外桃源。曾经，他只觉得应该采购自己心目中的"原生态"食品（西方人可能会称之为"有机农产品"）；现在他的个人使命格局更大了，变成一个更广泛的文化和环保项目，旨在重振乡村社会和农业传统。

在西方世界歧视中国的排华风潮最黑暗时期，他们表现的中国人形象，往往都是邋里邋遢的"铁公鸡"，开的餐馆都是用最差劲的食材以次充好，但求把客人糊弄过去。即便在今天，中餐在国外已经广受欢迎，菜系种类也越来越多，但中餐馆仍很少和高档食材扯上关系。西方消费者通常愿意花大价钱在欧洲餐厅品尝干式熟成的牛肉，在意大利某地享用有白松露加持的手工意面，或是体验高规格的日本寿司；但只要说中餐也可以很金贵，他们就会嗤之以鼻。说到底，你到底见过几盘宫保鸡丁是用有机散养的土鸡做的呢？

　　在西方，几乎没有一家中餐馆会特别重视和强调食材的原产地和时令性——反正也没有客人愿意为此买单，又何必多此一举？倒是有一些中国富人经常光顾的粤菜馆会看眼色，提供货真价实的鲜活龙虾和象拔蚌，但这些都是极少数个例。另外，除了偶尔会在节庆时推出月饼这一类特色食品，中餐馆的菜单一年四季都是不变的。现如今，高端西餐厅都在大张旗鼓地宣传自己千辛万苦搜寻到的野生蘑菇、新鲜芦笋和稀有品种猪肉。国际美食体系常常将中餐拒之门外，以上也许就是原因之一。

　　一提起中餐，人们就想起廉价或以次充好的食材，这其实是中餐近代史上一个很不幸的"副产品"，中国国门内外都是如此。早期移民到西方国家的中国人大多是没有专业烹饪技能的农民，种族歧视迫使他们只能从事餐饮业。与故乡远隔重洋的他们创造出来的中餐，经济实惠、就地取材、迎合当时西方人的口味。虽然早期的旧金山唐人街和二十世纪初的伦敦也有一些相对精致的中餐馆，但英美的大多数中餐厅在烹饪方面的追求都不高。人们对中餐馆的期待，也就是点外卖或吃一顿实惠的家庭餐，不可能安排豪华大宴。

　　而在中国本土，二十世纪的动荡局势造成了长期的混乱，对中餐的发展产生了不可逆转的消极影响。1980 年代开始的经济改革成功地大幅度提高了全国人民的生活水平，却也带来新的问题，比如严重的环境污染、大量的伪劣食品以及因为开发导致的农业用地流失。如今，全国各地的厨师和餐馆老板都面临同样的烦恼，寻找优质食材成为他们最紧迫的难题之一。米其林星级川菜大厨兰桂均曾对我说，中国的食品安全和真伪问题特别严重，想要买到正宗的好东西，需要多年经验加持："你要像个古董收藏家一样，在一堆赝品中闻出真品的味道。"

综合所有的现象，最具讽刺意味的是，"风土"这个概念实际上是中国人发明的，他们也最痴迷于在最佳时节使用时令食材。两千多年来，中国的富贵人家一直对农产品的品质有着狂热的追求。龙井草堂被誉为中国版的"潘尼斯之家"（Chez Panisse），这是一家加州餐馆，也是美国"从田间到叉上"运动的先驱。也许更准确的说法是，潘尼斯之家餐厅所表达的关注点，一直是中国自古以来历朝历代美食烹饪所关注的核心。

厨界祖师爷伊尹对自己的王成汤发表过一番见解，成汤不久就成了商朝开国君王，史称商汤。伊尹这番话以厨喻政，其中如数家珍地列举了成汤未来王国的种种美食珍馐：

> 鱼之美者，洞庭之鱄……菜之美者，昆仑之苹，寿木之华……云梦之芹；具区之菁，浸渊之草，名曰土英。和之美者，阳朴之姜，招摇之桂，越骆之菌……[1]

在引文的前后，他还列举了很多很多。伊尹认为，这些来自专门地方的美妙食物，只有内心已经有了完备仁义之道，并因此成了天子的人才能得到："道者止彼在己，己成而天子成，天子成则至味具。"[2]

伊尹的话中包含一种理念，就是天子几乎可以在字面意义上"品尝"他的国度，能吃到各种偏僻之地出产的美食，这也为后来的官方朝贡制度提供了依据。在这种制度下，来自不同地区风土的应季食材经过精挑细选，送入御膳房。至晚不过公元前五世纪，就有橘子和柚子从温暖的南方运往北方的宫廷。美国汉学家薛爱华（Edward

Schafer）写道，唐朝时期，每当"一种地方美味在宫廷与首都收获好评，就会被列入地方贡品名单，之后御膳房就会定期接收到相应的贡品：山西南部夏天的大蒜、甘肃北部的鹿舌、山东沿海的花蛤、长江流域的'糖蟹'、广东潮州的海马、安徽北部的糟白鱼、湖北南部的白花蛇（即五步蛇）干、山西南部和湖北东部用米酒醪糟腌制的贡瓜、浙江的干姜、山西南部的枇杷和樱桃、河南中部的柿子、长江河谷的脐橙"[3]——这些不过是那个时代官方贡品清单中的少数例子。

在大约两千年前的汉朝，就已经有了专门为宫廷培育珍稀蔬菜的温室[4]；一位著名的中国研究学者甚至发现了一些证据，表明那时候讲究饮食的行家们特别要求吃"鸡窝露天"的鸡，相当于中国古代的"散养土鸡"。这种鸡"栖息在完全自然的环境中，其美味为行家公认"。[5]

十八世纪，朝贡制度仍在全国上下有条不紊地执行着。当时东北的猎人和渔民向朝廷进贡了大量的野生鹿肉及野鸡、鲟鱼和鲤鱼，还有鹿尾和鹿筋这两种罕见的珍馐。其他各种上等食材也从帝国各地纷至沓来，包括鲥鱼——长江鱼类中最鲜美的极品，在其肉质最佳的时节会通过快马加鞭运送到北京城。[6]（至少从明朝开始，人们就经常用有冷藏功能的驳船，将江南地区的珍品新鲜食材放在隆冬时节收集保存的冰块上，运往京城。[7]）

中国人一直坚持食物要吃应季的，这其中不仅有现实情况的需要，也有养生的考量。养生，一方面是靠人体内部的和谐，另一方面就是人体与自然的和谐统一。古代文献里会详细说明每个季节应该食用什么、不应该食用什么；烹饪和医学著作也会推荐在适当时候应该收获的植物与动物，以求最大限度发挥功效和欣赏风味。一向对饮食讲究挑剔的孔子拒绝食用不合时令的食物（所谓"不时不食"）。[8]

《礼记》中有一节详细描述了每个季节的自然变化，概述了耕种田间与准备祭祀的人们各自的应季任务，以及天子在饮食上应尽的义务。在孟春之月（春季的第一个月），应当吃小麦与羊肉（"食麦与羊"）；孟夏之月，吃豆类和家禽（"食菽与鸡"）；孟秋之月，吃火麻仁与狗肉（"食麻与犬"）；孟冬之月，吃小米和乳猪（"食黍与彘"）。[9]要是天子不遵守季节规律行事，不仅会招致疾病，还会导致作物歉收和各种灾害。按季节时令饮食，也有环境保护方面的原因，正如哲学先贤孟子指出："不违农时，谷不可胜食也；数罟不入洿池，鱼鳖不可胜食也；斧斤以时入山林，材木不可胜用也。"[10]古语亦有云："天人合一。"

当然了，按时令饮食还有个原因，就是美食烹饪上的考量。人们吃应季食物，目的不仅是"天人合一"和保持最佳健康状态，也是为了那份迫切渴望品尝时令馈赠的愉悦心情。公元前二世纪，哲学家董仲舒主张选择任何食物的最主要原则，就是要在最合适的时机，择其最美味的时候进行品尝，绝不能偏离这个适当的时机："凡择味之大体，各因其时之所美，而违天不远矣。"[11]公元七世纪时，每年春笋应季上市，唐太宗总要设"春笋宴"来款待群臣。[12]小说《红楼梦》中的主角们在美丽的园林中举行宴会庆祝秋天的到来，那正是河蟹最肥美的时候，他们也便大快朵颐。

也许，无论是在中国，还是在其他任何地方，都很少有人比江南的美食家们更热情地倡导吃就要吃优质食材。从十二世纪起，随着新的稻米经济和盐业贸易的发展，江南地区越来越富有，重要性也不断提高，一座座光鲜亮丽的繁华城市惹得世人艳羡。和当代的加州一样，这里以优质的物产、繁荣的餐饮业和悠闲的生活方式而闻名天下，同时也成为美食烹饪写作的沃土，文人雅士纷纷搜集食谱，对美食进行了全面而深刻的著述。

十七世纪的戏剧家李渔，土生土长的江南人，不仅写了诙谐幽默的情色小说《肉蒲团》，在描写自己对大闸蟹的迷恋时，也不惜剖白内心的深情。"予嗜此（蟹）一生。"他写道，"每岁于蟹之未出时，即储钱以待……自初出之日始，至告竣之日止，未尝虚负一夕，缺陷一时……蟹乎！蟹乎！汝于吾之一生，殆相终始者乎！"[13]

李渔对竹笋的品质也极尽讲究，坚持认为只有在偏僻山林中采下，立即从田间到箸间的鲜笋才值得吃：

> 鲜即甘之所从出也，此种供奉，惟山僧野老躬治园圃者，得以有之，城市之人向卖菜佣求活者，不得与焉。然他种蔬食，不论城市山林，凡宅旁有圃者，旋摘旋烹，亦能时有其乐。至于笋之一物，则断断宜在山林，城市所产者，任尔芳鲜，终是笋之剩义。[14]

李渔还断言，要做出完美的米饭，必须派丫鬟去搜集野蔷薇、香橼或桂花上的露水，在饭初熟时加入煮饭的水中。不能用园中玫瑰的露水，因为玫瑰香太浓烈了："食者易辨，知非谷性所有。"

还有其他的美食家，也以令人惊叹的精确细致描写食材的细微玄妙。十六世纪末，高濂（他恰好是已知第一位写到辣椒的中国人，那时候辣椒刚从美洲传入中国不久）仔细考究吴地鱼片（吴郡鱼鲙）的细微之处，进行了详细说明："八九月霜下时，收鲈三尺以下，劈作鲙。"对鲤鱼和鲫鱼的要求则是"鲤一尺，鲫八寸"①。[15]

十八世纪文学家曹庭栋对如何熬粥进行了细致入微的论述，不仅推荐了最佳煮粥之米（"米用粳，以香稻为最，晚稻性软，亦可取，早稻次之，陈廪米则欠腻滑矣"），还推荐了最好的煮粥之水：他认为长流之水比来自池塘沼泽的水更好，初春时节的雨比湿热的梅雨和夏秋季的霏霏淫雨要好上太多。他觉得雪水应该在腊月取用，如果是春雪融化成的水，则"不堪用"；如果把水贮于陶缸之中，应该加朱砂块沉入缸底，"能解百毒，并令人寿"。[16]费以上这一番大功夫，只为了煮出一碗像样的米粥。

---

① 此处作者把前后两段引语误作出自一人（是间接引用，见"注释"和"参考文献"），有必要做出说明："八九月霜下时……"一段，出自高濂《遵生八笺》；而"鲤一尺……"一句出自唐朝段成式《酉阳杂俎》。

西方的葡萄酒品鉴家们万分在意和挑剔葡萄生长的地形地貌、土壤和气候，中国的茶叶爱好者对茶的产地也是特别上心。正宗的龙井绿茶，散发着类似于开心果的芬芳，只生长于杭州附近龙井村周围平缓的丘陵上，用春季清明前采摘的那一点点小小的嫩芽制成；理想状况下，也应用汩汩流淌的龙井水冲泡。岩茶类的乌龙茶味道浓郁，有烟熏香气，必须产自福建武夷山——过去，只有皇帝才能品尝到最上等的岩茶品种"大红袍"，来自生长了三百多年的古茶树丛。有"茶圣"美誉的陆羽生活在公元八世纪，撰写了世界上第一部关于茶的专著，对冲泡茶叶的水质进行了等级划分："山水上，江水中，井水下。"而"山水"中最上等者，又要取自乳泉和石池漫流处，不能是湍急的瀑布之下。[17]

对于上等食材的重要性，最著名也是最积极的倡导者，莫过于十八世纪的诗人、文学家和美食家袁枚。他在闻名古今的食谱《随园食单》中坚称："大抵一席佳肴，司厨之功居六，买办之功居四。"因为食材的品质可以决定一道菜的成败。比如好的火腿与差的火腿，可能"好丑判若天渊"；还有，"鳗鱼以湖溪游泳为贵，江生者，必搓讶其骨节"。[18]白萝卜过了最佳的时节，里面就空心了，没多少肉；刀鲚过了最好的时节，鱼骨就变硬了。"所谓四时之序，"他写道，"成功者退，精华已竭，褰裳去之也。"[19]

袁枚还指出，调味用的佐料，其品质也一样重要："厨者之作料，如妇人之衣服首饰也。虽有大姿，虽善涂抹，而敝衣褴褛，西子亦难以为容。"[20]即便是最优秀的厨师，遇到粗制滥造的劣等食材，也没法化腐朽为神奇。他还写道："人性下愚，虽孔、孟教之，无益也；物性不良，虽易牙烹之，亦无味也。"[21]（文中提到的"易牙"，与前文的"伊尹"并非同一人。易牙是公元前七世纪齐桓公宠信的近臣，据说有着完美的味觉，十分擅长调和各种味道。但不幸的是，也有一些资料显示，他为了讨好主公，将自己的儿子做成了汤进献给齐桓公。[22]）

二十世纪的历史如暴风骤雨，然而中国人自古以来对原产地应季上等食材的眷恋始终如一。当代的旅游业和古代人游历山川一样，通常都有个核心内容，就是品尝当地美食：无论是苏州附近阳澄湖名贵的大闸蟹，还是价格更便宜的川南西坝豆腐；那里的豆腐必须用当地的水制作，而这水又出自著名而独特的石灰岩地貌。途经南京的火车上，广播里会传来对当地著名美食盐水鸭的满口赞誉。无论从任何地方出差归来的商务人士，都会大包小包地带回当地有名的特产水果等美味。

　　李渔最爱的螃蟹，如今依然是江南地区最令饕客们趋之若鹜的美食之一。每年大闸蟹在上海上市，都会掀起一阵狂潮，实在蔚为奇观。中秋过后，这些炮筒绿色的小小湖蟹就长到了最为膏满肉肥的黄金状态，蒸熟以后会变得鲜红。母蟹的橙红色卵巢（蟹黄）和公蟹的白色副性腺及其分泌物（蟹膏）是最有滋味的（大闸蟹腿上长着尖硬的黄色毛刺，爪子上也毛乎乎的，所以英文名才叫 hairy crab，毛蟹）。上海的多家餐馆会推出"全蟹宴"；街上突然涌现出一家家"快闪店"，里面都是一桶桶被稻草捆绑了脚爪、"汩汩"做声的螃蟹；整个江南地区的机场都有活蟹出售。

　　四川人则很少质疑正宗郫县豆瓣的权威。这种酱料是麻婆豆腐和回锅肉等菜肴的灵魂，只能产自郫县特有的风土，根据传统的说法，只有在那里，豆瓣才能"采天地之精华，吸川蜀之灵气"（或者，用科学家的话说，与当地的气候和环境微生物发生奇妙的化学反应）。如果去蜀南竹海旅游，就能像伊尹的主君一样全方位地品尝这片土地的各种产出，比如当地的菌子、竹笋、野菜和放在竹叶上熏烤的山猪肉。在中国，几乎每一个人，无论贫富贵贱，都知道冬天打了霜以后的蔬菜是最甜最好吃的。

　　无论在一年中什么时候去苏州或上海，都可以看到一些点心或熟食铺子外面排着长队，大家在购买特色时令小吃：也许是早春时节用艾草染绿的青团，饱满香糯；或是秋天的月饼，新鲜出炉。在苏州的春天，运气好的话，你能巧遇用乌饭树（野生蓝莓树）叶染成乌紫的糯米饭（乌米饭）。上海的集市也是如此，总有琳琅满目的时令农产品，叫人兴奋不已：柔嫩的草头、多种多样的竹笋、让人流连的鱼类和海鲜。秋天，在西安的老回民街区漫步，就能吃到金灿灿的"黄桂柿子饼"，用柿果肉和糖桂花馅儿做成。若到成都赶上春末，你最好是抓紧时机，体验一下四川独有的苦笋，新绿初成、清爽脆嫩。

至于精英阶层追求的中国美食，江南的美食家们正满怀热情地复兴祖先的饮食习惯。不久之前一个三月的傍晚，我和上海一家私人餐饮俱乐部的成员们一同参加了当地时令佳肴盛宴。我们品尝了经典的本帮菜"腌笃鲜"，汤汁美味得令人叫绝；我又吃了淡水田螺，还了解到清明节前不久，就是田螺肉质最好的时候；还有以苏菜做法烹制的甲鱼：主料甲鱼的最佳赏味期限稍纵即逝，而在三月油菜花期恰正当时，所以这道菜用了菜籽油来做。全宴一共十八道菜，其中最引人注目的明星，也是将人们聚在一起的理由，就是银闪闪的"刀鱼"，每年只有几个星期最应季。厨师将刀鱼做成了馄饨，再用锅生煎，在宴席的尾声上桌。饭后，一位客人坐在三角钢琴前，即兴为另一位客人弹唱了一首诗歌，而接受这份礼物的是一位九十八岁高龄的女士，也是全国公认在世的最高成就女性艺术家。[23]那真是一个愉快的夜晚，以艺术、音乐与交谈为背景，像当地的风土与节令致敬。恍然间，袁枚、李渔等古时"生活家"们的精魂仿佛就熠熠生辉于其中。

1990年代，我初到中国旅居，当时中国的经济正在蓄势腾飞。许多著名的餐馆装潢简陋，实用至上，服务乏善可陈，仍有数十年计划经济的痕迹。地方著名加工食品也是盛名难副，那时候要找优质食材，比今天更难。我遇见很多技艺超群的厨师，但当时的食材和环境却配不上他们的才华。我遇到的最美味的食物往往都在农村，那里的人们吃自种的蔬菜，肉和蛋都来自散养的动物，但那绝不是精致的烹饪。那时的中国像是患了某种失忆症，忘了自古以来对食材热情而精细的追求。

2008 年 5 月，我第一次探访龙井草堂，人生就此改变，部分就是出于上述原因。我终于来到了中国美食曾经的中心地带，这里让马可·波罗赞不绝口、让乾隆皇帝魂牵梦萦、孕育了袁枚的食谱和李渔的痴狂。也是在这里，我第一次品尝到了江南地区的经典菜肴，不仅融汇了精湛的烹饪技艺，还有这片土地上最优质的食材。这才是袁枚和李渔笔下的美食；他们在千百年前品尝的，就是这种美食。那优美的竹笋，那古法酱油与米酒，那浓郁的金华火腿、鲜嫩的时令蔬菜，用土鸡、猪肉和火腿熬制的高汤。我几乎经历了一次灵魂出窍。我终于从智识和生理的两个层面明白了最好的中国菜到底是什么、曾经是什么、能恢复到什么样的程度——不仅只在中国，还要走向全世界。

我记得当时产生了一个想法，此后也一直萦绕于心：大多数外国人，只是因为从未有幸体验这种技艺与食材的完美结合，才会认为中餐是低等的。任何人只要坚称中餐只能廉价、只能是垃圾食品，都不过是暴露了他缺乏经验，恰如为小报写星座运势的人在天体物理学家面前喋喋不休地谈论星星。

在龙井草堂吃了那顿初遇的午餐之后，十多年的时间里，我又在每个季节回到那家餐厅，还去了阿戴的农场，见了很多他的农业与手工业供货人。我像远古的天子一样，尝遍了江南的风土和一年四季最好的风味。我应该再也没吃过比那更好的食物了。给我留下最温暖美好回忆的一些菜肴，都是最简单的，比如2009 年 6 月 5 日晚上在龙井草堂与大家分享的一道员工餐，就是安吉竹笋配金华火腿。自宋代以来，浙中的金华就开始制作有着美丽紫酱红颜色的上等火腿，味道和著名的西班牙火腿一样浓郁鲜美；而竹笋则是中国南方餐桌上最美味的时鲜之一。你可能想不到竹笋是一种时令鲜蔬，如果你一直吃的是罐头竹笋的话，那是西方人心目中代表性的中国菜之一，而它与新鲜竹笋的关系，就像一张明信片之于威尼斯教堂墙上那气势恢宏的丁托列托①画作。笋有许多不同的品种，会在不同的时节成长到最佳状态。最好的竹笋肉质脆嫩、细腻，如象牙一般碧玉莹白，鲜美的味道无与伦比，如果放在汤里炖煮，会让整个厨房都弥漫温柔而扑鼻而来的笋香。

那个杭州的傍晚，我们吃的是新鲜的鞭笋。这种笋在地下以"人"字形水平生长，成熟于春末夏初，采自邻市湖州安吉的竹林（这里的美景在电影《卧虎藏龙》中有非常精彩的呈现）。那是一道很家常的菜——只不过是象牙一般的笋片点缀了粉红色的金华火腿——但它堪称完美。鞭笋嫩脆多汁，带着那叫人浑身为之一振的鲜美之味，实在难以言喻。少许土鸡高汤和一点点手工制作的火腿碎温柔地衬托和提升了这自然馈赠的风味。这道菜仿佛在对人低语，"只应此处有，只应此时有"，无论在伦敦、纽约还是北京，你都不可能吃到它。它在发光，它在歌唱。

---

① 丁托列托（Tintoretto，1518—1594），意大利威尼斯画派著名画家。

喜蔬乐菜：姜汁芥蓝

　　隆冬时节，阿戴和我正前往穆公山，探访一群为他的餐厅合作种植农产品的农民。汽车蜿蜒上山，深入丘陵地带，我们眺望覆盖着白雪薄毯的竹林与田野。天空灰暗阴沉。最后，我们把车停在一户农舍的门外，跺脚搓手来抵御寒冷。在一些田野中，散布着一块块白雪的土地上已经冒出了几棵绿芽，但大部分仍然是荒凉一片。一块田地里，农民徐华龙正站在一排排绿色蔬菜当中。这些菜表面看上去脏兮兮的，一副饱受风雪摧残的惨状，叶子发黑，凌乱不堪，说是一堆肥料也有人信。但接下来就是见证奇迹的时刻。徐华龙伸手拨开其中一棵脏乱破败的外衣，露出净白脆嫩的完美大白菜（英文叫"Chinese cabbage"，中国卷心菜），在一片阴郁的冬日景象下，如同好莱坞女明星一样昂首挺立，白得发光、黄得耀眼，可谓星光熠熠。

　　徐华龙把洁净崭新的白菜从脏兮兮的根部切下，带回了家。他的老婆把菜切好，和自家腌制的咸肉一起熬炖。我们共进这顿午餐，配了米饭和几道其他的菜肴。在热气腾腾的肉汤里，白菜柔软如丝带，充满了腌猪肉的咸香风味。

　　我小时候，"把菜吃了"是一句不由分说的命令，意味着得履行这个令人不快的义务。但凡读过乔治·奥威尔的《1984》，就一定不会忘记温斯顿·史密斯租住的那个破旧大厦，门厅里永远弥漫着一股煮卷心菜的难闻味道。在我的童年时光，"卷心菜"意味着学校的大锅饭、受惩罚、惨淡的日子、"把饭菜吃完不然别想吃布丁"。其实我一直还挺喜欢球芽甘蓝和春绿甘蓝的，但不得不承认，英国冬天的蔬菜实在是太不讲究了：皮革一样又硬又厚的叶子、粗笨的根茎和有泥土气的味道。如果再加上烹饪技术不佳，就会相当难吃，又显得十分凄凉，仿佛在泥泞的田野中举步维艰地跋涉。但在中国，冬天的蔬菜却是黑暗中的一盏盏明灯，吃起来如同在草地上雀跃嬉戏。

在中国，各种"卷心菜"都被当成宝贝，尤其是大白菜，更是传统艺术和工艺品中经常被描摹的物件。台北故宫博物院的"镇馆之宝"就是翠玉白菜，曾在一位妃嫔的嫁妆之中，又在解放战争结束的前夕被行将战败的国民党偷偷带出紫禁城。不知名的艺术家以玉石多变的色调顺势而为，将深绿色的部分雕琢成大白菜外部卷曲的叶子，最洁白的部分则变换成光滑脆嫩的菜茎；叶片上趴着一只"翡翠蝗虫"和"翡翠蝈蝈"；绿菜白柄象征贞洁清白，虫子则寓意多子多孙。

在中国画中，白菜是个很受欢迎的主题，多以氤氲的水墨勾勒，寓意艺术家谦和朴实的品位和对清简生活的向往。同时，"白菜"谐音"百财"，好听又吉利。明信片、钥匙圈的挂饰上，也多有它的身影。我伦敦住处的沙发上有个现代版的白菜摆件：白菜形状的软毡靠垫，舒适可爱，上面用数码喷绘技术印了栩栩如生的菜叶，可以从中心处往下掰。历代文人墨客都对白菜赞不绝口，比如宋朝诗人苏东坡就曾称"白菘类羔豚，冒土出熊蹯"，[1]将大白菜比作羔羊肉、乳猪甚至熊掌这样的人间至味。

大白菜又分了很多地方品种，有的粗短敦实，有的硕大修长；而这个大品类，又不过只是白菜大家族中的一员，所有的白菜都属于十字花科芸薹属：有叶子像汤匙一样的小白菜，有的翠绿欲滴，有的菜柄纯白，叶缘深绿；还有线条优美流畅的菜心；看上去稍微有些蓬乱的芥菜；尖尖的"鸡心白"；圆圆的"包菜"；翡翠色的芥蓝（又叫Chinese broccoli，中国西兰花）。小白菜的袖珍幼苗在上海很受欢迎，被昵称为"鸡毛菜"；还有小小叶子的荠菜，一种芸薹属的野菜，像莲花座一样，在地上一长一大片，中国人食用荠菜的历史已经持续数千年。在各个地区，很多芸薹属植物都会在柔嫩的幼年从地里被采摘下来，统称为"青菜"。在我心中，最美味的青菜莫过于四川和湖南地区的人们在短暂冬季享用的菜薹，有的紫色、有的绿色，鲜嫩多汁。打霜后采摘的菜薹有种黄油般浓郁的甜香味，令人垂涎。它本身那缕似有若无又让人难以抗拒的苦味，又中和了这股甜香，和谐美妙。

每年的特定时候，中国的部分地区可谓是白菜遍地，到了张灯结"菜"的地步。几十年前，住在胡同里的北京人会在老房子前用白菜堆起一面面的墙，囤积这些结实的蔬菜好过冬。每到收获季节，成都的小巷里到处都挂着白菜叶，像洗过的衣服一样晾在绳子上，或是趴在椅子、桌子甚至停在路边的摩托车上，在阳光下晒得蔫儿懒，再抹上盐和香料，放进坛子里腌制。它们和家家户户挂在阳台上与屋檐下的自制香肠和腊肉一样，都是冬季的一道风景线。

庞大的芸薹属家族，不仅菜叶为人们所喜爱，菜柄和粗壮的茎秆也是很好的食材，都可以新鲜入菜、风干或腌制。肥大多节的芥菜块茎经过风干、调味和腌制后，就成为美味的榨菜，是重庆涪陵的著名特产。大片大片的青芥菜叶则用盐水腌制后煮成清爽的酸汤和炖菜。还有一种芸薹属蔬菜的茎秆，会与红糖及香料混合，经过两次发酵，制成深色的宜宾芽菜，能为川菜系的干煸四季豆和担担面带来独特的鲜味。在绍兴，芥菜经过腌制后晒干，制成"霉干菜"，一种风味深厚得近乎酵母酱的腌菜，放进最简单的清汤或炒菜中，能立即提味，深受当地人的喜爱。腌制的雪里蕻（雪菜）是属于冬日的咸菜，上海人和宁波人无论是吃面还是炒菜，都喜欢加一点，画龙点睛。

"川版"的球芽甘蓝叫做"儿菜"，爽脆的绿色"母"茎簇拥着小小的"儿"，白生生的"肉"水灵脆嫩，加上翠绿的"额发（长在顶上的叶子）"，是冬日的佳肴。几年前在成都一个难忘的夜晚，名厨喻波为我端来一套四道小菜，都盛放在精致的瓷器中，用尽了另一种十字花科植物——粗茎"棒菜"——的各个部分：菜的白色主体切成绸缎一般半透明的薄片，淋上糖醋调味汁；皮切成丝，韧性有嚼劲，配麻辣蘸料；绿色的部分切成小丁，在浓郁高汤中炖煮；还有最柔嫩的菜尖儿，则最后放下，浸润在清澈的汤汁中。这套菜厨艺精湛，美味无比，是对这种蔬菜最虔诚的致敬。

除了用作新鲜蔬菜和腌菜之外，芸薹属植物还能制成辣芥末，还有四川特产，用蒸炒后的油菜籽制成的、带有坚果香气的菜籽油。这些还仅仅是芸薹属的蔬菜。除此之外，中国人吃的绿色蔬菜和其他种类的蔬菜，深度广度都甚为惊人。有些莴苣生着吃，有些炒着吃；有一种菜茎粗壮，英语里叫"celtuce"（莴笋），绿色的"肉"有坚果香，可以做成无数种菜。还有名字不太好听、曾一度被认为是贫苦农民才吃的"牛皮菜"；绿色和紫色的苋菜；常吃的菠菜；叶肉肥嫩的木耳菜和管状的空心菜；柔嫩的豌豆苗、南瓜叶、苕尖、枸杞芽、龙须菜和其他种种植物的嫩叶初芽；茼蒿和马兰头；马齿苋；灰灰菜、巢菜（野豌豆）、臭菜（芝麻菜）等野菜。

古时候的中国，最受欢迎的绿叶菜是葵菜（也叫"冬寒菜"），经常出现在《诗经》等古典文学作品中。唐朝诗人白居易就曾作过一首《烹葵》，诗曰：

贫厨何所有，炊稻烹秋葵。[2]①

后来，各种白菜逐渐成为主要的蔬菜，葵菜在当今中国几乎已经销声匿迹，只有在四川，人们还在用葵菜烹煮乡土风味的汤和粥：那宽大如扇的叶子谦逊地沉入汤汁中，入口丝滑，像是从遥远的过去传来的一声叹息，又是出自四川风土的一缕甜美之气。新冠疫情期间，我被迫与四川长期分离，发现能在伦敦东部家附近的运河边采到葵菜，当时高兴得快哭了。

---

① 全诗简单易懂，收录在此："昨卧不夕食，今起乃朝饥。贫厨何所有，炊稻烹秋葵。红粒香复软，绿英滑且肥。饥来止于饱，饱后复何思。忆昔荣遇日，迨今穷退时。今亦不冻馁，昔亦无余资。口既不减食，身又不减衣。抚心私自问，何者是荣衰。勿学常人意，其间分是非。"

如果说白菜是无处不在、不可或缺的中国蔬菜，那么风味强劲的葱蒜家族，其重要性也不遑多让。和十字花科一样，这也是个大家族，栽培品种众多。最重要的小葱和英国的葱很相似，但茎不会膨胀成球茎。细长柔嫩的小葱会被切碎，作为菜肴的点缀；比较粗硬的小葱通常会作为烹饪香料。藠头有着膨大的鳞茎，常被做成腌制菜。山东和整个北方的大葱，粗壮如英国的韭葱，不过更脆生，味道更细腻，可经过爆香，再烩入甜咸的汤汁，为山东名菜"葱烧海参"增添独特的风味；或者切成丝，与北京烤鸭搭配生吃。韭菜有着细长扁平的绿叶，像意大利宽面条，可以清炒、切碎和馅或焯水后用作面汤的点缀。韭菜花和蒜薹，连花带茎，都可以做成美味的炒菜。

五花八门的蔬菜和葱蒜只不过是冰山一角。还有多种多样的竹笋；土豆、芋头、萝卜、红薯、山药、魔芋和牛蒡等根菜和块茎菜；数不胜数的瓜类，比如南瓜和节瓜；从木耳到松茸的各种菌类；海带、苔菜等海生蔬菜；具有固氮作用、能提高土壤肥力的苜蓿，其嫩芽（草头）深受上海人喜爱；还有百合的花朵和球茎、银杏果、香椿芽、地皮菜和如提琴头一般的紫蕨菜。纵观中国历史，烹饪传统不断受到舶来品的影响，如胡萝卜，"胡"字就是外来的意思；西红柿，来自西方的红色柿子；辣椒，曾经被称为"番椒"，四川人到现在也称其为"海椒"；圆葱，在中国更普遍的名字是"洋"葱。近年来，中国人外出就餐时，也越来越喜欢点秋葵、冰草和佛手瓜（"洋瓜"）。在中国培育和食用的蔬菜种类大大超过了西方已知的蔬菜与水果之总和。[3]

中国人为什么这么喜欢绿叶菜和其他蔬菜呢？原因之一是他们深谙烹菜之道。要是像《1984》里那样白水煮卷心菜，那应该是特别倒人胃口的——卷心菜用水一煮，不但颜色会变得暗淡，还会煮出一股难闻的硫磺味，大大影响其风味。西方的蔬菜不是煮得太过，就是简单粗暴地生吃，仿佛在展示某种奇怪的"德性"。（说实话，生甘蓝或者西兰花到底有什么好吃的啊？）它们要么被直接煮一煮，要么就淋上点奶油和黄油。但在中国，蔬菜的烹饪方法和调味料多种多样，可以根据每种植蔬的特性量身定制。牛皮菜这类与泥土密不可分的绿叶菜，调味时就比较大胆一些，会用到发酵的豆豉或辣豆瓣；而味道较淡的大白菜之类，则会用咸鲜的高汤、浓郁的芝麻酱或香醋来提味。新鲜而柔嫩的绿叶菜通常会迅速焯一下水，或者快炒一下，接受锅气短暂的热吻，但还保持翠绿的活力，带上一丝清脆爽口，而调料则会为其锦上添花，又不会喧宾夺主，抢了蔬菜本味的风头。

我有个中国朋友发现自己总是需要向英国人解释，为什么中国餐馆菜单上的青菜会这么贵。"它们不是配菜，本身就是一道菜。"她说。在好的中餐馆点炒青菜，分量通常会比欧洲餐馆配菜中那令人抱歉的水煮白菜或菠菜足很多，厨师倾注于其中的心血也丝毫不亚于其他菜肴。味道清淡的绿色蔬菜能够很好地与味道更浓郁、更夸张的菜肴形成互补，食客自然也喜闻乐见。它们不是用来陪衬主角肉类的无名"双蔬"，而是营养学和美学构造上的重要组成部分，几乎顿顿饭都不可或缺。

在我自己的国家，有很多人，甚至是富人和受过高等教育的那些，都很难做到像政府推荐的那样每天摄取至少五份蔬菜和水果。但在中国，人们吃蔬菜不仅仅是出于义务，主要还是因为它们美味可口。谁能抗拒用大蒜和腐乳炒的空心菜；伴着姜茸香气的广式芥蓝；用干辣椒爆锅，带着点焦香的醋熘白菜？我在中国目睹过建筑工地上的农民工吃得比英国富裕中产阶级更健康，他们的午饭是路边小推车上的外卖，上面有十几种菜肴，各种新鲜蔬菜看得人眼花缭乱；高速公路服务站和学校食堂的饭菜也是如此。十九世纪苏格兰植物学家和植物猎人罗伯特·福琼（Robert Fortune）在探索中国时说过一句话，放在今天也恰如其分：他说，虽然他们的食物很简单，但"中国最贫穷的阶层似乎比我们国家同样阶层的人更懂得烹饪食物的艺术"。[4]

中国人也在很早的时候就学会了如何选择和种植蔬菜，从中将美食乐趣最大化。学者弗雷德里克·莫特（Frederick Mote）曾阐释过，在冷藏技术出现之前，欧洲人毫无办法，冬天时只能满怀烦闷地吃腌制的卷心菜，少量的苹果、梨和块茎植物，以及羽衣甘蓝、韭葱和球芽甘蓝等耐寒蔬菜。而在很久很久以前，中国人就掌握和完善了让多种蔬菜越冬的种植方法，这样就能经常吃到新鲜的蔬菜："他们找到了耐寒的品种，并想出办法来保护密集种植的商品化菜园不受霜冻的影响，比如在菜圃上盖上稻草垫，温暖清朗的日子里就卷起来；还有先铺上一床粪肥再进行种植，或者其他类似的办法。"[5]十九世纪中叶，比利时人发现，将菊苣种植在黑暗环境中，就可以让其颜色发白。早在几个世纪前，中国人就已经用类似的方法种植韭黄和大白菜，培育出色泽淡雅朗逸、味道无比可口的蔬菜。时至今日，比起英国超市货架上那些通常用塑料袋包装好、茎秆末端可疑地发黄发干的蔬菜，中国市面上的绿色蔬菜，无论是在传统的农贸市场还是超市，总是要新鲜很多，也更好吃。

中国的富人一直痴迷于寻找完美的水果和蔬菜。早在汉代就有专门为宫廷种植一些蔬菜的温室，长棚中昼夜生火保暖，里面的农产品养尊处优，得到细心呵护，就像从热带地区空运到当代英国的成熟芒果。公元前33年，一位汉朝官员觉得如此奢靡实在是在浪费百姓血汗，于是关闭了一个用于种植小葱和韭菜等反季节蔬菜的御用温室，从而每年为朝廷节省了数千万缗钱。[6]（当代中国也有一些低调谨慎的有机农场，为富裕精英们种植特供农产品。[7]）这方面的奢靡有个最为著名的故事：据说唐玄宗曾经为爱妃杨玉环派遣了大队骑兵，将她钟爱的荔枝从温暖的南方接力送到北方都城长安。

某年1月，我和几位香港朋友在广州聚餐，宴席快结束时，突然响起一阵兴奋的低语。我得知，有位客人刚从中国北方飞回来，带了些此地难寻的珍馐美味给我们品尝。我也想象不出究竟是什么宝贝能让大家如此垂涎期待，毕竟我们已经享用了五蛇羹和另外两道蛇肉菜，还有盐焗鸡、糖醋东海乌头鱼和我吃过的最美味的花胶。远道而来的珍馐，原来竟是一棵大白菜。当然，不是什么随随便便的大白菜，而是产自胶东半岛独特风土的著名大白菜，当时当刻正是其最完美的时节。揭开面纱后，它仿佛一位大驾光临的名人，被传看、柔声赞美和爱抚，之后被送进厨房烹饪——过了一会儿回到餐桌上，装在一个大砂锅里，与炸过之后变成焦糖色的蒜瓣一起炖得软嫩香甜。

在西方的中国餐馆，通常不太能体会到吃中餐蔬菜的乐趣。其实也有多种蔬菜供应，但菜单上不会具体列出，只会笼统地写上"时蔬"这样的模糊称谓（有时候甚至不是时令，还是进口蔬菜）。原因之一也许是，有太多西方人觉得白菜之流都是"配菜"，所以对价格颇多微词。一位中餐店老板告诉我，他试过在菜单上列出芥蓝和各种中餐绿叶菜，结果网上出现大量评论，批评他的餐馆供应"苦涩、枯萎的蔬菜"。这些负面影响对人打击不小，于是餐馆把多姿多彩的绿色蔬菜从菜单上删除了，只提供白菜。

他们删除的一道菜——姜汁芥蓝（stir-fried Chinese broccoli with ginger），是我一直以来的最爱之一。翠绿的茎秆一般要迅速焯下水，稍微松弛而不失爽脆，然后进炒锅快炒，再撒点画龙点睛的姜末，淋上点料酒。最后，所有东西被好整以暇地堆放在椭圆形的盘子里，深绿色的叶子光滑而柔软，仿佛美人鱼的秀发。还有那味道！细腻清脆的风味中游走着一缕似有若无的苦，在大快朵颐过其他菜肴之后，非常清新爽气。

这些日子，只要不在中国，我最想念的食物就是蔬菜，胜过任何珍稀的鱼类或海鲜。我垂涎于四川和湖南冬天的嫩油菜，上海那点缀在本帮菜中绿油油的荠菜，美味到无可挑剔的冬笋，春日紫苋菜那鲜艳的洋红色菜汁——当我在英国本地超市中看到那些单调乏味到令人伤感的农产品，如四季更替都一成不变的花椰菜、卷心菜和嫩叶菠菜……思念之情就格外强烈。我在四川一个居民区的菜市场漫步，看到一排排整齐漂亮、柔嫩多样、新鲜采摘且随着季节变换花样的绿色蔬菜，真是内心雀跃，忍不住想要欢呼高歌。

躬耕碧波：莼鲈之思

　　洁白的鱼片与灰绿色的小小叶片在汤汁中交融。用筷子夹起一片叶子，你会发现外面像是裹了一层完全透明的胶质。放进嘴里，会感觉滑溜无比，唇舌为之一爽，与鱼肉的绵密柔软相得益彰。莼菜（water shield，水盾）是一种古老的美味，原产于江南的水生植物，有着椭圆形的小小叶片，散布在湖泊与池塘的表面。只有特别新鲜的时候，其表面才会穿上那么一层非常特殊的胶质黏液。这道菜的名字"莼鲈之思"（sliced perch and water shield soup）源于一个古老的故事：公元四世纪，故乡在江南的官员张翰被派往北方任职。他看着北方大片田野中的麦黍，和家乡苏州的地貌与饮食实在大相径庭。他万分想念和向往家乡的鲈鱼片与莼菜羹，于是不惜弃官而去。从那以后，"莼鲈之思"就不再只是一个诗意的汤羹名，更成了思乡之情的代名词。

　　今时同于往日，被冠以诗意名字的这道莼菜鲈鱼羹，用来指代鱼米之乡可谓恰如其分。江南风光，有江河、运河、溪流、湿地、湖泊和水田，当地特色菜肴中充满各种水产食材、动物和植物。江南的人们不仅躬耕于陇亩之间，也躬耕于碧波之上。

　　一天，阿戴带我去拜访他在江苏的一位供应者。我们把车停在路边，走到一片四面环丘的广阔平原上。这里整个被分割成一块巨大的长方形池塘，每块小池塘之间种了草做护栏，波光粼粼的平静水面上布满了巨大的圆叶子，有些几乎像卫星"锅盖"那么大，有的有桌子那么大。每一片叶子上都起伏着大量放射状的纹路，仿佛沟壑纵横、山峦起伏的三维地图。我瞥见叶子之间的水下，有着植物蔓生的"臂膀"，每一根的顶端都长了一个奇怪的圆形果实，尖部仿佛鸟喙。

眼前这片风景无比离奇，几乎让人怀疑进入了异世界。

一位头戴草帽、脚踏水靴的农民跋涉过没到大腿的泥泞之水，胳膊上挎着个篮子，笑眯眯地走过来迎接我们。他在水中摸索一番，看了看果实的状况，用削尖的竹片割下一个。这是个泥糊糊的圆球，跟橙子一般大小，通体棕色，闪着光泽，只有"鸟嘴"是淡绿色的。他装满了篮子，就带着我们走到一栋建筑前，女人们正一群群地坐在那里加工这种果子。她们把果实握在手里，破开，露出白色内核中一簇簇樱桃大小的棕色种子。还有些女人坐在一张长桌前，拇指上套着带小凸刺的金属顶针，轻轻地破开每一颗种子，取出象牙色的果核，小小一颗颗如同珍珠。桌上放着很多盛水的碗，里面装满了"小珍珠"。

这些收获和处理起来煞费苦工的种子，学名叫"芡实"，英文叫"fox nut"（狐狸坚果）或"Gorgon fruit"（蛇女果）。它们产自带刺的睡莲科植物"鸡头荷"（*Euryale ferox*），数百年来一直是备受中国人推崇的滋补食品，享有"水中人参"的美誉。因为果子带有"鸟喙"，它们也被称为"鸡头米"，有时候会被翻译成很具有误导性的名字"Suzhou chickpea"（苏州鹰嘴豆）。过去，只有在饥荒年代，人们才会用这种淀粉含量高的种子代替普通谷物食用；但如今，它们已经变成人们眼中奢侈的滋补食品，因为有嚼劲的口感而深受喜爱。通常，鸡头米会用来做汤或粥。我们去参观的那个种植场主人张福娣说："把花生和干枣浸泡在水里，小火煮到干枣泡涨，加入鸡头米和少许白糖。这样你就能吃到地里的花生、树上的枣子和水里的鸡头米了。"

在英国，我们通常只吃一种淡水植物：水田芥（又叫豆瓣菜、西洋菜）。然而在江南，鸡头米只是无数水生蔬菜中的一员，其中一些在这片区域已经有了上千年的食用历史。很多水生蔬菜口感十分脆爽，也有滑溜顺口或富有嚼劲的，为你的唇舌打开一个完全的美丽新世界。荸荠，西方人常见的形态是装在罐头里，吃起来嘎吱嘎吱的，没什么味道；但新鲜的时候简直爽脆天赐，还有种清甜。通常，人们就简单地削去荸荠光亮的棕黑外皮，串在竹签上当水果吃。还有菱角，没有荸荠那么脆，口感有点像栗子，粉粉的；它们外形奇异，闪闪发光，整体的曲线像是被谁刻意雕琢过，两侧有翘起的"角"，看着有点像吸血蝙蝠。（云南有种特别的菱角，要小一些，是绿色的，两端角上的刺非常尖锐，剥壳的时候不注意会划伤手。）中国新石器时代聚落的遗址上发现了菱角的残留物。[1]

莲，大约是最当得起"浑身都是宝"的水生植物，纯白的花朵出塘底淤泥而不染，所以一直都是佛家智慧与顿悟的象征。这种植物几乎每个部分都可以食用：从淤泥中挖出那一节节的根茎莲藕，去皮后脆嫩多汁，还能切成带小孔的漂亮圆片；淀粉质地的种子"莲子"，谐音"连子"，作为食物有多子多福之美好寓意；细长的莲茎可以炒或腌制；清香的莲叶可以包裹米饭或肉，进行蒸制；甚至莲花本身，也是可以食用的。

整个江南的人们，都会把水域当成田野，收获漂浮于碧波之上和隐匿于清水之下的作物。除了莼菜，当然还有西洋菜，但也有水芹（土生土长的中国芹菜）、芦蒿和空心菜。饱满多汁的蒲菜是一种香蒲科植物的嫩假茎，可以做汤，是历史悠久的美食。最让人不可思议的可能是茭白。[2]在遥远的过去，这种与稻米毫无关系的水草的黑色种子有时会被当做谷物（菰米）食用。但在大约两千多年前的汉朝，人们发现，这种植物感染了一种黑粉菌之后，茎部就会不断膨大，肉质又嫩又脆，还呈现漂亮的象牙色，怎么做都好吃。岁月流逝，中国人基本上已经忘记了菰米，但膨大的肉质茎却成为南方人最爱的食物之一。茭白别名"高笋"，它就像竹笋更软和一点的表亲。（要是不趁嫩收割，肉质茎就会被黑粉菌毁掉：剥掉外壳，会整个消失在一蓬烟粉状的黑色菌孢之中。）江南之外的地方还有其他水生作物，比如云南洱海周围的人们会吃的"海菜"：慵懒地漂在水上的绿藻，开着白色的小花，藻茎特别长，我总觉得应该叫它"长发公主菜"。

除了水生蔬菜，江南人还吃多种多样的水生动物。宁波和舟山群岛附近的海域是中国最富饶的渔场之一，盛产数百种鱼类、贝类和甲壳类，包括黄花鱼、银白的带鱼和鲳鱼、青花鱼、舌鳎鱼、狗母鱼、鳓鱼、鳗鱼和跳鱼；有着尖利牙齿、长相凶狠的龙头鱼，虽然英文名叫 Bombay duck（直译"孟买鸭"），鱼肉却软嫩如豆腐，所以在当地叫做"豆腐鱼"；还有墨鱼、章鱼和沙鳗；蛤蚌、鸟蛤、蛏子和青口；螃蟹和琵琶虾；甚至各种奇食异物，比如海肠（英文名"spoon worm"匙虫，或"penis fish"阴茎鱼）和鹅颈藤壶，当地俗名"佛手螺"；更不用说各种各样的海生蔬菜，比如紫菜和茎叶蔓漂的苔菜与海带。

内河则有种类繁多的鲤鱼、鳜鱼、鲶鱼、银鱼、龟鳖、鳝鱼和泥鳅、大河蚌、河虾与河蟹。曾经，刀鱼、鲥鱼、河豚、长江鲟与白鳍豚都在长江流域畅游，但因为水域污染，已是盛景不再。中国人对这些淡水生物有个专门的分类叫"河鲜"，英语里找不到对应的专有名词，就相当于淡水版的海鲜。说起最受欢迎的河鲜，也许要数剧作家李渔极尽赞美讴歌的大闸蟹了。江南地区也会对鱼类和海鲜进行晒干、盐腌等操作，某些地方还会制成发酵调味品。浙江把干咸鱼称为"鲞"，放入炖菜和蒸菜中，能发挥独特的辛辣香气和浓郁的鲜味。除此之外的鲜味调料，还有虾籽干和用发酵鱼虾制成的味道强烈厚重的酱汁等等。

淡水鱼，尤其是鲤鱼，自古以来就被中国人视为珍宝。黄河流域的新石器时代聚落遗址中发现了捕鱼工具，以及装饰有鱼形图案的罐子。[3]古代民间诗歌总集《诗经》中一共提到了十三种不同的鱼类。根据后世撰写者的设想，周朝宫廷中庞大的餐饮官僚机构设有管理渔业的"渔人"一职，按职位从高到低超过三百人；还有所谓的"鳖人"，负责捕捉和供献甲鱼、蛤蚌等物。[4]鱼在中国也是吉祥之物，因为谐音"余"，年夜饭的餐桌上必不可少的一道菜就是整条的鱼（年年有鱼，年年有余）。我去过中国的农家，做了鱼之后会将鱼尾像战利品一样钉在墙上，取个好意头。

全中国都吃鱼，不过在南方，鱼一直是餐桌上的主角。农民会在村里的公共池塘养鲤鱼，每年把水抽干一次，将鱼分到每家每户，并把鱼粪撒到田里做肥料。鳝鱼、螃蟹和泥鳅则潜伏在丰沛的水田之中。淡水动物有野生捕获的，但也作为集约型农业系统的一部分进行人工养殖，让湖泊与池塘星罗棋布，河流、小溪与运河网络交织的每一寸宝地都物尽其用。中国有句老话儿说得好："靠山吃山，靠水吃水。"

十三世纪末，马可·波罗行至杭州，描述说这"无疑是全世界最美丽华贵之天城"。杭城安坐于清澈澄明的西湖和一条入海的大河之间。到达城市各处的陆上交通和水上通道数量大致相当。城中有大约一万两千座大小桥梁，无数船只穿梭往来，集市熙熙攘攘，各种新鲜食材琳琅满目："城市距海二十五英里，每天都有大批海鱼从河道运到城中。湖中也产大量的淡水鱼，有专门的渔人终年从事捕鱼工作，鱼的种类随季节的不同而有所差异。当你看到运来的鱼，数量如此多，可能会不信它们都能卖出去，但在几个小时之内，就已销售一空。"5

有一次，我和阿戴以及他的同事们一起去为餐馆收鱼，见了一位年迈的渔民，长舢板停泊在湖边，周围有好几个湖泊相连。他坐在船头，穿着褪色的蓝布棉衣，耐心地往长长的鱼线上挂蚯蚓，古铜色的脸庞上沟壑纵横，显得温和而安详。他面前摆着一个斑驳的搪瓷茶缸子，船篷顶上垂挂着几卷被褥和已经拱起的竹板，可以遮阳避雨。架子上摆了个老式电子时钟、一把竹制的痒痒挠，还有一碗剥壳的黄豆；一根钉子上挂了本日历。他说自己已经当了五十多年的渔民，和父亲、祖父一样，一辈子都是在船上过的，以前还有父母以及"水生水长"的孩子们，现在只剩下他和老伴儿了。

这位老渔民不仅在自己的渔民家族中算是"硕果仅存"，也在对一种正在消逝的生活方式进行最后的守护。在杭州西湖、上海苏州河口，苏州、绍兴等多个城镇的运河上，船民和漂在船上做生意的水客们已消失殆尽，只有偏僻的农村还有少量残余。城镇之中的大部分运河早已被填平，只留下几段风景给游人，以供追忆。江苏有位渔民告诉我，他的儿子也和许多同辈人一样，"整日上网，绝不撒网"。不过，尝尝江南地区的食物，依旧能感受到水乡生活的遗风。

人们总是玩笑说，中国人"天上飞的，地上跑的，水里游的，无所不吃"。我们可以对这句话进行一点合理的调整，就是天上、地上和水里生长的东西，他们几乎什么都吃。在中国的每个地方，人们会充分挖掘周围环境的"食用潜力"，无论湖泊池塘、草地原野、黄土坝子还是沙漠与森林。美食烹饪上的无限好奇心配合顶级的生物多样性，恰似金风玉露相逢，南方的水产只是一个例子而已。有些个英国人，自己故乡的水产大多仅限于鳟鱼、西洋菜、鲑鱼、鳕鱼、黑线鳕和牡蛎。对于这样的人来说，江南的美味水产不仅能满足口腹，也是能引发深思的"精神食粮"。

点豆成金：麻婆豆腐

　　我在中国进行中餐研究时，同行往往都是男性。1990 年代，我在四川高等烹饪专科学校学习，班上的五十名准厨师中，除我之外只有两名女生。那之后我大部分时间都在和厨师们打交道，绝大多数也都是男性。女性可能被分配到做凉菜、包饺子等更安静和需要耐心的岗位；而炒锅前掌勺的，几乎总是男性，在熊熊升腾的火光中迅速而大量地撒进调料，手脚麻利、动作夸张。中国历史上情况亦然，大部分著名的厨师和美食家都是男性。因此，想起凤毛麟角的女性厨师，我心中总怀着一种特别的温情与喜爱。她们历尽艰辛，勇往直前，问鼎厨艺巅峰，或在文学作品与民间传说中永垂不朽。而这其中之一就是陈麻婆，著名川菜麻婆豆腐（Mapo tofu）的创始人。

　　陈麻婆，是乡里乡亲对这位女性的昵称。十九世纪末，她在成都北郊万福桥附近经营一家小餐馆。那里常有向城里的集市运送菜籽油的工人往来，他们都会停下来吃一顿饭。陈麻婆会为他们做一道快手而暖心的烧豆腐，红亮亮的油光和香喷喷的花椒叫人食指大动。这道菜越来越受欢迎，当地无人不知无人不晓。如今的成都还有连锁餐馆叫"陈麻婆"。在向全世界宣传豆腐之美味这一方面，这位女士即便已经身故，也可能无心插柳地做出了最大贡献。

　　就在不久前，西方的大多数人还认为豆腐是很无趣的食物，只能非常勉强地替代一下肉类，只有素食者才能忍受。但人们逐渐意识到，出于各种环保需求，我们需要减少动物蛋白的摄入，这无疑让豆腐变得更容易被接受。然而，只有麻婆豆腐这道菜，让那些没能吃东亚菜肴长大的人们心悦诚服地相信，豆腐不仅有其环保价值，而且是真的非常美味。说实话，有谁能抗拒陈麻婆的天才创意呢？滑嫩柔软的豆腐块微微颤动，在浓郁香辣的豆瓣酱、豆豉、大蒜和生姜中烧煮，加上一些牛肉末，最后再撒点花椒面，让你的唇舌间仿佛演奏起爵士乐……但凡心智正常的人都不可能说这道豆腐菜平淡无奇。即便我父亲这种绝对的肉食动物，也对它赞不绝口。

麻婆豆腐还生动地体现了黄豆在中国烹饪饮食文化中的重要地位。做这道菜要用到三种不同的豆类配料：豆腐本身，由黄豆豆浆凝固制成；香辣四川豆瓣酱，用蚕豆发酵而成；还有发酵的黑豆做成的豆豉。有些人可能还会加一些酱油——那就是第四种豆类配料，也是第三种来源于黄豆的配料。愿意的话，还可以在麻婆豆腐之外端上一盘炒绿豆芽和一道咸鲜风味的黄豆芽汤，这样就是一餐完整的饭菜，主角中只有米饭不是来源于豆类家族。

中国人食用的豆类品种繁多，但最重要的莫过于黄豆，即大豆属食材。大豆能提供与乳制品相同类型的营养，但更为经济。它的蛋白质含量是其他任何豆类的两倍，还含有维持人体健康必需的所有氨基酸，且比例适宜，便于人体吸收。大豆的种植和生长对自然环境的要求远低于畜牧业：比如，生产一升牛奶所需的水是等量豆浆的二十倍，所需的土地是等量豆浆的十二倍，所造成的碳排放则大约是三倍。[1]近年来，大豆（英文统称 soybean）在西方声誉受损，因为亚马孙雨林遭到砍伐，用来种植大量的单一作物：转基因大豆。但这样的破坏性耕作是全世界对肉类日益渴求的后果，而不应归咎于东亚传统豆类食品的生产。全球种植的大豆有四分之三以上都用于喂养供人类食用的牛、猪和鸡，这种生产蛋白质的方式低效到令人发指。[2]剩下的大部分豆子则成为生物燃料和工业用油。中国的情况恰恰相反，在那里，黄豆在传统饮食中占有重要地位。从前大家几乎不怎么食用乳制品，肉类也比较少，却能做到营养均衡——这也有助于解释为什么在化肥出现之前，中国的耕作制度能做到每单位土地养活全世界最多的人口。如今，全世界都面临着气候变化带来的可怕动荡，大豆（和黄豆）也许会成为我们所有人生存的关键之一。

豆类还代表了东亚和西方饮食文化之间的一个决定性差异：豌豆属和扁豆属的食材在西方很普遍，却似乎没人想到过要将它们进行发酵。[3]在古代欧洲，人们把牛奶发酵成奶酪，把肉类腌制成各种熟食，蔬菜也能变成腌菜，葡萄酿成了葡萄酒，谷物则变成啤酒；但没人管豌豆和扁豆，任由它们保持自然状态，只进行简单的新鲜烹饪，要是干了，就浸泡后处理。他们从未对发酵豆类所存在的风味潜力进行过探索，一直到十七世纪，才算对大豆有所了解。

最初，大豆以酱油的形式进入西方人的视野。在十七世纪，荷兰商人从日本将酱油带到印度（日本人从中国学到了酱油制作工艺，但所有欧洲语言中的"大豆"一词，都来源于日语中的酱油——shoyu）。十九世纪初，大豆属植物本身也传到了欧洲，但只是少数植物园中的园艺珍品。后来，从二十世纪初开始，西方就将其当成作物种植了——主要用作榨油和动物饲料，到今天仍然如此。正如学者黄兴宗（H. T. Huang）指出的，大豆属作物被西方广泛种植，与东亚数千年来使用大豆的传统方式并无多大关系。

首先驯化大豆属植物进行种植的是中国人，在公元前一千年左右。但真正变革中国乃至日本和韩国人饮食习惯的，还是相关的大胆创新：一是把大豆进行发酵；二是很久以后，将其做成豆腐。

一粒豆子，感觉没什么潜力，是一种没多大吸引力的食材。虽然嫩青豆可以简单煮熟后食用，但等完全成熟后，这种豆子就会充满防御性的化学物质，基本无法消化。在干黄豆的形态下，必须要浸泡和煮沸数小时，才能勉强入口。要是烹饪不当，豆子中的化合物会抑制营养，导致胀气，还会散发出混合"青草、油漆、硬纸板和馊掉的脂肪"的味道。[4]古代中国人起初认为这是一种可以煮粥喝的粮食，但那只是穷人的果腹之物，不到万不得已没人会选择。然而，这种受尽冷眼的豆子最终成了奇妙的匣子，一旦解锁，就能变身地球上最丰富的植物蛋白之源，更不用说还打开了一系列令人兴奋的味道与口感。在中国人这里，大豆最终的用途，不仅是一种谷物，还有蛋白质、蔬菜、小菜、调料、饮品……甚至布丁。

到了现代，液体酱油已经成了最具代表性的中餐调味品，世界各地的厨房中都有它的身影。制作方法是把黄豆或黑豆浸泡后蒸熟，与小麦粉混合，放在黑暗、温暖与潮湿的环境中，让米曲霉生长繁殖。覆盖了霉菌的豆子再与盐和水混合，放入陶坛中进行发酵和熟成。米曲霉会进一步产生酵素酶，将大豆蛋白分解为美味的氨基酸、油脂分解成脂肪酸、淀粉分解成糖。[5]

酱油熟成的过程中，会产生一连串环环相扣的化学反应，产生各种美妙的味道。酱油最终的成色如何，部分取决于制作时大豆与小麦的比例：中国传统酱油以大豆为主，颜色较深，风味浓郁；而日本酱油使用的大豆和小麦比例大致相当，味道更清爽、更甘甜，也更有刺激性。

发酵到位后，会将液体酱油过滤出来，与固体豆子分离。古法酱油是把一个编织竹筒放入坛子中央，将豆子挤到周围，再往下压紧压实，不要漂浮在面上。酱油会从竹筒的孔隙中渗入，汇集在底部，这时候就可以用勺子舀出来了。广东人把第一批形成的较为稀薄的液体称为"生抽"（即新鲜抽取的酱油，味道比较淡爽）；之后比较浓稠的就叫"老抽"（熟成抽取的酱油，颜色比较深黑）。出售前，酱油通常都要经过巴氏杀菌，阻止其继续发酵。

酱油的确切起源并不清楚，但它是由两千多年前（孔子时代之前）浓稠发酵酱汁（统称为"酱"）的传统文化演化而来的。有个古老的传说，最早的酱油是由中国女神西王母制作的，她教会汉武帝制作"连珠云酱"等奇特的"神酱"。[6]酱是古中国最重要的调味品：《周礼》一书中就记载了上百种不同的酱料。除此之外，古代中国人还喜欢吃豆豉，黑色、整颗的发酵豆子，在任何一家现代中国超市都能买到，可以用来制作麻婆豆腐和豆豉酱，以及如今人们喜欢到近乎膜拜的"老干妈"调味酱。到了约两千年前的汉代，豆豉已经和"酱"一样，成为一种重要商品。[7]惊人的是，从那个时代的墓葬中出土的豆豉，和今天店里出售的豆豉看起来一模一样。

最初，浓稠的酱（醢）是将切碎的肉末或鱼末与酒、盐混合，还通常要加上谷物做发酵剂，然后一起密封在罐子里。发酵完成后的酱作为配菜或开胃小菜，下黍稷等主食。在被酱油取代之前，浓稠的酱一直在中餐厨房中占据着至高无上的地位。七世纪学者颜师古认为："食之有酱，如军之须将，取其率领进导之也。"后来，又有"开门七件事，柴米油盐酱醋茶"之说。作为生活的必需品，"酱"赫然在列。在当今中国，人们仍然在使用各种形式的酱，主要是用大豆属或小麦做成的浓稠发酵"糊糊"。不过，和酱油相比，它们的烹饪地位已经微乎其微了。

黄豆在盐卤中发酵，滤出味道鲜美的液体，就是酱油。它究竟何时开始成为一种独立出来的调味品，具体已不可考。六世纪中国北方官员贾思勰的食品与务农权威手册《齐民要术》提到了三种不同的调味剂，可能就是酱油的前身，但他在书中完全没有提到制作这些调味剂的具体方法，真是令人失望。[8]"酱油"这个沿用至今的名称始见于十三世纪宋朝诗人林洪所作食谱《山家清供》。书中有四个食谱都提到了酱油，用于为韭菜、竹笋和蕨菜等食材调味。[9]到了宋朝末年，"酱油"已经是公认的专用名。在随后的数百年中，酱油作为相对的"后起之秀"，逐渐开始挑战"酱"在中餐厨房中的霸主地位，到了十八世纪末，前者大获全胜。

发酵黄豆等豆科植物，不仅是宝贵的蛋白质来源，还能提供丰富、鲜美、近乎肉类的口感，让大部分素食变得可口。茄子蒸过以后蘸酱油吃，感觉足以充当一道主菜。炒绿叶蔬菜时放入一点豆豉，就会一下子感觉丰盛而饱足。这样的菜肴能充分说明中餐烹饪的常用"策略"，即重口味的盐渍发酵食品，经常与清淡、新鲜的食材一同烹制，为后者提味——用老话来说，就是"鲜咸合一"。这里要说一下麻婆豆腐这道菜：传统做法都是要加一点肉末的，但其实几乎不需要，因为大量的辣豆瓣和豆豉交融合奏，已然堪称芳烈。

在距离成都不远的崇州怀远古镇，王秀芳和丈夫付文忠正在自家厨房里用传统方法做豆腐：两块厚厚的圆形磨石重叠在一起，架在木架上，下面还有一口大铁锅。王秀芳把泡过的黄豆舀进石磨顶部的空洞中，每次加几勺，伴随着涓涓流水，转动木柄；上下磨石相互挤压摩擦，黄豆在磨石的参差之间被碾碎，豆浆从下面石头的侧边缓缓渗出，逐渐在铁锅中形成一片小水域。豆子全都碾碎了，锅中泡沫状的白色液体半满，付文忠便挪走石磨，在铁锅下面生火，将一根根木柴送进外面贴了瓷砖的炉膛中。木柴在明亮的火光中噼啪作响，王秀芳搅动锅中物，发出富有韵律的刮擦声。慢慢地，豆浆沸腾起来。

夫妻俩一起用纱布袋过滤热豆浆，又倒回锅中，煮到微沸。王秀芳拿一根筷子挑去表面结起的"奶皮"，再慢慢加入一种矿物盐添加剂，就能看到水面以下渐渐有凝乳形成，仿佛云朵汇聚。她盖上锅盖，几分钟后，豆腐就做好了。丈夫像掷箭一样投了根筷子到锅里，筷子直立不倒，被夹在豆腐中——他告诉我，这状态就表明做好了。接着，王秀芳拿起菜刀，将豆腐切成菱形，并从锅中舀出一些，作为我们的午餐。

不一会儿，大家就都围坐在餐桌前。桌子中间放了个大瓷碗，里面盛着大块大块的豆腐，白得如同月光，泛着淡淡的乳清金。我们用勺子把豆腐舀进各自的碗里，又用筷子夹起小簇，放进用海椒面、花椒面和葱花调成的蘸水中。矿物盐赋予了豆腐一种轻微的拉伸力，因此可以用筷子夹起来（如果是用石膏做凝固剂，新鲜的豆腐会更软、更有凝乳的脆感，最好是用勺子吃）。口中的豆腐柔滑清新，像没有"羊膻味"的西西里乳清干酪，蘸水则是典型的川味。

中国文献中第一次明确提到"豆腐"，是十世纪北方官员陶谷的《清异录》，里面提到一位地方官鼓励民众以豆腐代替肉食，以图节俭。到宋朝，豆腐已经成为大众食物，各类食谱中都出现了豆腐菜，当时有位文人写自己的所见所闻，就提到杭州餐馆中有炸豆腐和豆腐羹。[10]而关于其制作方法的最早详细描述则晚在十六世纪才出现于

《本草纲目》中。

有关中国人如何学会制作豆腐，众说纷纭，最引人入胜的说法是他们可能观察和借鉴了华夏帝国北部边境上游牧民族制作奶酪的过程。另外，有本"中国豆腐百科全书"中引用了一位日本学者的观点，认为其实是中国北方草原上的游牧民族，由于无法很容易地获得过去常吃的奶制品，才发明了豆腐来替代奶酪。这种可能性倒也是非常有趣。[11]豆浆当然长得很像牛奶啦，香滑浓郁，营养丰富，大口喝豆浆的人嘴边也都会长出白白的泡沫"小胡子"。如今的中国父母都喜欢给孩子喝牛奶，但这趋势是不久前才出现的。大多数中国人仍然不喝牛奶，只喝豆浆——那不是奶牛母亲的乳汁，而是大地母亲的乳汁。

这香滑浓郁的豆浆是做不出黄油的，但可以凝固，变成豆腐。豆腐与工艺简单的奶酪，两者的制作过程有着惊人的相似之处。多年前，我去中国西南的云南省探访一户彝族人家，学会了挤山羊奶，制作当地的新鲜奶酪"乳饼"。当时真是不敢相信，那个过程和做豆腐简直一模一样。农民罗文芝把新鲜羊奶放进一口大锅加热，再加入醋作为凝固剂。我们一勺一勺地吃着新鲜的凝乳和乳清，味道口感很像农村的新鲜豆腐。罗家老婆用专门的乳饼布包好凝乳，压成紧实的块状，几乎就像豆浆凝乳被压成更结实的豆腐一样。这样看来，中国人完全有可能是用磨面粉的石磨试着磨了磨浸泡过的黄豆，注意到能磨出奶一样的东西，于是在游牧民族邻居那里借鉴了点儿"小妙招"，试出了把"豆奶"凝成"奶酪"的办法。

公元前三世纪，中国第一位皇帝秦始皇开始在国家最北端修筑和连接一道道屏障，最终成了万里长城。长城最初的目的是挡住蛮夷外族的入侵，但实际上挡不住渗透，中国北方一直深受草原游牧民族的影响。公元四世纪至六世纪统治中国北方的北魏、蒙古人统治的元朝（1271—1368 年）以及由东北满族建立的清朝（1644—1911 年）等好些中国历史上的王朝，本身就是因为北方游牧民族入侵才造成的改朝换代。北方牧民的影响还反映在乳制品的传统上。虽然乳制品在中国人生活中的地位从未像在欧洲那样重要，最终在中国的大部分地区也基本被遗忘，但在封建王朝的最后岁月里，也仍然经历了一些起起伏伏。

六世纪时，贾思勰的《齐民要术》中用了一整卷的篇幅，论述饲养牛羊并将牛羊奶变成新鲜与熏制酸乳酪、奶酪和黄油的方法——按照法国汉学家萨班（Françoise Sabban）的解释，贾思勰介绍的农牧方法，结合了谷物生产与乳制品生产，颇有地中海风范。[12]唐朝时，豆腐首次出现在中国的文字记载中，与北方游牧民族邻居有密切姻亲关系的达官显贵们很喜欢吃各种各样的乳制品，比如和豆腐很像的乳腐；凝结的奶油或黄油，称为"酥"；还有类似酥油的澄清黄油，"醍醐"。[13]即便在全国乳制品的鼎盛时期过去之后，中国人在与牛奶有关的食品方面的消费，依然比很多人想象的要多，这一点萨班和美国学者米兰达·布朗（Miranda Brown）都有论述。中国的医者们认为牛奶营养价值很高，在某些地区和特定的时代，牛奶被小规模地生产，供当地人食用，尤其还作为补品受到重视。[14]但到清朝末年，乳品业已经基本不存在了。

中国境内的少数民族，尤其是曾经的游牧民族，长久以来都在食用乳制品，包括酸奶和工艺简单的乳酪。西藏人十分推崇牦牛油，会将其打成热茶，或者雕琢成精美的宗教祭祀雕塑；蒙古人最喜欢的则是马奶酒，用发酵的马奶制成，酒精含量较为温和；新疆的维吾尔族、哈萨克族和柯尔克孜族人也会吃酸奶和简单的乳酪。（我在新疆省会乌鲁木齐的一场柯尔克孜人割礼上第一次尝到了发酵的酸驼乳。）在云南，除了彝族人和他们类似豆腐的"乳饼"，大理的穆斯林还会对牛奶进行揉搓拉伸，叫人想起能拉丝的马苏里拉奶酪。牛奶就这样被做成长长的薄片，放在阳光下晒干，就变成金黄的"乳扇"，经过油炸后酥脆可口；也可烘烤后涂上玫瑰花酱，再卷起呈棒棒糖状。云南这两种奶酪制作方法都是十三世纪蒙古人入侵后遗留下来的。[15]

到了现代，至少一直到不太遥远的过去，汉族人都几乎不喝任何动物奶。装在小陶罐里，用吸管喝的微甜稀酸奶是一种很受欢迎的小吃，尤其是在北方。而 1940 年代以来在上海生产的大白兔奶糖，奶味浓郁，深受全中国儿童的喜爱。北京至今还有些宫廷甜品，从中可见清朝满族游牧民族统治者的遗风，比如老北京宫廷奶酪，如白色凝脂般滑嫩，用牛奶和醪糟制成。再往西去，兰州拥有独具特色的地方版酒精饮品：鸡蛋打散，充分搅拌均匀，倒入煮开的牛奶醪糟混合物当中，形成甜味的羹汤，再撒上坚果和果干，"牛奶鸡蛋醪糟"就做好了。

一天傍晚，我在广东南部的潮州市散步，惊奇地巧遇了一名"城市羊倌"。他推了个运货的三轮车，里面站着四只雪白的山羊，乳房全都鼓鼓的。山羊们眼神空洞地看着眼前的车水马龙和霓虹彩灯，羊倌给它们挤奶，并装进塑料袋卖给往来的行人。最令人称奇的是，在广东南部的顺德，人们至今还会把水牛奶做成圆状薄片奶酪（大良牛乳片），作为下饭或佐粥的风味小吃。他们还会用炒锅将牛奶、鸡蛋、大虾等配料的混合物做成"炒牛奶"。但这些大多游离于主流饮食之外自成一体，顺德的"炒牛奶"是极为罕见的例子，能用中餐的方法烹制奶制品，且能被摆上中餐餐桌，真可谓凤毛麟角。

中国人用天马行空的创造力为那么多的食材"点金"，为什么就没什么兴趣去开发一下奶的潜力呢？有种常见的解释，是亚洲人很多都有乳糖不耐症。但弗朗索瓦丝·萨班指出，即便是乳糖不耐症患者，通常也能消化酸奶或奶酪形式的奶制品，其中很多人也能适量摄入液体奶，没有任何不良反应。[16]一些学者认为，汉族人不吃奶制品，是想和北方游牧民族"划清界限"：不食用动物奶如同"观念长城"，与实体的"万里长城"相呼应。

不过，真实的原因也许很简单，就是因为大豆提供了用途广泛、经济实惠的替代品。中国人没有像现代西方人一样，用大量种植的大豆来喂养成群的奶牛，再产出牛奶供人引用；而是省掉了"中间牛"，将大豆本身转化成液体奶和很像奶酪的豆腐。这是一个历史性的选择，中国人在这条路上独辟蹊径，产生了巨大的影响。首先是影响到中国独特地貌的形成——广阔的牧场少而阡陌纵横的田野多，中国的人口也在耕地有限的情况下急剧膨胀。大豆同时也参与塑造了中餐菜肴独特的个性和风味。无论从环境还是美食的角度看，大豆都已深深渗透到中国的肌理当中。

虽然中国人在奶制品上的想象力乏善可陈，在豆腐上的有趣发挥却是异彩纷呈，令人叹为观止。一块块奶冻般的豆腐，通过机械、微生物和艺术的多种方式，千变万化成无数令人欢喜垂涎的美味。

正如奶酪摊子在欧洲随处可见，豆腐摊在中国市场上也是无处不在，出售的产品也多种多样。有未经压制的豆花，口感丝滑，嫩得像焦糖布丁，浇上甜糖浆就是甜豆花，放上重味的调料和香料，就是咸豆花。普通的白豆腐，是将新鲜的豆花放在铺了网布的木模中压制而成，紧实度各有不同（比如，麻婆豆腐的用料就比较软和滑嫩）。还有像瑞士奶酪一样紧实的豆腐干，薄薄的，通常有原味、熏烤或加香料调味，可以切片或切丝，在炒制或凉拌时都可保持形状不变。金黄的油炸豆腐非常吸汁，进汤即变得水润，加调料就会很入味。煮豆浆时挑起的那层薄薄的"奶皮"，也可以入菜，或包裹某种食材。也有像华夫饼一样的兰花豆腐，做了刀切和油炸处理，能充分吸收各种风味。压制成片的"腐皮"（千张）可以打结炖煮，或者切成薄条，凉拌成菜。

还有独具地方特色的豆腐美食。中国北方的人们爱吃"冻豆腐"：白豆腐经过一夜冷冻，经历失水过程，变成海绵一样的蜂窝状豆腐块，能充分吸收汤汁或炖锅中的风味。在更为温暖潮湿的地方，人们会借助环境中微生物的力量，让豆腐长出霉菌，发酵成难以想象的食物。安徽著名的"毛豆腐"，表面长着绒毛一样的霉菌，白如新雪，外貌奇异，没有定形，柔软得失去了轮廓。毛豆腐经过煎制，蘸辣酱吃，口感与风味几乎和奶酪别无二致。整个滇南的本地人都喜欢围聚在炭火烤炉前，把包浆豆腐烤得酥松柔软，蘸着香辣调料吃。浙江人把一张张豆腐卷起来放置一旁，等到颜色变黄、形状涣散，就更美味了，如同熟成到腐烂那千钧一发之际的蓝纹斯提尔顿干酪，狂野的味道令人兴奋无比。黔西南有妇女售卖一板板的发霉"臭豆腐"，放在铺开的稻草上，很像手工制作的普罗旺斯山羊奶酪。还有更臭的臭豆腐，要去湖南和江南地区寻找：特选某些蔬菜，任其腐烂变质，制成卤水，将大块豆腐浸泡其中；油炸后，湖南臭豆腐黝黑如火山熔岩，江南臭豆腐则呈金黄色，两者的气味都能在五十米开外就直冲你的天灵盖，风味却极其美妙。

这些地方手工食品通常只能在原产地才吃得到，但无论是中国国内还是海外，任何一家中国超市里都能买到罐装的"发酵豆腐"，即"豆腐乳"或"霉豆腐"。制作方法是将一块块豆腐放在适宜的环境中，生长出某种绒毛状的霉菌，然后将豆腐块放在盐和香料中滚一圈，或是浸泡在盐卤中。这个过程能产生各种独特风味的色谱，让豆腐变成一种浓郁而咸鲜的美味，像洛克福羊乳干酪一样稳定稠密，极富冲击力。腐乳可以省着吃，每次直接从罐子里舀出一小块，通常都是配白米饭、馒头或粥，或者用于腌制、炖煮、炒菜和蘸酱。地方特色的豆腐乳多种多样，我最喜欢四川的红油腐乳和云南的一种麻辣腐乳，后者是将豆腐放在干料中打滚，再用叶子包起来进行熟成。

过去，每个社区都曾有过自己的豆腐作坊。我在朋友陶林的湖南农村家中小住，当地做豆腐的是位老人，每天都会挑着一根扁担在村子里走来走去。扁担两端各有一个筐子，里面装着当天早上新做出来的白色豆腐，清爽透凉。佛教讲究吃素，食物中不允许出现任何动物制品。但走出佛门的豆腐，很多时候都会与肉类一同烹制，比如麻婆豆腐；还有的会和鱼、干海鲜、肉汤或猪油一同成菜。袁枚在十八世纪撰写的食谱中收录了十几种豆腐食谱，搜集自他那些达官贵人朋友的私厨以及佛寺。大部分食谱中，豆腐都会和荤食材料搭配：鲢鱼和豆腐熬汤；豆腐用猪油或鸡汤提鲜；豆腐与虾、鲍鱼、鸡肉或火腿一同烹制。熏豆腐加一点腊肉同炒，妙不可言；油豆腐加入一锅红烧肉，能让猪肉保持美味饱足的同时，更回味无穷。

豆腐本身是一种不起眼的廉价食材，但其"社会地位"可以得到提高，途径不仅是和更奢侈的食材一同烹饪，还因得到高超烹饪功夫（这个词在英语里被叫做"kung fu"，可以用来形容包括武术在内的任何高难度精确技艺）的加持。扬州厨子的刀工天下闻名，有道著名的宴席菜叫做"大煮干丝"，用锋利的菜刀将豆腐干切成极细的丝，放入浓郁高汤中与小河虾、竹笋和火腿碎一同炖煮。成都的松云泽餐厅采用了与西方现代主义烹饪相似的技艺，还原了一道经典老菜"口袋豆腐"：先将小块豆腐油炸，接着浸泡在碱性溶液中，使其内壁变软，用筷子夹起时就会像小小的布袋一样悬挂起来，最后放在有些起胶的浓汤中炖煮。

当然还有豆浆，豆腐成形之前的样态，也是中国最普遍的早餐饮品之一。我个人从不喜欢喝包装好的豆浆，但只要一有机会，就要畅饮现磨豆浆。想犒劳一下自己的时候，我就会在家从头开始做豆浆：把有机干黄豆浸泡过夜，用搅拌机打碎，用网布挤压过滤，再把浆水放到锅中上炉熬煮。有些人喜欢加糖的豆浆，也有很多爱喝原味豆浆，将金灿灿的油条掰下来，浸润其中（可能相当于英国人早餐中的牛奶泡玉米片）。我自己最赞赏的是江南的做法，滴上酱油，撒上干虾皮、葱花、榨菜碎和烤面包丁一样的小段油条，然后像喝汤一样用勺子舀着吃。

最早写到豆腐的西方人似乎是西班牙传教士那法瑞（Friar Domingo Fernandez-Navarrete），他于十七世纪晚期在中国生活，将自己的见闻写成文章，颇受欢迎。他在其中提到"全中国都盛产一种最普通、最常见和最便宜的食物，上至九五之尊，下到卑微氓民，无一不吃。皇帝和达官显贵们将其作为珍馐，而老百姓则视其为必需品。这种东西叫做'豆腐',就是肾豆（原文：kidney beans）的糊糊……他们将肾豆中的浆水挤出,变成奶酪一样的大饼,有大筛子那么大,五到六指那么厚,全都像雪一样白,再也没见过比这更细腻的东西了。可以生吃,但一般会经过煮制,搭配香草、鱼等多种食材。单独吃的话,味道很淡,但和其他配料拌着吃就很棒,如果用黄油煎一下,那就太香了。他们也会做豆腐干或熏豆腐,并与香菜籽混合,那才是最美味的。中国人食用的豆腐数量之巨,实在叫人难以置信,也很难想象中国会如此盛产肾豆"。[17]

那法瑞这番热情洋溢的夸赞之后,西方人仍然又过了三个半世纪才逐渐意识到大豆的多种可能性。在漫长的岁月中,大豆在他们眼里的属性更多是饲料,而非食物。豆腐最初进入西方饮食谱系,东亚特色食品的属性也很弱,更多是作为素食者的替代蛋白质。而且,虽然白豆腐朴素平淡,其实和在西方接受度更高的意大利乳清干酪与马苏里拉奶酪一样,但其味道受到非难,被嫌弃为"乏味",在某种程度上不如肉类那么"雄壮"。此外,一直到很近很近的从前,白豆腐还是大部分西方人知道的唯一一种豆腐,而且还是隐约模糊的了解。

意料之中,西班牙加泰罗尼亚斗牛犬餐厅（El Bulli）的天才主厨费兰·阿德里亚（Ferran Adrià）似乎是注意到豆子潜力的"西方世界第一人"：他的 2009 年菜单上有一套名为"大豆文化"的菜,有豆芽、豆浆、发酵豆腐、嫩豆腐、酥脆的炸豆子、黏糊糊的纳豆、软煮大豆、豆油、豆浆冰淇淋、两种味噌、豆腐皮和用分子料理技术做成球状的酱油。我们其他的西方人呢,现在才反应过来,努力赶上。中国的牛奶和肉类消费急剧上升的同时,西方消费者也渐渐明白了豆类的美味和益处,这实在有些讽刺。随着全球气候变暖,人们更关注过量食用肉类的生态破坏性,而不再在意它的健康和"雄壮"。而素食则被越来越多人视为绿色环保、合乎道德,也是未来地球被榨干后膳食的重要组成部分。能买到豆腐的地方也越来越多,不仅唐人街有，主流超市也有，形式也越来越多样了。这朴素廉价的凝乳块一度受到排斥，如今却平等地吸引着半荤半素者与完全不吃肉的人。当然，这里又要提到麻婆豆腐，其中充分灌注着陈麻婆的泼辣与活力，风味十足——要是你想养成吃豆腐的习惯，这就是最佳"门槛菜"。

付"猪"一笑：东坡肉

狭长的猪圈里，母猪侧卧在稻草铺的床上。它下的这窝小猪崽儿一共七只，像水银一样软趴趴地互相交错堆叠，哼哼唧唧，疯狂吮吸着妈妈的乳头。它们个头娇小，眼神天真无邪，大耳朵软乎乎的，发黑的头和尾巴之间是淡粉色的身体。这里是浙江穆公山，农民们饲养着一种古老的猪种：金华猪，又称"两头乌"，因为皮薄肉美而备受推崇。金华火腿是江南地区赫赫有名的食材之一，不难想象，就是按传统的办法腌制当地猪种的猪后腿。猪圈旁边还有个房舍，就挂着当地农业合作社制作的手工火腿，这种安排显得有点残忍无情。不过，小猪崽们儿正无忧无虑地蠕蠕着，兀自狼吞虎咽，对命运全然不在意。

人们通常说，狗是人类最好的朋友。在中国，这个头衔也许要让给猪（不过，说句公道话，最好的朋友通常不会被吃掉）。早在新石器时代，狗和猪就成为中国人最早驯化的动物。也许最初饲养两种动物都是为了吃肉，但到了汉代，人们发现了狗在守卫和狩猎方面的优点，基本不再将它们作为食物。[1]然而，猪则成为在有途径获得的前提下，大部分中国家庭必不可少的成员。它们以家中的残羹剩饭和人不屑于吃的蔬菜为食，猪粪还能用于给田地施肥。最终，猪会被吃掉：首先是被献祭，在虚拟意义上被天上的祖先吃掉；然后实实在在地被活着的家人们吃掉。猪，是中国家庭经济中不可或缺的一部分，"家"的字形，就是"屋顶下的一头猪"。

驯养了狗和猪之后，中国人又驯养了牛、羊、鸡和马，它们被合称为"六畜"。[2]不过，马主要用于军事运输；牛则是逢重大祭典宰杀祀天，也偶尔被富人食用，但大多数人都将它们视作协同农民耕作的劳动帮手，不吃它们是对其辛劳的感激。某些朝代的统治者甚至颁布禁止杀牛取肉的诏令，因为它们实在是不可或缺的农耕牲畜。[3]中国古籍中记录了无数动物的食用方法，包括鹿、兔、熊、獾、虎、豹、狐狸和羚羊。[4]然而，尽管人们（尤其是达官显贵们）的确偶尔会吃猎来的野味，对大多数中国人来说，吃肉都是很少的，是"打牙祭"；而且只要吃肉，就是吃猪肉。如果没有特殊说明，中文语境下的"肉"，至今仍然指的是猪肉（其他种类的肉则要加上前缀，比如牛肉和羊肉）。

1990 年代，我作为一名留学生来到中国，对农村的第一印象是，但凡人们觉得土地能有点生产力，就会将每一寸都利用起来进行耕作。四川农村的稻田埂上种满了桑树。几乎每个季节，田地里都密密麻麻地种着蔬菜。农舍边都是竹林环绕，人们可以吃竹笋，还可以砍竹子做工艺品和建房子。即便是山地丘陵，目之所及，每个山坡上都是一块块错落有致的田地，种着各类作物。每一片土地，哪怕再小，都被"算无遗策"地精心耕作了。根本没有欧洲那种悠闲放牧牛羊的草场。只有在地广人稀的青藏高原、新疆和内蒙古，高远的天空下才能看到成群的牦牛和绵羊。

中国历史上的大部分时期，农耕的主要目的是生产粮食，其次是蔬菜。[5]很少有人养牛是为了取肉或产奶，所以牛肉在中餐中历来不占主要地位。（到了封建帝国晚期，也很少有汉族人有吃牛肉的习惯。而居住在通商口岸，尤其是上海的外国人，吃牛肉的行为被中国人看到，甚至引起了公愤。其中一些人认为中国人不吃牛肉，就是"中华文明与外邦蛮夷相对立的标志"。[6]）内陆地区的人们会饲喂鸡鸭，放养到田野和水域啄食或划水，以禽肉和蛋作为谷物和蔬菜的营养补充，或者卖了赚点外快。有些人会饲养绵羊或山羊。而家家户户一定会养的，就是一两头猪。猪猪乖巧、听话、好养活，最终会变成最美味的肉类：香甜鲜嫩的猪肉，是所有乡宴当之无愧的主角。

猪，吃进去的是残羹剩饭，产出的是浑身的"宝"，于是成为吉祥与财富的象征，有时又被赋予"乌金"的美称。[7]远古时代，野猪和龙虎一样，被视为威力无边的强大野兽，有时还会受到祭拜。古代玉符和祭祀用青铜器上，都有猪的纹样。汉朝时期，富人下葬时都会随葬一些生活用品以供来世使用，这些陪葬中通常会有陶猪，有时是单独一头一头的，有的是陶制猪圈中的一群猪，偶尔也会有趴卧的母猪，身下是吃奶的猪崽儿，恰似我在穆公山的那个冬日清晨看到的场景。从唐朝开始，坟墓前就有了模具浇铸的铁猪。猪的形象友好吉祥，至今仍然出现在剪纸等民间艺术中，尤其是十二生肖数到了猪年之时。（我上次在中国过猪年，就买了一只用硬纸板做的可爱小猪，缀着流苏，红彤彤的身体上装饰着闪亮的花朵，里面还有一个灯，可以变幻不同的颜色——想到过完年我就把它"遗弃"在了湖南，真是追悔莫及！）

每当春节临近，乡村里就会有很多人家忙着养肥一头猪来过年。年猪会在腊月，即"腊祭月"被宰杀。如果在这个季节去偏远地区，可能亲眼看到人们当众宰杀年猪，就用村里公用的石板和大缸，把切好的肉挂在木架上。（在浙江，我遇到了郭家三兄弟，是专业的杀猪匠，一共服务三十个村庄和四十个小村落，带着专门的杀猪刀，应家家户户的征召上门。）能结成豆腐状凝乳的猪血以及猪下水，通常在杀猪当天吃掉，剩下的肉用盐腌制后熏制或风干，脂肪则熬成猪油，猪骨小火慢炖成鲜汤。通常，猪头和大块的肥肉会在焚香的袅袅烟雾和噼里啪啦的鞭炮声中被献祭给神灵。

过年期间，尤其是除夕夜的团圆饭上，人们都会大吃猪肉。我去甘肃农村探访朋友务农的家人，和他们一起饱餐大块的红烧肉、猪肉馅儿饺子、蔬菜炒猪肉，还有用猪皮冻做成的五颜六色的肉冻条。除了过年，这些农民们几乎不怎么吃肉。四川的传统民俗则是将厚切的五花肉与芬芳的深色芽菜或盐菜一起蒸上几个小时。这道菜还有甜味版，五花肉搭配糯米、甜豆沙和白糖。湖南人则喜欢在餐桌上摆当地著名的烟熏腊肉，有时是切片后和大块的腊鸡和腊鱼一起放在碗里蒸

（腊味合蒸）。安徽等地的年味，则在于奢侈华丽的"一品锅"：巨大的锅中铺上蔬菜，再摆上各式各样的佳肴，比如鹌鹑蛋、猪肉丸、猪肉馅儿饺子和酥肉（猪肉切条，裹上鸡蛋面糊后油炸）。

两千多年前，伊尹对君主的那番论述曾道，肉都有腥膻味，猪肉也不例外地有一种令人不快的味道，必须在烹饪过程中想办法消除。这并非因为肉不新鲜：中国市场上出售的大多数猪肉其实都是当天屠宰当天出售的（至少在不算遥远的过去还是这样）。只是你要是有一条中国人的舌头，就会觉得所有的动物食材都有缺陷，不管是普遍的"异味"，各种鱼类或肉类的"腥味"，还是绵羊山羊肉的"膻味"，或内脏的"骚味"。现代科学证实了古代中国人对这些味道的看法，明确指出了它们的化学来源，比如"粪臭素"，是一种有臭味的化合物，在猪肉中有一定含量，而小羊肉（lamb）和老羊肉（mutton）中的含量则更多。[8]猪肉可能没羊肉那么膻，更温和纯粹，但任何中国厨师都知道，猪肉如果加料酒、姜和葱等配料焯水、腌制或烹饪，味道必然会更好。

一位厨师曾向我阐释过"生猪（没有阉割的猪）"和"肉猪（阉割过的猪）"两者肉质的显著区别，后者的风味更温和宜人。传统上，很多地方都会对猪进行阉割，一是改善肉味，二是抑制其发情的攻击行为；但包括英国在内的某些国家，考虑到动物福利的问题，并不赞成进行阉割。很多中国人都向我抱怨过英国的猪肉有明显的腥味，英文中称为"boar taint"（直译为"公猪臭"），源于未经阉割的公猪体内雄性荷尔蒙雄甾烯酮和粪臭素的累积。[9]自从口味被"中国化"之后，我也对这种膻臭敏感起来。通过中餐的厨房妙招可以缓解这种强烈的刺鼻气味，但并不一定能完全消除，所以英国的中餐厨师和食品制造商喜欢用从欧洲国家进口的猪肉，因为在这些国家，用于制肉的公猪通常都会被阉割。有一点很烦人，如果猪肉是生的，里面的腥味不会明显到可以下判断，所以在英国买新鲜猪肉总得碰运气。

"中国舌头们"会觉得，猪身上最美味的部分必须带有肥美的脂肪和猪皮，要软糯（富有胶质，柔腻缠绵，比如拱嘴和猪蹄），也要油润。最重要的是，烹饪得当之后，这些部位要"肥而不腻"。而说到底，没有哪个部位比得上五花肉，肉皮、脂肪和瘦肉层次丰富、丰腴奢侈。不过，四川人眼里还有和五花肉不相上下的"二刀肉"，是猪尾巴后面靠近后腿的臀肉，半肥半瘦，可以切片后炒制成完美的回锅肉。除此之外，食客们还喜欢吃那些口感比较多样的部位，比如肥、瘦、皮相间的地方，或是黏糯与爽脆相结合的部分，像是猪耳朵或猪尾巴。最没意思的部位就是英国人通常比较爱吃的，全是瘦肉，千篇一律。但即便针对这些部分，中国人也会精心烹饪，免得口感太柴——比如切成薄片或细丝快炒，或是入汤快煮。英式的烤猪排，尤其是去掉了脂肪的那种，中国人就会觉得特别"柴"。中国的猪被喂得肥美滚圆，西方即便是五花熏猪肉或是肚腩上的五花肉，都瘦得叫人失望。有好几次，我被迫在伦敦跑了多家肉店，才找到够肥的猪肉来做某道中国菜。有一次，我需要一块几乎全肥、只能有几丝瘦的猪肉，跑到第三家肉店才找到一块合适的。老板是欧洲人，他觉得那块肉太肥了，满怀歉意，于是半价卖给了我！

　　和全世界吃猪肉的人一样，中国人也会对猪肉进行盐腌或熏制，以求保质和加强风味。在金华和滇北的宣威，气候凉爽干燥，非常适宜，这两个地方特产的火腿，论鲜味之美妙，可堪媲美西班牙和意大利的火腿。传说中，金华火腿的历史可以追溯到宋朝，当时有一大帮金华汉子前往北方的首都，为一位爱国官员辩护，使其免受诽谤。他们用盐腌制了猪肉，以供长途跋涉食用。等他们到达目的地时，猪肉已经历过日晒风吹，竟然美味非常。那位官员因此感念怀乡，冠之以"家乡肉"之名。时至今日，金华当地人有时还用这个名字称呼火腿。后来，人们爱上了腌制的猪肉后腿上那鲜红的色泽，将之称为"火腿"——据说这就是"火腿"一称的由来。

　　滇西的诺邓也是享誉华夏的火腿之乡。那里用于腌制火腿的盐要专门从一口有两千年历史的盐井中就地打出。在诺邓村河谷的最低处，盐工从地下深处抽出盐水，放在大锅板上，用火加热烘干。地势稍高的山坡上，用陶土砖砌成的房屋密密麻麻，人们就在通风良好的楼上房间里腌制火腿。中式火腿都不生吃，通常会切成小片或小块，和其他配料一起烹煮，为后者提鲜提味，也能增加一抹鲜亮的色泽。江南地区的厨师特别注重为菜肴营造悦目和谐的色彩，粉红色的火腿、金黄色的煎蛋、深色的木耳、绿叶蔬菜以及象牙色的竹笋，都是他们味觉谱系中不可或缺的色调。火腿切成细丝或小丁，撒在菜肴上，能充分点缀白白的豆腐或竹笋，就像美人粉面，唇上再着胭脂。杭州人会将火踵薄片铺在整鸭身上，两者一同小火慢煨，成为浓郁美味的汤煲。苏州有道历史悠久的名菜实在奢侈，名为"蜜汁火方"，如今已经很少见了：做法是从火腿中央切下最精华的部分，经过脱盐和冰糖炖煮等复杂工序，最后点缀上金黄的红薯和莲子，包裹着糖浆的粉红厚切肉片夹在荷叶饼里一同享用。

昂贵的上等火腿，腌制非数月之功，而要长达数年，所以一直是个奢侈的东西。中国南方的冬天很冷，但极少有冰天雪地，因此大部分人过冬的肉食，就是风干香肠、咸猪肉、烟熏腊肉和用酱油或甜面酱腌制后挂起来风干的酱肉。一到冬天，湖南的各处院落就弥漫着腊肉等腌制肉类的香气。四川城镇里处处可见一串串风干香肠，通常会用大量的花椒面和海椒面调味。相比之下，广东人则更喜欢甜味香肠。而江南的人们则喜欢用盐和花椒腌制猪肉、家禽和鱼类，然后在不烟熏的情况下进行风干。他们的咸肉虽然没有火腿那样香浓，却也是为汤羹、炖菜和蒸菜提味的佳品。其中最美味可口的，可能是冬季结束时，将那年仅剩的咸肉与新鲜的五花肉、百叶结和刚刚发出来的初春竹笋一同炖煮，做成一锅美妙无比的"腌笃鲜"。

南方人口味刁钻，觉得牛羊肉的风味都有些粗糙，口感也不够细腻，在南方吃得很少。倒也不是没法变成美味，只是需要非常仔细地处理：通常，牛肉需要逆着肉的纹理切，减少那种柴柴的纤维感，并且两种肉的浓烈风味一般都需要加料酒、姜、葱和香料来调和。然而，猪肉只要稍微烹饪得当，就一定会美味无比。就算是极少量的猪肉，无论新鲜还是腌制的，都能为一道菜增添美妙的鲜味。中国人的家常菜大多都有蔬菜配少量的肉。也许最典型的现代中国家常菜肴，就是几根猪肉丝炒韭菜、竹笋或其他的蔬菜。

你甚至也不需要太多的肉，因为哪怕是一丁点儿跟猪肉沾边的食材，也能提升蔬菜的味道：一点点的猪肉汤、一点点的猪油渣或是一勺猪油，都可以是上佳的烹饪介质。有位男士曾经告诉我，过去，在需要粮票的艰苦岁月，他经常在烹饪蔬菜之前，先拿一块猪肥肉在热锅里擦一圈，使其稍微沾点肉香。那块肥肉随后被放置一旁，留待下次使用。龙井草堂的厨师会用大块肥猪肉和笋干相配，加酱油、米酒和糖红烧；笋干充分浸透了猪肉丰腴的鲜香，单独装盘，作为佳肴端给餐厅的客人；而猪肉本身的营养则挥发得差不多了，会作为员工餐吃掉。在这样的菜肴中，猪肉已经不是主要食材，而是调味的要素。上述两种方法，一种是艰苦岁月的简陋，一种是如今的奢侈，但都体现了"肉边菜"和"素菜荤做"的理念，为平淡的蔬菜披上华丽鲜美的外衣。只要在中国烹饪中稍微学几招，就能在少吃肉的同时又不觉得亏待自己，以上烹饪方式就是其中一招。

那么猪的其他部位呢？好，听我细说。蹄髈和肋骨可以炖煮，是用于年节的大菜。猪皮可以做成皮冻，做凉拌开胃菜或是叫人唇齿缠绵、富含胶原蛋白的汤；还可以风干后油炸，做成蓬发的金黄脆片，放进汤和炖菜里，那叫一个美味。猪血能自然凝固成果冻状，可以做成热菜，是铁含量丰富的"紫豆腐"；有些地方还会用猪血和糯米混合，做成血肠。猪肝和猪腰通常大火快炒，保持其微妙的口感。猪耳朵、猪舌头、猪拱嘴和猪尾巴，都是和香料一起卤成凉拌菜。这些部位切片后，来一杯啤酒，再配上海椒面和花椒面混合调制的"干蘸料"，那可是绝妙的下酒菜。猪小肠里塞肉，就是香肠。猪大肠和猪肚则会经过细致的清洗，烹调方法多种多样，比如一碗醋畅丰盛的四川街头小吃肥肠粉，再比如隆重的经典鲁菜"九转大肠"，菜名来源于道家的炼金术①。

猪心可以炒着吃，也可以水煮后凉拌。广东人会将猪肺与杏仁一起煲汤，有抚慰口腹的滋补功效。整只猪头偶尔会被红烧，成为宴席上最引人注目的大菜。乳猪崽儿也可以整只烹制，摆盘上桌，南方尤其偏爱这样做。猪蹄炖煮，猪骨熬汤，都是营养丰富。长久以来，广东女人生产后，都习惯用醋和姜慢火炖煮蹄髈来补身子。猪脑口感滑嫩，颇受食客喜爱。有一次，我甚至在一家粤菜馆品尝到了晃悠悠、滑溜溜的砂锅输卵管，真是永生难忘。一头猪，除了牙齿、眼睛和鬃毛，每个部位都能在中国某地的餐桌上找到归属。在中国，猪下水可能卖得比肉还贵。由于猪耳朵价格太高，还造成了近几十年来最荒唐离奇的"食物恐怖事件"之一：用油酸钠和可能是工业明胶的东西制造假猪耳朵。[10]中国对猪下水的需求量实在太大，甚至在 2012 年与英国达成了一项备受瞩目的五千万英镑"猪"交易：将英国人不屑一顾的猪肚、猪耳朵等部位，从英国大量运往中国，充分利用了那些将手机等货物从中国运往英国的集装箱，使其返程时不用空置。[11]

二十世纪后期，中国经济改革让生活水平逐步提高后，猪肉经济也蓬勃发展，人均肉类消费翻了三番。如今，全世界有一半以上的猪肉消费都在中国。猪肉价格是非常具有政治敏感性的重大议题，因此中国政府还做了猪肉的战略储备。[12]

虽然猪肉是中国人最喜欢的肉类，但其社会地位却不太能体现这种喜爱。很多人都赞同猪肉是最美味的肉类，但它既不像鹿肉那样稀有，又不像海鲜那样昂贵，更没有熊掌的奇特。每个街区的小菜市场都能买到猪肉；遇到需要讨好的重要人物，你也不会专门宴请他们吃猪肉。加州餐馆老板江孙芸曾回忆自己在北京富裕家庭度过的童年，

① 传说清朝一些食客品尝这道菜后，称赞其精工细作堪比道家"九炼金丹"，因此得名。

提到猪肉从来都上不了宴会的餐桌。[13]时至今日，在人民大会堂举行的外交国宴上，猪肉仍然无法占据任何中心地位。猪肉也许美味，却被视为难登大雅之堂的低等食材，甚至有些"低贱"。猪肉只能做家常菜，让人大口大口地享受俗世凡尘的快乐。

宋朝诗人苏东坡，曾戏作几行"打油诗"，总结了中国人与猪肉之间复杂矛盾的关系，诗题为"食猪肉"①：

> 净洗铛，少著水，柴头罨烟焰不起。待他自熟莫催他，火候足时他自美。黄州好猪肉，价贱如泥土。贵者不肯吃，贫者不解煮，早晨起来打两碗，饱得自家君莫管。[14]

如此看来，中国最著名的猪肉菜肴之一"东坡肉"（Dongpo pork），以他来命名实在恰如其分。十一世纪末，苏东坡担任杭州知府，负责督导疏浚杭城中风景秀美的西湖。那时湖中淤泥堆积，水草蔓生，堵塞不流。传说当地人对他的疏通之功感恩戴德，过年时给苏轼送去他爱吃的猪肉。诗人被百姓的慷慨淳朴所打动，吩咐仆人将猪肉红烧，送还给乡民品尝，还要配一壶酒做礼。仆人误以为要用酒来烧猪肉，就这么办了，结果一不小心，做成了一道美味无上的菜肴，从此经典永流传。

东坡肉的做法是将丰腴肥美的猪腩肉带皮切成大块，加大量黄酒、适量酱油和糖，文火慢炖，直到肉质软嫩，用筷子一捧就酥烂。通常情况下，服务员会从瓷罐中把猪肉单独舀出来，每位客人面前放一块，再淋上一勺罐中已经收出釉光的诱人汁水。一块块的肉看上去很结实，但就像大家形容的一样，"入口即化"。

东坡肉不用清水烹煮，而是用绍兴黄酒，这算是一个特色标志，比家常红烧肉更适合在重大场合呈现给客人。今天的杭州厨师们通过

---

① 一说题为"猪肉颂"。

精妙娴熟的刀工，进一步提高了这道菜的级别。他们将其称为"宝塔肉"，制作时现将一块煮熟并放凉的五花肉改刀成完美的方形，从短边①切薄薄的一片，再连着这一片，转一下肉块，继续切薄片，如此这般转块切片，重复数次，本来完整的肉块就展开成长长的相连肉片，如丝带一般。然后卷起来，轻轻地将肉片皮朝下压入一个宝塔形的模具中，再放入传统的酱汁炖煮，装盘后周围摆上绿色的小青菜点缀。这块肉形成一个层层叠叠的整齐宝塔，仿佛建筑师做的雕塑。相信不管多么不可一世的官员或是爱慕奢华的富豪，都不会觉得这么一道精妙的"功夫菜"平平无奇。

不过，这个升级的新版东坡肉，不管卖相多么精致美妙，就是无法和原汁原味相提并论，原版确实是有史以来最美味可口到"无可救药"的猪肉菜肴之一。我吃过的最棒的东坡肉，莫过于在龙井草堂那次，用土猪肉、手工黄酒、酱油和糖制作。有一天，草堂的创始大厨、从杭州传奇餐厅"楼外楼"退休的老师傅、漫长职业生涯中烧过无数猪肉的董金木，向我展示了东坡肉的烹调过程。

董师傅声音粗哑，眉毛粗黑蓬乱。他往一口巨大的炒锅底铺了几块已经扒尽肉的猪排，"防止粘锅，也能提鲜"，又在上面放了猪肉的边角料和很多没去皮的生姜。这层铺好之后，他就放上大块的连皮五花肉，带皮的那一面朝上，摆好一层；接着拿起厨房里的一个坛子，倒入大量的花雕酒，加入用长小葱打成的结、适量的老抽、少量的水和一点糖，再加上他个人的秘方：一个八角和两小块桂皮。他说，成菜之后，这两样东西的味道是尝不出来的，但会化入其中，增添一种特殊的芳香。接着董师傅开大火，把猪肉周围的液体烧开，咕嘟咕嘟地，赋予猪肉一种深沉的颜色。之后再盖上锅盖，把火调小，让锅中物与厨火按照自己的节奏慢慢烹煮，不急不躁，如东坡建议的那样"待他自熟"。这道菜的做法真是出奇简单，味道却异常芳美。

---

① 宝塔肉的肉块是长宽相同（正方形）、高度略短（即短边）的方形肉块。

台北故宫博物院有著名的镇馆之宝"肉形石",原本是北京紫禁城的艺术珍品,其灵感显然来自东坡肉。原本是一小块被称为"条带状碧玉"的半宝石,自然形成的纹理就像五花肉一样有肥瘦之分。制作这件艺术品的人对石头精心雕琢,使其宛如一块被炖得喷香酥软的猪肉,焦糖色的猪皮上布满小孔,肥肉的部分微微耷拉,光看也觉得甘美非常。从大小到形式,这块石头都栩栩如生,要不是因为放在玻璃柜里的金色基座上,还真能让人误会可以吃。这件宝贝用料珍贵,却又雕琢了朴素到惊人的物体,似乎也是对中国人喜爱猪肉做出的一种略含戏谑的评论。

美食无界：涮羊肉

北京的冬日，天寒地冻，阴暗稀薄的天空中有一轮柔弱无力的黯淡太阳。一条狭窄的灰墙胡同，小电驴儿穿梭在戴毛皮帽子和羽绒服的行人之间。两旁有卖煮羊肉的，从羊头、羊蹄到羊肺，应有尽有；还卖蒸玉米面窝窝头、暗红色的糖山楂、柿子和核桃。有家附近老百姓常吃的煎饼，摊位后面的老人将绿豆面糊舀到鏊子上，表面打个鸡蛋，均匀涂抹在饼面上，再整个翻面，抹上辣椒酱等调料，顾客在他面前排起了长队，每一个都翘首以盼。

姗姗和我穿过"老金涮肉"门口厚厚的透明塑料门帘，立刻就被笼罩在一片欢乐的气氛中。每张桌子上都仁立着一个铜火锅，中间的"烟囱"往外直冒蒸汽，周围散落着小碟子、小碗、一包包香烟和一瓶瓶啤酒。服务员在狭小的厨房里忙进忙出，端着一盘盘食物和铜水壶，为涮锅添上开水。后墙高处的一扇窗户透出一缕缕光线，把升腾的蒸汽照成一根根斜斜的柱子。空气中飘荡着密度很大的浓重京片子，含混而快活。

很快我们就找到了位子，面前有了属于自己的火锅，水在烟囱周围形成一条"护城河"，咕嘟咕嘟地已经烧开了。烟囱里面，烧着的炭正闪着微弱的红光。我们点了几份手切羊肉片、边缘参差的羊肚条、三角形的冻豆腐、幽白的大白菜。服务员端来腌好的糖蒜和装着麻酱的小碗，我们自己往里面放香菜碎、白色的大葱碎和油泼辣子调味。接着我们开始边涮边吃，用筷子夹起生羊肉片，在开水泡泡中荡涮几秒，然后蘸酱入口，品尝鲜嫩的美味。如此这般，反反复复。吃完肉再吃肚条和素菜。在寒冷刺骨的北京，实在很难想象还能有比这更抚慰适宜的午餐。

涮羊肉，英语常称为"Mongolian hotpot"（蒙古火锅），是最著名的北京特色菜之一。虽然十三世纪征服中原的蒙古人疯狂嗜吃羊肉，但并无任何记载现在的涮羊肉是蒙古人发明的，而且把羊肉切成薄片是典型的中原做法。用筷子在常用的锅中烹煮小块食物的方法，最早出现在十三世纪诗人林洪的食谱著作中，讲述的是烹饪野兔的办法。[1]在中国的很多地方，无论是河边棚屋、农舍、豪华宅邸还是恢宏宫廷，煮火锅都成了人们最喜爱的烹饪和保暖方式。十七世纪满洲人入主中原后，涮肉火锅就成为清廷皇室冬日的最爱。十八世纪末，嘉庆皇帝的登基筵席就为宾客准备了大约一千五百五十个涮锅。

猪肉是中国人最常吃的肉类——除非你是中国的穆斯林。很多人不了解，除了道教、儒学、佛教和基督教，中国也有大量的穆斯林。穆斯林聚居的新疆维吾尔自治区幅员辽阔，位于古丝绸之路沿线，与从印度到蒙古的八个南亚和中亚国家接壤。这里的维吾尔族人的饮食习惯融合了中国的面食、中亚的烤肉和馕。但维吾尔族人也不是中国唯一的穆斯林，虽然相对人数较多，但他们只是中国的十个穆斯林群体之一，另外还有哈萨克族、东乡族、柯尔克孜族、撒拉族、塔吉克族、乌孜别克族、保安族和回族。

从七世纪的唐朝开始，就陆续有穆斯林在中国定居了。[2]他们从阿拉伯、波斯、中亚和蒙古纷至沓来，在东南沿海港口和西北部中亚陆路沿线建立了自己的清真寺。从各地汇集而来的不同穆斯林群体借用了古汉语对维吾尔族的旧称"回鹘"或"回纥"，自己的信仰则称为"回教"。他们还用"清真"（意为"纯真朴素"）来自谓信仰与生活方式，既指习惯与仪式的洁净，也指宗教的合法性（一些学者认为这一概念可能来源于中国的犹太教）。[3]

二十世纪中叶，中华人民共和国成立，新政府开始对全国人口进行统计和分类。[4]政府认定并划分了包括汉族、藏族和蒙古族在内的几十个民族。维吾尔族、哈萨克族和柯尔克孜族等中国穆斯林群体都有自己的语言，因此被划分为不同的民族。而其余大部分来源多样的穆斯林散居在全国各地，如今和聚居在同一地区的其他民族一样，说着当地的方言，这些人统称为"回"——在当代中国，官方、回民本身和全国人民都使用这一称呼。

今天，在官方排名中，回族是继汉族和南方的壮族之后，中国的第三大民族。根据 2010 年的统计数据，人口有一千万多一点儿（堪堪超过维吾尔族人口）[5]。但维吾尔族主要生活在新疆，回民和回族社区以及配套的清真寺、清真食品店和餐馆，却纵横遍布中国的各个角落，从拉萨到上海、从北京到中缅边境。尽管他们有名义上的"家乡"——宁夏回族自治区（夹在内蒙古和另外三个北方省份之间的一片狭长土地），大部分回人都居住在中国的其他地方，他们是中国所有少数民族中分布最广的群体。中国的大城小镇，多数都有至少一个小区域，汇集了回民的面店和餐馆。几乎在每个菜市场上，都能看到一两个回民肉摊，铁钩子上挂着剥光外皮的整只牛羊，较深的肉色与粉白如棒棒糖的猪肉形成鲜明对比。很多回族人，尤其是年轻一代，在穿着打扮上已经和汉族人无异。但还有一些，尤其是老一辈，仍然戴着传统的刺绣平顶圆帽（男士）或围着头巾（女士）；他们大部分人不吃猪肉，开的店铺和餐馆都会标有"清真"字样。

从制作者们的血缘传承不难想见，回族食物融汇凝聚了中东、中亚和中国的文化影响，十分引人入胜。回族人在中国各地烹饪着清真版的当地美食。比如，在四川成都皇城清真寺旁边的餐馆"天方楼"，就能找到很典型的麻辣以及其他味型的川菜，但是会用牛、羊、鸡肉代替传统的猪肉，由此诞生了"回锅牛肉"和"鱼香牛肉丝"这样的"杂交菜"。

不过，无论回族人生活在哪里，他们的食物都带有共同的中亚印记。典型的回族菜大多有面条、面包和/或羊肉——小麦、面粉加工技术和羊都是在古代从西域传入中国北方的。时至今日，小麦和羊肉仍然在中国北方的食谱上占据重要地位，而爱吃这两样东西的区域很广，从北京一直延伸到地中海。很多回族餐馆都有"手抓肉"，很简单的水爆羊肉菜肴，历来都是蘸着调料用手抓着吃——传承了古老的游牧习俗。

　　回族的食物永远在提醒着我们，"中国菜"不仅记录着大豆发酵、精妙刀工与使用筷子等古老的本土（中原）传统，也蕴含着蓬勃活跃了两千多年的文化交流。小麦、磨面粉和吃羊肉是最早的西方"舶来品"。在大约两千年前的汉朝，中亚还传入了很多其他的食材，包括黑胡椒、黄瓜、芝麻和胡萝卜，后来都在中国人的饮食中根深蒂固，其中一些据说由代表朝廷出使西域的使臣张骞带回。中国古代将西北异族称为"胡"人，而在现代中国，上述食材的名字中仍然带有来源于胡人的痕迹："胡"椒、"胡"萝卜；而某些地方仍然把黄瓜叫做"胡瓜"。这些新西域食物的到来，是乘了大汉帝国时弥漫中原的"胡风"：正如十八世纪的英国贵族们让自己的宅邸中充满中国风的物品，据说汉灵帝（168—189 年在位）嗜好"胡服、胡帐、胡床、胡坐、胡饭、胡箜篌、胡笛、胡舞，京都贵戚皆竞为之"。[6]

　　上下五千年，西域舶来品为中国饮食和文化带来剧烈改变的时期，不止汉朝。在后来的唐朝，中国成为多元文化的沃土，吸引了印度佛教徒、波斯传教士、日本朝圣者、突厥王子、基督教徒、阿曼宝石商和粟特商人，以及来自西域各国的穆斯林。[7]有些来自海上，有些取道陆路，所有人都带来了异国的物件和习俗。南方的扬州和广州成为众多异邦人的安居之地，北都长安也一样，有众多突厥人、阿拉伯人、波斯人和印度人组成的侨民社区。[8]美国汉学家薛爱华认为，当时中国的男男女女都喜欢穿突厥和波斯服装，一位中国皇子对突厥文化极其着迷，甚至"在宫里搭建了一个完整的突厥营地……并用佩剑割下大块大块的煮熟羊肉给自己吃"。[9]胡饼等外国糕点也风靡各大都会，尤其是撒了芝麻的蒸糕和用油煎炸的糕饼；昂贵的舶来香料成为富人餐桌上体面的装点。[10]宋朝时，羊肉在北都开封（当时称汴梁）大受欢迎。

　　后来，在蒙古人统治中国的元朝（1271—1368 年），由太医忽思慧撰写的《饮膳正要》，显示了中国饮食惊人的多语言性。[11]忽思慧本人可能有部分突厥血统，他的撰写以中文为主，但也混杂了大量来自突厥语、维吾尔语、蒙古语、阿拉伯语和波斯语的词汇与表达方式。《饮膳正要》成书于1330年（由汉学家布尔和安达臣①翻译成英文），主要涉及饮食疗法，但专门有一章题为"聚珍异馔"，列出了很多食谱，许多都植根于游牧传统，以羊肉为中心主题，但也受到整个蒙古帝国的影响。要知道，当时的帝国领土十分辽阔，不仅包括了蒙古草原和中国，还有伊斯兰世界的大部分地区。这章的内容既有"盐肠"和"柳蒸羊"等做法简单的蒙古菜，也有突厥传入的花馒头与粉面的制作方法、中东式的冰冻果子露和诸如"猪头姜豉"等中原的猪肉菜肴。大多数食谱中都有来自波斯、美索不达米亚和印度等多个地区的食材与方法，如同旋转的万花筒般丰富多彩。

在将奶酪阻挡于中原边境之外这件事上，长城也许的确起到了很大作用（同时也防止了一些骑兵进犯掠夺），但作为"文化屏障"，它在其他方面几乎完全失能。中国将茶叶、丝绸、桃子、火药和大豆（这个是很久之后了）送出了帝国；与此同时，食品、乐器、技术、宗教和思想奔涌而入，从汉朝的黑胡椒到明朝的墨西哥辣椒，从公元第一个千年的印度佛教到二十世纪的马克思主义。从理论上来讲，北方的中原人士与长城以外那些粗野狂放的邻居完全不同；然而实际上，他们也吃羊和小麦，融合进异邦的生活方式，信奉从外国传入的教义，而且往往是异族通婚的后代，身上流着不同民族的血液。"中国"在提法上是个单一概念，但其实汇集了多元文化与多元宗教，布尔和安达臣对元朝的中国评价如此——时至今日，情形亦然。

中国北方的美食生动地说明，美食和文化的国界是流动的。在中国，尤其是北方，有许多特色食品都明显源于中亚和中东的传统美食。比如充满坚果的香甜哈尔瓦糕，镶嵌着密密芝麻的馕（曾经被

---

① 布尔（Paul Buell），安达臣（Eugene Anderson）。

称为"胡饼"），包裹着糖浆的油炸甜食如北京的"糖耳朵"——这道名小吃很容易让人联想到印度和中东的甜品。中国西北地区很多招牌菜和名小吃都是回族或维吾尔族人融合本土与外来元素加以发挥创造的。

手工做成的拉面，配清炖牛肉汤，将游牧民族对水煮肉的热爱与中式面食融为一体，这是经典的回族美食，也是甘肃兰州引以为傲的特色，如今已蜚声海内外。前朝古都西安的美食中心，是鼓楼后面的"回民街"，如今时时刻刻都游客熙攘、热闹繁华。在那里，你可以观看厨师展示他们的烹饪技艺，品尝西安经典的"羊肉（或牛肉）泡馍"——将一小个紧实的馍撕成小块，泡进营养丰富的清炖汤汁中，里面下了绿豆粉和羊肉片，旁边搭配辣椒酱和糖蒜——这也是游牧风格与中式烹饪的融合。河南开封有热闹的夜市，回族小贩热情叫卖，兜售着他们的美味食物。这些小吃和菜肴，制作者也许是回族人，但无论汉族人还是其他民族的人，都会开开心心地品尝。

西北地区的市场上，回族肉贩给悬挂在摊位上的整羊割肉，动作利落熟练，肉被剥得一丝不剩，空留羊骨，脊柱两旁的肋排闪着白光，像卡通片里的鱼骨一样干干净净。羊下水是北方人喜闻乐见的美食，从占人口多数的汉族到回族都爱吃。清真教义认为羊血不干净，所以回族人不吃羊血；但北方的汉族人几乎会吃羊身上的每个部位，就像不浪费猪的分毫。山西大同有种很常见的早餐叫"清炖羊杂"，一碗闪着微光的肉汤，里面放着羊肚、羊血、羊肺、羊肠等各种食材，配上爽滑的土豆粉，加一点辣椒，上桌时再淋上一点醋。我在开封有个惊人的发现，在汉族人经营的餐厅，竟然吃了一顿炖羊胎盘和羊肠的早餐，还配了馍供我撕扯后泡进汤里，并送上一小碗咸菜——很像那道西安名小吃的"非清真"表亲。历史学家米兰达·布朗认为，这些有时被称为"杂碎"的炖羊下水菜肴，就是美国"chop suey"（杂碎）的祖先之一。[12]要说饮食方面，热衷于吃小麦和羊肉的北方汉族人，早就与长城以外的邻居们水乳交融，恰如他们与鱼米之乡的南方同胞血脉相连。

多年来，我的人生道路也和中国各地的回族人多有交织。我在偏远的西藏村庄吃过回族人煮的面条；西安的清真大寺，恢弘壮美令我沉醉流连（那至今仍是我在全中国最喜欢的建筑之一）；我游览过甘肃和云南繁华的回族城镇，寻访过扬州历史悠久的穆斯林墓地，先知穆罕默德的后裔普哈丁就于十三世纪在那里下葬；我还在成都大快朵颐著名的清真菜"夫妻肺片"。我曾与回族肉贩、面点师与拉面师傅共度时光，讨论他们的食谱，并"自取其辱"地尝试了把一块面团拉成缕缕细面。最美好的是，我在中国首都北京，享受过他们的美食与陪伴。

牛街清真寺，始建于公元十世纪，是北京最古老的穆斯林礼拜中心。寺内建筑群以礼拜大殿为中心，和大多数中国清真寺一样，建筑时将伊斯兰图纹与中国传统建筑结为金玉良缘。牛街曾被街坊邻里称为"清真寺街"，但随着该地区因经营清真牛肉而闻名京城，街和清真寺都被重新命名。如今，清真寺周围的胡同里依旧遍布回族人经营的商店和餐馆。在牛街旁边的输入胡同（原名"熟肉胡同"），空气中弥漫着羊肉和牛肉的香味，有生的、有熟的，全都从肉店和熟食店飘散出来。人们排着长队购买甜味糕点、煎饼和洒满芝麻的牛肉烧饼。来到牛街，你可能会有那么一瞬间恍惚，以为回族人就这样聚居在这个方寸之地，但他们的美食与文化影响其实遍布中国的首善之区。

一个阳光明媚的冷冽冬日，我和几个朋友在"烤肉季"见面。这家餐馆位于后海，北京老城一个风景优美的湖泊，曾经是满清贵族青眼有加的游玩之地。我们被领着上了楼，来到一个包间，透过巨大的玻璃窗可以欣赏到胡同里古雅的灰瓦屋顶，连绵不断，一直可以眺望到远处的鼓楼和钟楼。包间中央有个巨大的圆形炙子，齐腰高，下面闷烧着一堆松木柴，发着微微红光。柴火下方的烤架周围是个环形平台，上面摆着饭碗和一碟碟食物，还有像乐队指挥棒那么长的一双双筷子。

热气缭绕，烤架已经被熏得焦黑。我们围炉而站，烤肉师傅把一碗碗酱油腌羊肉放在烤架上。我们拿起巨长的筷子，翻动肉片，让它"滋滋"冒着热气，焦香与木头的烟熏味混杂交织。肉块烤熟了，我们又加上银白发光的脆大葱丝，最后撒上一把香菜叶。师傅指导我们将羊肉夹到烤架两边，形成一个个小堆；中间空出一片来，再放入鸽子蛋，用碗罩住每个小堆，直到蛋也被蒸熟。接着我们换了普通的筷子，享用鲜嫩多汁的羊肉，有些人还按照传统的做法，边吃边把一只脚搭在矮凳上。吃到最后，羊肉已经变成棕褐色，香气四散。我们一早在烤架周围摆了芝麻饼，现在热乎乎的，正好把剩下的所有羊肉加进去，风卷残云地吃掉。

和涮羊肉一样，烤肉也是回族特色菜兼北京经典美食之一。几年前，我在北京一家清真餐厅吃饭，著名的回族大厨艾广富讲述说，最初卖烤肉的是回族街头小贩，他们在小车后面架起滚烫的炙子，烤制切片的牛羊肉。后来，这就成了餐馆的特色菜，既可以用传统方法烹制，也可以下锅炒制（如果是炒制，那就是著名的"葱爆羊肉"）。英国汉学家蒲乐道（John Blofeld）曾经以迷人的笔触描写过1930年代在北京度过的几年时光，里面有顿饭，几乎和我与朋友们享用的那顿一模一样，只不过他和同伴们吃饭的地点是在四合院的露天院子里，周围是"齐脚面的紧实积雪"。他说，那顿烤牛肉"比我吃过的任何同类食物都要美味"。

有位当时某京剧团的名角儿和蒲乐道一同用餐，他对蒲解释说："我们中国人向来喜欢对从邻近民族那里借来的东西加以提炼精修，变成完全符合我们口味的东西……长城那边的游牧民族烤肉，是在大风呼啸的沙漠里，用剑或扦子挑在用粪堆生的火上，而我们把它变成了这样！"[13]

慈禧太后特别喜欢的菜肴"它似蜜"，也是回族特色。传说一位清廷御厨曾用大量发酵的姜和糖调和成姜味浓郁的酱，为慈禧做了一道快手炒羊肉，香气扑鼻、甜蜜可口，慈禧大悦，赐名"它似蜜"。这道菜后来成了"东来顺"的特色菜，那是清末民初红火起来的北京回族穆斯林大餐馆之一。时至今日，光顾东来顺，还能吃到这道菜。清朝宫中的御膳总是融合了多样的饮食特色：满族统治者的游牧传承、靠近东北的山东省厨师们的精湛技艺；而乾隆皇帝在十八世纪末微服私访江南，爱上江南饮食之后，宫廷中就有了来自扬州和苏州的精巧细腻风味。

数百年来，有许多回族人在首都从事餐饮业。除了涮羊肉、烤肉和它似蜜这种并非家常菜的特色之外，北京还有很多重要且受欢迎的街头小吃要么是回族人发明的，要么通常由回族师傅来制作。比如撒满芝麻的烧饼，一开始是汉朝时来到中国的中亚人制作的，有的包裹着浓厚的芝麻酱，有的则流淌着甜蜜的红糖。另外还有配芝麻酱的爆羊肚和白水羊头，以及异彩纷呈的糕点酥饼。位于老北京城西北的护国寺小吃街是北京最有名的街头小吃"圣地"，这就是一家大型清真餐厅，无论是本地居民还是外地游客，都能在这里吃到颇让人怀旧的北京吃食。

每个社会都会存在一些外人难以理解的独特饮食偏好，比如伦敦的鳗鱼冻、法国的肠包肚和绍兴的臭苋菜梗。北京也有这样一种饮品，恰好也是回族特色，那就是豆汁，用绿豆发酵制成的古怪饮料。外地人通常会觉得这浑浊的灰绿色液体气味难闻，喝一口就让人敬而远之。但地道的"老北京"却热爱这东西，尤其爱在早餐时配上香脆的焦圈和咸菜，喝得吸溜吸溜。豆汁的副产品是发酵绿豆的沉淀物，回族人会用羊油将这个豆渣与黄豆、雪里蕻碎和韭菜一同翻炒成一盘灰麻麻的成菜，最后淋上一勺干辣椒油。这道菜和麻婆豆腐天差地别，名字却令人疑惑地相近，叫"麻豆腐"，味道很抚慰口腹，口感有那么一点像奶酪，是我个人眼中无与伦比的至上美味。它和北京烤鸭并列我最喜欢的北京美食榜首，但与后者相比，因为在世界其他任何地方都吃不到，所以格外令人激动。只要回到北京，我最想吃的就是羊油麻豆腐。

前不久，一位年长的回族厨师，也就是"老金涮肉"老板的父亲，邀请我去他家和一位朋友共进午餐。他家住在天桥，曾是老北京们外出就餐、观看杂技京剧等表演的娱乐区。他家门外挂着个彩釉的牌子，用颇具书法韵味的阿拉伯文和汉字同时祈求"真主保佑"。金师傅身穿紫色 T 恤，头戴白色刺绣礼拜帽，热情地迎接了我们。他已经八旬过半，但精神矍铄，充满活力，看上去比实际年龄要年轻很多。已经退休的他是清真餐饮业经验丰富的老师傅，曾为末代皇帝的亲弟溥杰做过饭。几乎就在我们进门的同时，他就回到了家中狭长的厨房，那里正在准备一桌老派回族特色的盛宴，包括一些早已在外面餐厅不见踪影的菜肴。他一边做饭，一边用激烈而铿锵的语调与我交谈，仿佛还在大后厨做总指挥。

很快，我们就在客厅的餐桌旁就座了，周围的墙边都靠着玻璃门柜子，里面摆满了新奇的小玩意儿，还挂着一幅装裱好的伊斯兰书法作品：黑底金字，流畅飘逸，挂在最显眼的位置。你应该可以想象，那是一顿多么美味又让人回味深思的午餐。我们吃了芫爆百叶、醋熘木须、糖醋鱼片、江米烧饼，还配了汤和烧饼，最后是用糯米饭和红豆沙一层层堆叠起来蒸熟、放凉再切片的米凉糕。我们一边享用美食，一边畅聊金师傅的生平经历、回族的烹饪艺术和他熟悉的老北京餐馆。

午饭后，我竟然不由自主地想到了炸鱼薯条。也许，最有英国特色的饮食方式，就是坐在起风的滨海长廊上，脚趾之间夹着沙子，吃着包在报纸里的炸鱼薯条。然而，研究食物的学者们认为，裹上面糊炸鱼的方式，是由犹太移民从伊比利亚半岛带到英国的。岁月流逝，英国人将其采用并加以改良，成为本国最引以为豪的民族菜肴之一。同样的道理，回族的食物也打上了古代移民迁徙和与中亚等地区民族交流的烙印，然而它们本质上都是中国菜。涮羊肉、烤牛羊肉、羊油麻豆腐等所有的回族菜肴与小吃，都是最正宗的中国特色，正如炸鱼薯条是最地道的英国特色。这些吃食已经贯穿了北京生活纵横的纹理，人们无法想象，没有了它们，这座城市的饮食还将如何继续。

话说回来，究竟什么是"中餐"呢？人们常常将这个概念与中国的主体民族汉族的文化与特征混为一谈。然而，泱泱大中国，一直以来都是民族、语言和风味的大融合。早在遥远的古代，北方和西北方的文化就已经深受外来影响，而南方则有多个不同的部落安居乐业。幅员辽阔的中国，不仅包括了黄河流域古老的汉族中原，还有西藏、新疆和蒙古等广大地区。当代中国西南部的云南省，有着多姿多彩的文化与饮食，融汇一体；如果与北方的西安等地相比较，其中很多其实与邻国的越南、老挝和缅甸人更为相似。当然，还有回族人，他们遍布全国各地，日复一日地生活、工作和饮食。

老金涮肉店里的墙上挂着金家四代大家长的肖像，每一位都曾从事过回族餐饮业。姗姗和我这顿饭快吃完了，手切的羊肉片和肚条当然已经全部下肚，还有些白菜、面条和豆腐可供悠闲地烫涮一番。服务员给我们送来芝麻烧饼，作为填饱肚子的主食。这顿饭就是原汁原味的北京吃食，也是"中餐"在历史长河中兼收并蓄的生动缩影：羊肉当然是一例，此外还有芝麻胡饼、肥嫩的蒜瓣、香喷喷的芝麻和香菜，它们都在汉朝的某个时候从西域东来，也曾一度被贴上"胡"这个标签；对了，还有辣椒，最初是明朝末期从美洲经海路传入中国，还曾像"胡椒"一样，被冠以"番椒"之名——"番"是对海外来客的旧称。

我，一个身在北京的老外，长期研习中国烹饪艺术的学生，非常满意我们这顿涮羊肉的午饭，不但口腹饱足，情感上也是心满意足。我一直很爱听著名的宋嫂鱼羹与陈麻婆豆腐这样的故事，因为会由此联想到女性在中餐历史上所起的重要作用。同样的道理，我也从回族人以及他们的美味小吃与菜肴中找到慰藉、情谊和灵感。我很高兴能从中联想到中国多元文化的过去和现在。这就意味着，这片热土上也会有我的一席之地。万里长城看上去的确雄伟壮观，但其实一直是虚幻的假象，中原和所谓"蛮夷"之间的分界线其实从来就不存在。我们早就混而群居。即便在中国的首都北京，也不仅仅能找到传统的中餐，还能找到源自中亚的食物。北京有广袤的草原，也有农耕平原。在中国这个主要吃猪肉的国家，回族人也依然保持不吃猪肉的传统，这是他们与占人口绝大多数的汉族截然不同的标志，但他们也是中国人。猪肉当然非常"中国"，但羊肉也非常"中国"。

"曲"尽其妙：醉蟹

　　要是去绍兴寻访酒厂，可能会路过一堆碎砖，由某种粗糙、苍白、多孔洞的材料制成。你也许会想当然，觉得这是建筑工人疏忽偷懒留下的建渣。但这些"砖块"，这些并不起眼的东西，其实是中国餐饮中非常重要的原料。饭菜碗里是看不到它的身影的，也不可能直接闻到气味或尝到味道，但它无形地存在于几乎每一餐"中国饭"当中。这不仅是一种食品配料，甚至是一种用于制作佐料的配料，是中国"可食"文化中某些最重要部分的起源。它就像一个精灵，让中国的食物和饮品焕发出勃勃生机。

　　这些砖是由一种名为"曲"的东西制成的，发音听起来像英文里的"choo"，但更温柔软糯。"曲"的样子有点像珊瑚礁，内部充满了干燥的微生物、酶、霉菌和酵母菌，只要一遇到水，就会活泛起来，随时准备到各种食物（尤其是淀粉类）身上撒欢儿。日本人从中国了解到"曲"，将其称为"麹（koji）"，英文中有时直接翻译成"ferment"（发酵）。曲中所含的微生物一旦被唤醒，就会让煮熟的豆类、大米等谷物产生神奇的变化，将它们内部本来结构紧密的淀粉分解成单糖，再把单糖发酵成酒精，与此同时激发出种种奇妙风味的芬芳。正是"曲"，将大豆点化成了酱油和酱；也是"曲"，作为催化剂，让大米、粟米等谷物发酵成酒精饮料和谷物醋。毫不夸张地说，中国菜之所以成为中国菜，"曲"是关窍之一。

　　自新石器时代起，中国人就开始用大米和粟米酿造酒精饮料。将谷物转化为酒（英文中的"wine"、"ales"等各类"liquor"，在中文中被统称为"酒"）会面临一些特别的挑战，因为它们和葡萄等水果不同，并不包含能直接喂饱酵母并被其转化为酒精的糖分。要想发酵谷物，必须先将其中的淀粉进行糖化水解，把它们分解成酵母可以消化的糖分。谷物酿酒要经过很多步骤，比用葡萄发酵酿酒要复杂得多——正如黄兴宗所说，葡萄的发酵是自发的，"几乎无可避免"，因为果实中的糖分和果皮上的酵母很容易发生作用。[1]谷物则与葡萄不同，对发酵没有那种天生的热情，因此需要鼓励。北欧的人们用麦芽（又称为"蘗"）来"诱骗"谷物变成啤酒。而中国人则在很早的时候想出了另一种办法，就是利用强大的"曲"家介质军团（包括各种曲霉属、根霉属和毛霉属的霉菌）来发挥神力。[2]

中国人用于酿酒和造醋的曲，是用谷物、干豆或两者的混合物磨成的，原料或生或熟，通常还会掺入芬芳的香草，其味道缠绵于成品之中。打湿混合物，做成块状，存放于阴暗潮湿的环境当中，以促进大量霉菌和酵母生长壮大，逐渐"殖民"。等这些小块上的霉菌生长适量了，就进行干燥，可以保存很长时间。曲的种类很多，超市里很可能至少能买到一种：如粉笔一样白色的小球或是片状物，可以买回去自制酸甜的米酒。绍兴出产著名的黄酒（又称"黄金酒"），其用于发酵的曲子是用小麦粉做成的；而四川保宁醋的"催化曲"则是用小米、小麦和红薯混合二十种左右的草药制成的。还有一些类型的曲，直接长在发酵产品主要食材的表面：比如，蚕豆焯水后撒上小麦面粉，任其发霉，这是制作四川香辣豆瓣酱的步骤之一；在制作酱油、酱和豆豉的过程中，会将煮熟的黄豆撒上面粉，任由它们慢慢披上一件"曲"衣。

中国人究竟是如何发现曲的奥妙以及它在酿酒中的作用，这至今还是一个谜。但根据一些历史和考古证据，这至少是四千多年前的事，甚至可能还要早得多。黄兴宗推测，中国最早在新石器时代用大米和粟米酿的酒，很可能是用发芽谷物中的酶来进行糖化[3]，很像今天啤酒的制作（中国已经不用发芽的谷物来酿酒了，但仍然沿袭数千年来的传统，会用它来把淀粉含量高的谷物转化为麦芽糖）。他认为，过了一阵子，人们一定注意到受霉菌"污染"的熟谷物酿酒特别香，并且意识到他们可以把这些长了霉菌的谷物进行干燥和存储，而其效力依然。

无论是何种情况，到六世纪，贾思勰的农学著作《齐民要术》中首次详细介绍了"曲"的培养方法。[4]书中分别用四卷内容阐释了九种曲的制作方法，这些曲又可以用来酿造三十七种酒。只有一种曲是粟米制成，剩下的都是用生熟小麦，以不同比例混合，加以碾磨，与水调和，得到有颗粒感的糊状物；有时候会加入草药，制成饼状，放进专门的棚屋内进行发酵，并严格注意卫生和环境条件。贾思勰的方子中涉及一些神灵之说，也在此体现了"曲"能转换谷物状态的神奇效能，其中包括用于祭祀时的颂辞咒文和向神灵跪拜敬献。有种上乘发酵剂甚至被称为"神曲"。贾思勰的发酵剂不仅用于制作酒精饮料和发酵豆制品，还用于发酵肉酱和鱼酱。

中国饮食文化的方方面面，无不令我着迷，但在"酒"这个主题上，我实在知之甚少，还是个门外汉。这是一个博大精深的领域，涉及发酵和品鉴甘醇的米酒、热辣的高粱酒和其他很多酒类。我的中国朋友和相识们总批评我对酒缺乏兴趣："我们都说饮食文化，饮和食是完全相辅相成的。你对中国美食这么感兴趣，怎么能不研究'酒'呢?"我没有涉足"酒"这个领域有两个原因，第一个有关学术：中餐这个主题包罗万象，浩如烟海，能让我马不停蹄地研究到生命最后一刻，我的脑容量已经不足以支撑去探讨同样深不可测的酒文化了；第二是出于实际的考虑：要是喝醉了，我还怎么深入思考美食，和饭搭子们进行讨论，还做大量笔记呀?

但凡是中国人，或者在中国生活过的外国人，都会知道，参加中国的宴会，很难做到"适度"饮酒。只要你参与了第一轮敬酒（通常是高度白酒），之后就会敬个没完没了，避无可避、逃无可逃，直到你"喝茫"。在中国的宴会上，要是按照自顾自的节奏喝酒，会被大多数人视为不太礼貌的行为。不过，我作为女性，还是有很大优势的，因为直到现在，女性喝酒的社交压力也比男性要小。要是我在宴席一开始就说明自己是滴酒不沾的，通常都能逃过去。但几年之前的山东之行是一次例外，那里的人敬酒之热情卖力，简直已经是必然的惯例，实在推诿不过，比我去过的任何地方都要不可抗拒。几乎每顿饭我都被迫喝得醉醺醺的。那次旅行时我做的笔记实在混乱不堪，字迹在纸上滑来扭去、交叠碰撞，让我对那些纵情饮酒的日日夜夜永生难忘。

不过，酒也有烹饪方面的用途。烈酒可以用于腌制，抑制细菌生长。每位四川老太太都会在泡菜坛子里加点白酒。白酒偶尔也用于做菜，比如上海人最喜欢的"酒香草头"。而在中国许多地方，更常见的厨房必需品是一瓶比白酒更温和的料酒——就像你在国外每家中国超市都能买到的基础款绍兴酒。它们的酒精度与雪利酒差不多，通常用来给鱼和肉去腥。数千年前，伊尹就讲过这种腥味；在四川烹专学习时，我的老师们每堂课也都会提到。料酒和盐、酱、葱，是鱼、肉、禽的腌料不可或缺的"四大金刚"，像红肉以及腰子之类的下水，这些腥味特别重的食材，腌制时就要多放料酒。蒸鱼时放一些料酒，好像确实味道更为细腻鲜美了；猪肉熬汤或炖煮时放一点料酒，好像确实更为和谐润口了。不过素菜中就很少加料酒了。

还有一种酒，能为中国各地的甜味菜肴增添一缕幽香，而且在家也能轻松制作：发酵糯米酒，四川称之为"醪糟"，湖南称之为"甜酒"，江南地区称之为"酒酿"。自制醪糟，可以让你体验"曲"的神奇魔力。你只需要将一些糯米浸泡后蒸熟，趁其温热时，加入一些曲粉（可以购买那种球状的曲子，然后用杵钵舂碎），放入一个干净的深盆，在糯米中央挖一口小"井"，将深盆覆盖住，放在温暖的地方静置数日。在这"隐居"的过程中，奇迹慢慢发生：曲中的微生物积极消化糯米中的相关物质，将淀粉转化为一系列的糖、乳酸、氨基酸、酒精和芳香分子，并激发出各种相应的风味，留下了食品与科学专家哈罗德·麦基（Harold McGee）所说的"糯米幽灵"，即漂浮在香醇酒液中、已经"半瘫软"的米粒。[5]这种酒糟有时被用于蒸鱼或腌制猪肉，但最常见于中国人喜爱的甜汤中。江南地区有道特色美食叫酒酿圆子，是一种散发着淡淡酒香的甜汤，糯米团子漂浮在丝丝缕缕的蛋花与金黄的桂花碎中。四川的女性在分娩后也会用类似的甜汤来补充营养，里面还要额外打上一个荷包蛋。（这种未经过滤，有些浑浊的酒，中国人已经饮用了数千年。据说唐玄宗的爱妾杨贵妃就饮用过这种酒；而在曾经的唐都，今日的西安，各个餐馆都会提供贵妃同款酒。）

全中国的人们做菜，都会用到米酒，但真正让其独立出来熠熠发光之地，则是江南。在那里，米酒不仅仅是为肉类去腥或加入甜品菜肴的调味品，而且本身就是一种重要的风味。你应该可以想见，没有什么地方比绍兴更适合探索酒在烹饪中的使用了，这里素来有"黄酒之乡"的美誉，两千多年来一直是中国的酒类生产中心。

几年前我去绍兴的时候，唐宋酒厂的员工韩建荣带我参观了他们生产酒的地方。他讲述说，绍兴酒的酿造需要特殊的风土条件，主要成分是糯米，水则是井水与附近富含矿物质的鉴湖水，当然了，还要加入神奇的曲。他说，每年冬天的生产季开始时，他们都要祭拜"酒仙"，即以嗜酒狂放闻名的唐朝诗人李白。酿酒开始，先将糯米浸泡十五天，蒸熟（"过去是用柴火来蒸"），铺在竹席上晾干，加入曲来发酵，接着进行压榨，提取酒液，再进行巴氏杀菌，装入手工陶坛子，可一直放置三十年，越陈越香。酒厂里有大仓库，堆满了坛子。坛子外部抹上了一条条用于清洁的石灰，坛口用荷叶、竹叶和稻谷壳混合密封。"这些坛子也是必不可少的，"韩先生说，"能给酒增添某种香味，就像用紫砂壶来泡茶。"

酿成后的酒，颜色从琥珀色到石榴红的都有，所以被称为"黄酒"。参观完工厂后，韩先生邀请我们去参加品酒会。他说："绍兴酒在甜度、酸度和酒精浓度的平衡上与日本清酒相似，当然还有那种复合型的鲜味，来自发酵产生的多种氨基酸。"从干型到甜型，绍兴酒分为四大类。有趣的是，上了桌，它们可以调和品尝。比如，要是客人嗜甜，就往干型酒里面加点甜型酒。韩先生介绍说，半干型的黄酒，酸、甜、苦、辣、涩，各种味道的平衡协调是最好的，因此是饮用和烹饪某些菜肴的首选。"要做醉蟹（drunken crabs），"他说，"我推荐八年陈花雕。"

中国人一直视酒为活血化瘀的良药，唐宋酒厂也会酿造浸泡了草药等传统补药的药酒。米酒在日常饮食中也有药用功能。比如，吃大闸蟹必少不了喝黄酒佐餐，因为传统饮食学认为，黄酒性温，可以中和大闸蟹"性寒"带来的潜在风险。人们很少在吃主食时饮用任何谷物酒：据说酒和谷物一同下肚，可能引起胃脏中不健康的发酵反应。所以，在中国宴席上，谷物做的食物从来都要在尾声才上桌，那时所有的敬酒已经结束，菜品也享用完毕。如果参加正式的中式晚宴，你在结束前接过了服务员端来的米饭或面条，大家就会认为这是个信号，表明你酒已经喝到位了。

在经历了数十年城市开发之后，绍兴依然保留着浓郁的运河古镇风情，这在江南可谓凤毛麟角。你可以漫步在小街上，欣赏两旁灰瓦白墙的房屋，蔓枝的窄巷通往运河岸边，石阶向下，隐没在河水之中。古色古香的小店，有的售卖装在木头小抽屉里的中草药，有的卖黄酒和霉干菜。误入一处小院，有人在地上铺了张竹席，在灿烂的阳光下晾晒一群小银鱼。一位老人贩卖着用香料卤好的鹅蛋，每一个都皲裂破壳，像古老的大理石；还有炸鱼，可以做"香香嘴"，边走边吃。运河边，居民们坐在树荫掩蔽的露台上，周围摆满了盆栽：西红柿、茄子和色彩鲜艳的花朵。在水边瓦屋顶长亭的阴凉下，一个街头小贩正在烧得焦黑的炭火炉铁架上摊饼，趁面饼还没冷却变硬，赶紧塞入坚果和糖馅儿。对面，一名男子正洗着盆子里的衣物。

当地人说，绍兴生活与生计的核心，离不开"三缸文化"，即酒缸、酱缸和染缸。老城的小街上弥漫着发酵的香味，尤其是霉干菜的香味，真是浓郁上头。那是一种当地特产，由某种芥菜用盐腌制后晒干制成。商店里出售不同种类和年份的霉干菜，还有鱼干和腐乳。一坛坛绍兴黄酒半包在竹编的提篮中，有的表面还绘有颜色鲜艳的吉祥图案。在绍兴，酒能代表不同的人生阶段。新生儿满月第一次理发，家人们要畅饮"剃头酒"；有女儿出生，人们会埋下几坛酒，等她将来结婚再拿出来饮用（有些绍兴黄酒至今仍被称为"女儿红"，红色是婚礼等庆祝活动的喜庆颜色）。

即便是游客攒动的古镇中心，成群结队的小学生在中国著名现代派作家鲁迅的故居周围聒噪地嬉闹，过去的古风古韵依然得以保留，有书法家在定制的扇面上写诗。当地的舢板有竹编的棚顶，全都漆成黑色，所以叫"乌篷船"，都从狭长的运河上漂流而过。一栋传统风格的低矮建筑大门敞开，挂着写有"咸亨酒店"的大招牌。进入店里，你可以坐在木桌旁，品尝绍兴黄酒，用散发着八角香味、颇有嚼劲的茴香豆和卤山雀腿当下酒菜，恰似在英国酒吧里用薯片和炸猪皮下酒。这间酒家将小说里的场景变为了现实：灵感来源于鲁迅笔下的同名小酒馆，故事的主角是个遭尽白眼的穷书生，名叫孔乙己。

我第一次去绍兴，咸亨酒店的行政总厨就邀请朋友们和我去吃午餐。总厨名叫茅天尧，为人低调谦和，是绍兴饮食文化的重要传承人之一。他曾写过一整本书，详细论述了当地人最喜欢的霉干菜。他那种热爱家乡的满怀激情，极富感染力。开吃之前，我们先喝了点黄酒，是从一个装饰着祥鱼纹样的老式锡壶中倒出来的，壶嘴尖尖的，很像茶壶。

那时候，我对中国饮食的探索之旅已经持续了超过十五年，然而那天茅先生端上桌的菜，我可谓前所未见，也由此点燃了我此后对绍兴风味长久的热爱与痴迷。除了被鲁迅的文字赋予标志性地位的茴香豆，我们还吃到了霉干菜扣肉。霉干菜赋予五花肉一种近乎马麦酱①的浓郁口感。包裹在竹叶中的"扎肉"，放凉上桌，肉汁已凝固成冻，"封印"了肉块。另外还有竹笋火腿鱼丸汤，弹嫩的鱼丸不断

---

① 马麦酱（marmite），盛行于英国、新西兰等地的一种酵母酱。

颤动着，柔软得如同奶脂。佐餐的小菜都经过发酵，风味十分强烈。

席间有好几道菜加了黄酒。经过窑熏的黑枣，用黄酒浸泡，风味仿佛带酒香的正山小种红茶。类似的浸泡方法也会赋予"醉鱼干"一种独特的芬芳。还有种我之前没见过的调味品——绍兴酒糟，酒发酵之后留下的棕黄糟渣。酒糟晾干之后，可以和咸鱼分层码好，让后者平添一种迷人的香味。酒糟还可以加水、盐和其他调料，一起煮沸后过滤，得到"糟卤"，这是一种堪称"万灵水"的卤汁，带有花香和类似鱼露的强烈鲜味。内脏、海鲜、新鲜蔬菜煮熟之后，都可以用糟卤来浸泡。那一餐，茅先生给我们呈上"糟鸡"，一条条带黄皮的鸡肉，水煮过后浸泡在咸味酒糟卤水中。上桌的盛器是一个陶坛，里面的糟鸡清凉、肉质弹嫩、芬芳扑鼻。"这是年夜饭桌上必不可少的一道菜，"茅天尧说，"曾经，糟鸡的目的是为了能保质一个星期左右，现在我们主要是品尝风味。"

绍兴的酒香在江南地区和其他地方派上了更多的用场，很多独辟蹊径，富有想象力。烤"叫花鸡"时，用来包裹鸡的湿黏土中掺了酒糟，那独特的香味与包裹鸡的荷叶清香可谓相得益彰、美味天成。西方用老橡木酒桶装红酒进行熟成，可为酒的风味增色；同样，曾经装过绍兴酒的陶罐，也是福建宴席佳肴"佛跳墙"的必备食器：据说，这道由干鲍、鱼翅、海参等各种名贵食材炖煮而成的菜，香味飘散过寺庙的院墙，令人无法抗拒，连"四大皆空"的和尚都会破戒，违背终身吃素的誓言。当然，大量使用绍兴黄酒，也是东坡肉无上美味的关键所在。

元朝之前的某个时期，出现了一种新的曲。[6]特定条件下，在米粒上生长的霉菌微生培养物中，红曲霉菌大量繁殖，"红曲"由此诞生，后来成为华东南福建省的特产。当地的一些酒类和炖肉等菜肴中会加入酿酒后剩下的红色酒渣，于是被涂抹上一层漂亮的玫瑰色。"红曲"还被添加到卤水中，制成一种独特的发酵腐乳（即"南乳"），使豆腐块呈现深粉色。这还是一种传统的"可食用色素"，用于在甜味糕饼与饺子馄饨上点红点，或者绘制吉祥图案。西方的大部分中国超市都出售袋装的干"红曲米"，干燥的米粒上覆盖着一层紫色的霉菌，用水泡过之后就变成品红色。

绍兴很好，于我更是"情人眼里出西施"。依我之见，米酒以及相关的菜肴，只不过是这里广博美食的皮毛。当地人热爱发酵和腌制食品，并由此被激发了天马行空的创造力，发明了一系列的"臭霉菜"。臭豆腐，即用发酵蔬菜制成的卤水浸泡的白豆腐，在江南地区随处可见。但在绍兴，刚才提到的工艺不过是引人入胜的奇特风味探秘之旅的第一步。这里的人们做臭味的卤水，首先要采摘生长过头的木质苋菜梗，切成食指长短的小段，放在陶坛中任其腐烂，直到飘出像堵塞的下水道一样恶心的气味。苋菜梗本身会散发一种很上头的"香气"，既让人不安，又被不由自主地吸引。当地人将臭苋菜梗放在豆花或肉饼上蒸熟，让后两者也有了那种奇异的风味。做好之后，就可以吸干苋菜梗中残存的浆状皮肉，留下一个硬硬的空管。发酵苋菜梗的盐水不仅可以用来卤豆腐，还可以卤绿叶菜和南瓜等其他食材，让所有的东西都散发那种让人欲罢不能的"香臭"，和熟成好的卡门贝软质奶酪有异曲同工之妙。这些臭霉菜肴，还有酱菜和鱼干，与绍兴酒的醇香是别处难逢的绝配，实为中餐领域绝无仅有的天作之合。

与糟鸡类似的还有"醉鸡"，浸润在以绍兴黄酒做基底的咸卤当中，也用相得益彰的陶罐盛装上桌。"醉鸡"属于庞大的"糟醉"菜家族，在某些菜肴中，主材比醉鸡中的鸡要"醉"得更狠些。1990 年代末，托一位上海朋友的福，我第一次品尝到醉蟹，做法是将活的河蟹先浸泡在高度白酒中，再用加了酱油、糖和各种香料的风味黄酒浸泡一两天。传统上，这已经烂醉至死的螃蟹都是生吃的——中国人一向拒绝吃生食，但这是个具有地方特色的例外（他们的借口是，酒精可以抑制有害细菌，而浸泡在酒中，对原本的生鲜原料其实是一种改变性状的腌制）。那次与醉蟹的初遇在我的味蕾上打下了永久的烙印。蟹肉与蟹黄冰凉、黏滑而爽口，淡淡的酒香让人唇齿生辉，美味得让我浑身战栗。它们柔滑奢腴堪比鹅肝酱，但又同时拥有生蚝的清爽诱人。我一生吃过不少美味佳肴，但醉蟹绝对接近我饮食乐趣的金字塔尖。

最近，上海政府从健康考量出发，禁止食用生醉蟹，我由此发现它们和其他淡水生鲜一样，可能携带肝吸虫等可怕的寄生虫——所以人类才努力摆脱"茹毛饮血"的日子呀。如今，遵纪守法的上海餐馆只供应经过蒸制的熟醉蟹：美味当然还是美味的，但缺少了那种来自原始本能的、叫人欲仙欲死的冲击感。生醉蟹已经是种不合法的享受了，刺激而危险，只能找私厨特别订制。在某些角落当中，上海的老饕们还能吮吸到生醉蟹那鲜香湿滑的膏与黄，释放其野性的一面，那被文明的缰绳束缚住却渴望在森林中赤裸奔跑的一面。回到自己身上，我通常不喜欢醉在白酒中，却心甘情愿地沉陷于糟醉菜的温柔乡，尤其是醉蟹。到目前为止（老天请继续保佑我！），我还很幸运，没有遭遇肝吸虫等不速之客。我每每与十七世纪的剧作家李渔一样：美蟹入梦乡，人与蟹同醉。

万物可入菜：虾籽柚皮

如果事先对这道菜没有了解，你绝对猜不到吃的是什么。一两个光滑的半圆形球体，浸在光亮的棕色酱汁中，上面散布着极小的黑点，是一些虾籽，用勺子舀到碗里就可以吃了。不管是什么，这东西形状保持不变，但口感很软，像土豆泥。吃到嘴里，感觉只能用"熨帖"来形容：半流质，柔软又温暖，肉汁的咸鲜让人回味无穷；你会感觉自己回到了婴儿时期，母亲正充满爱意地用勺子喂你吃东西。

虾籽柚皮（Braised pomelo pith with shrimp eggs）是粤菜中的特色美食，深受食客们的喜爱，还促使广东的农民专门培育了新品种的柚子：瓤很厚，几乎没有果肉（有点像培育一只全是鸡翅和软骨的鸡——当然，要是条件允许，他们无疑也会这么做）。用柚瓤做菜，可谓费时又费力。[1]首先要用削或明火炙烤的方式去掉最外部那层闪着光泽的薄皮。接着把瓤切成大块，在冷水中浸泡两天或更长的时间，这期间要不时去挤压和换水，以去除瓤的苦味。浸泡完成后，把水分挤干，并剔除内壁表面残留的任何纤维杂质。（到这一步，有些厨师会把瓤放入猪油中浸煮，赋予成菜肥肉的丰腴感，同时入口即化。）接下来，将瓤放进奢侈的上汤（用大地鱼干、猪腩肉和鲮鱼肉、虾米、瑶柱、火腿以及大蒜或葱等不同配料熬制而成），小火焖炖数小时。最终，柚瓤吸收了上汤中所有的风味，放在盛盘上；舀出一点汤汁，加入一点蚝油，配上微炒过的美味虾籽，浇在轻柔的"柚瓤小丘"上；也许还要再撒一点虾籽收尾。

究竟会有谁，能想到将柚子中间这层毫无吸引力、如棉絮一样不讨人喜欢的瓤变成如此绝妙的美食？真是难以想象其过程和原因。但不管是谁，他都是中国人，而这种惊人的烹饪想象力和技术独创性正是中餐的典型特色。

在技艺精湛的中餐厨师手中，食材几乎不分贵贱，也没有什么东西是不可以完成"华丽转身"的。英文谚语中说："母猪耳朵做不成丝绸钱包。"但中餐厨师可以，他们可为无米之炊、可点石成金、可雕朽木成玉。就拿母猪耳朵本身来说，他们可以用其做成让唇齿留香的凉菜，或是层层叠叠的黏糯肉冻，脆韧的白色软骨或晶莹剔透的皮冻。白萝卜皮削下来，可以做成一咬就断的脆嫩泡菜。有些四川人甚至喜欢吃嚼劲十足的红油猪上颚，他们将这个部位誉为"天堂"。在峨眉山附近的一家餐馆，我曾品尝过一道用细长核桃茎做的美食。辽阔的中国国土上，各地的人们用各种奇奇怪怪的食材做菜：生长过头的木质苋菜梗；鱼肚鱼鳔鱼内脏做出来的菜不仅可以食用，而且美味至极。

说到底，该怎么来定义何为"食材"呢？大多数人可能会达成一致意见，就是食材必须能食用。但哪些东西可食用呢？显然，这个问题的答案就非常主观了，要放在特定的文化背景下来回答。典型的英国人可能会认为腐坏发臭的（蓝纹）奶酪可食用，但这东西会吓坏很多中国人；同时，英国人看到法国人特别喜欢的蜗牛和青蛙腿，也会觉得过于可怖。对于"这个能吃吗"的问题，我们每个人都有自己的答案。

但除了这些文化差异之外，我一直认为，对于一个技艺精湛的中餐厨师，不仅是答案，这个问题本身也与任何典型的西方人所能问的有着深刻的不同，甚至可以上升到哲学的层面。中餐厨师要回答的问题，不是"这个能吃吗"而是"我怎么才能让这个能吃"。柚子瓤这种常人无法想象的"食材"，就像甩到厨房台面上的一纸战书。

中国人对饮食的态度一直非常开放，除了某些少数民族和宗教群体（比如不吃猪肉的穆斯林和严守佛门清规不沾荤腥的佛教徒），他们向来百无禁忌。中国没有复杂的种姓制度来规定什么可以吃、谁应该吃什么。历史上的中国统治者曾多次颁布诏令，禁止食用牛肉，但原因也不在于宗教，而是有实用意义——牛是农民耕种田间的重要助手。同样，中国人忌吃生食也并不绝对，而且也部分是出于很实际的考量——吃生食容易得病。这在用"夜香"（人的粪便，英文中也叫"night soil"，直译"夜土"）做肥浇田的文化中是相当合理的。当然，一方水土有一方水土的好恶，但都算不上什么禁忌。即便中国人对乳制品不那么感冒，但实际情况也被夸大了，因为中国人的饮食生活中是一直给某些乳制品留有一席之地的。

纵观中国历史，"食材"这个概念，其实不怎么基于规则，而更基于可能性。在作物歉收和饥荒的时候，知道哪些野菜可以吃，穷人就抓住了救命稻草。而富人将丰富多彩的食材视作饮食乐趣的一部分，越是出人意料、标新立异，越是喜闻乐见。

英裔美国诗人克里斯托弗·伊舍伍德（Christopher Isherwood）写过他 1938 年来到中国的见闻，那时这片土地正饱受战火蹂躏。他提到，进入一家餐馆，看到"人们正在烹饪各种形式的竹子，包括用来做椅子的篾条。我心想，这就是这个国家的特色啊，能吃和不能吃的东西之间没有严格的界限。你可以先试着啃一顶帽子，或者从墙上咬下一口墙皮。同样，你也可以用午餐的食材搭建一座小棚屋。一切东西都可以派上各种用场"。[2]他也许在戏谑，但字里行间也自带几分真实。因为在中国，的确没有指定什么东西能吃，什么东西不能吃。有的东西本身就是完美的食材，比如十一月的大闸蟹，或是春天第一批最柔嫩的竹笋。但即便那些被很多人弃之如敝屣、粗糙而残缺的东西，也能在某时某刻找到用武之地：重点不在于它是什么，而在于你如何处理它。

完全成熟的水蜜桃，在任何人手里都没什么"改良空间"了，所以在水蜜桃的原产地中国，人们通常就直接吃桃子。同样，如果你有幸（在鱼类资源日益减少的今天）邂逅一条野生黄花鱼，千万别多事，只要简单清蒸，也许再撒点雪菜即可；要是再画蛇添足，那你就是疯了。但大多数潜在的食材都没有水蜜桃和黄花鱼这么明确，就算传统的肉类和鱼类也有不完美的地方。古有烹饪始祖伊尹，曾说肉食都有一些让人不太愉快的缺陷，需要用烹饪技巧来加以改善，所谓"臭恶犹美，皆有所以"。[3] 现代中餐厨房也秉持同样的理念和方法：1990 年代我在四川烹专上学时，老师教导我和同学们，很多动物和一些蔬菜食材都有令人不快的味道，需要通过焯水、腌制和审慎使用某些调味料来进行淡化调和。

即便不常入菜的食材，只要处理得当，也能美味非常。现实生活中，不爱收拾的人可能是数学天才；叫优秀的工程师去跳舞也许就无可救药；但你要是能扬长避短，提供正确的用武之地，两者都能成为难得的朋友与助力。厨房也是一样，所有的食材都有自己的特质，无论其优点是多么微不足道。而中餐厨师的职责就是不要因为种种缺陷而否定它们，而是要认真审视它们的特质，看看如何能通过各种创造将它们发挥出来。举个最浅显的例子：如果要做弹嫩多汁的白煮鸡，那么很多筋绊的老母鸡显然不合适，但它能熬煮上等的高汤，那可比一只丰腴肥嫩的童子鸡合适多了。大多数动植物的大多数部位都是有可取之处的。就拿柚子瓤来说，无色无味，如同棉絮，但这并不意味着它就没有做食材的潜力。这一切的关键，在于厨师的技艺、创造力和想象力。

海蜇这个东西，初看上去没什么饮食上的吸引力。而中餐厨师看着它，心里想的可能是：我能怎么处理这个东西？它有什么缺点，又有哪些潜在的优点？显然，它无色到几乎透明无形，除了带点并不吸引人的鱼腥味之外，几乎没有任何味道。但它有没有什么优点呢？也许是脆嫩爽滑的口感——只要是中国人，都会喜欢。这样一来，问题就变成了：我怎么来扬长避短，弥补它的不足，并最大限度地利用它的优点？对于海蜇，答案通常是彻底清洗，完全去除难闻的腥味，保持其脆嫩的口感，并配以可弥补其不足的配料：盐和香油或醋可以提味，黄瓜丝或葱丝可增色。就这样，被全世界所有其他饮食文化所忽视的东西，就变成了餐桌上可口的凉菜。其实遇到任何事情，都适用这种冷静细致的分析方法。

表面越不像话的食材，对厨师构成的挑战就越大，而吃到它的人就会越欣赏个中美妙。长期以来，中国人一直推崇与西方现代派名厨联系在一起的那种烹饪独创力和智慧。而在十三世纪的杭州，你去一家餐馆，就能吃到足以以假乱真的"假河豚"和"假烤鸭"，用的是其他食材，模仿的是前两者的味道和口感。[4]而如今，有厨师能发挥聪明才智，将鱼肉变成面条，把纤维很多的蘑菇柄做成"麻辣牛肉干"，或者把平淡无色的柚子瓤变成令人叹为观止的美味佳肴，那是多么有趣啊。正如萨班所写，中国人比较信奉的道理是"一道菜的成功，基本食材的性质是次要的，关键还是取决于做菜之人转化这些原料的能力和知识"。[5]

十八世纪的美食家袁枚曾撰文颂扬自己的私厨王小余，赞美他能将朴素的材料变为美味佳肴[①]："八珍七熬（八珍指淳熬、淳母、炮豚、炮牂、捣珍、渍、熬、肝膋，七熬未知），这是珍贵的品种，您能烹饪，这正常。让我惊讶的是，区区两只鸡蛋的饭，您做的必定跟普通人不一样……如果才能好，则一把水芹、一味酱料都能做成珍贵奇怪的菜；才能不好，那么即使把黄雀腌了三间屋子，也没什么好处。而贪图名声的人一定要做出灵霄宝殿上的烤肉、红虬做出的肉干，用丹山的凤凰来做丸子，用醴水的朱鳖来炮制，不是很荒唐吗？"[6]

很多中餐名菜都原料简单，关键来自非凡技艺与烹饪功夫的加持。文思豆腐羹，十八世纪末扬州满汉全席上的一道名菜，材料就是平平无奇的豆腐，但经过扬州厨师出神入化的刀工，切成千万根细如

---

① 这段引文出自英文文献。中文原文出自袁枚的《厨者王小余传》，前半段来自请王小余传授技艺者的提问："八珍七熬，贵品也，子能之，宜矣，嘿嘿二卵之餐，子必异于族凡，何耶？"后半段是王小余的回答："能，则一芹一菹皆珍怪；不能，则虽黄雀鲊三楹，无益也。而好名者有必求之与灵霄之炙，红虬之脯，丹山之凤丸，醴水之朱鳖，不亦诬乎？"

发丝的爽滑豆腐，漂浮在清淡可口的汤汁中。如果怀抱开放的心态，有一个善于分析的视角并身怀几招厨房技艺，几乎任何东西都可以做成美味佳肴。

中国民间传说中有很多无心插柳却发现美食的故事。通常会有这么一个走投无路的人，勇敢地品尝了一种之前没人敢吃的东西，发现出乎意料地好吃。被西方人称为"千年老蛋"的皮蛋，其起源故事就很典型：一个人养的鸭子无意中把鸭蛋产在一堆灰里面了，灰堆中的碱性化学物质让鸭蛋变黑，并让其内部的化学成分发生了重组。之后主人吃了这个蛋。著名的四川特产豆瓣酱，据说最早是由一位福建移民制作的，起因是他决定尝尝包袱里已经发霉的蚕豆。绍兴有一种著名的咸菜叫"培红菜"，名字来源于一个丫鬟，因为东家财主刻薄吝啬，只给她吃黄菜的烂叶子，培红没办法，只好发挥创造力，将菜叶腌制成美味。总体来说，对于表面上看起来不怎么好吃的东西，中国人不会望而却步，而是保留意见，先自己尝尝再说。（难怪他们喜欢吃榴莲。）

也许，最能代表英国的菜肴就是烤肉配土豆和蔬菜，每一样配料的烹饪方式都简单直接，上桌后也基本保持原形，一目了然。要是英国厨师手里没有熟悉的食材，那就麻烦了。海蜇可不能单烤，柚子瓤也不可能单煮。但中餐就不一样了，其本质就是转变，是混合与搭配，是让不同的食材达成圆满的大和谐。中餐这个体系中涵盖的技术和方法，可以应用于你想做的任何事情。

中餐烹饪史上不乏将表面毫无关系但其实互补的食材搭配在一起的杰出范例：寡淡无味的鱼肚（即花胶）配上富含胶原蛋白的浓郁高汤，野味十足的牛肉配上鲜嫩爽口的芹菜，清淡的冬瓜配咸香的虾干，丰腴的炖五花肉配爽脆的荸荠，味重的羊肉配清香的胡萝卜，没有味道的海蜇配芬芳的香醋。每一种搭配都好似组建了一个好团队，成员们互相取长补短，比如性格内向的数据管理员搭档热情好客的接待员、沉默寡言的配侃侃而谈的、羞涩的配大胆的、东摇西荡的创作者配一丝不苟纪律严明的管理者。支持饮食多样性，和支持文化、生物与神经多样性是一个道理——容纳的可能性越多，就越会导向更有用、更丰富的成果。厨师的工作不是排除任何可能性，而是发挥自身的技艺来"调和羹汤"。

这么多年，我在中国吃吃喝喝，也学习烹饪，已经摆脱了过去所有的英国式偏见，可以用冷静、平和的眼光来看待任何哪怕只有一丁点儿可食用潜力的东西。我学会了如何把粗糙的味道变得细腻，如何让无味的东西增添风味，如何充分利用不同食材的质地，如何运用刀工创造诱人的口感——说得更宽泛些，我学会了欣赏那些会被大多数欧洲厨师扔进垃圾桶的食物，能看到它们在烹饪上的可能性。现在，我就像伊舍伍德笔下的中国人一样，也能啃一顶帽子或咬一口墙皮了（至少在比喻意义上是成立的）。

如今，有了中餐学校的烹饪技术傍身，只要用心，我大概连一只旧鞋也能做得很好吃吧。这话可能太夸张了，但也只夸张了一点点而已。中餐厨艺运用得当，鞋确实是能吃的——其实四川宴席菜中有道老菜就能说明这真的有可能，因为菜的原料是牛头皮（红烧牛头方）。我对食材的态度，不仅包含了文化和情感认知，还有技术分析。潜在的新食材就像一个待解决的谜题。现在我会问自己：怎么才能把这做成能吃的东西？带着这种态度，整个世界就变成了一张白纸：一切皆有被食用的可能，恰合伊舍伍德的描写。这真是堪称美食界"光荣革命"般的解放。

中国美食的创造性，能扩大人类享乐的可能性（的确如此）。除此之外，这还事关一个非常严肃的问题：我们越来越感觉到气候变化、生态系统退化带来的种种压力，所以需要改变饮食习惯，将更多的想象力发挥到日常吃食上。否则，我们可能会重蹈中世纪格陵兰岛那些挪威殖民者的覆辙：他们固守牛肉和奶制品的饮食习惯，不愿效仿原住民以鱼类和海豹为食，后来当地脆弱的环境再也无法支撑养牛业，于是他们活活饿死了。[7]

如今，西方厨师和各大企业正努力将谷物、坚果、豆类甚至昆虫转化成新形式的诱人食物，以满足我们目前对源自动物的食品那种难以为继的渴望。但这些人似乎根本没意识到，千百年来，中国人其实一直引领着创新烹饪的潮流，且十分激进大胆。不仅如此，他们那些快乐、睿智甚至幽默的创新方式，恰如一本教科书，让我们学习如何充分利用手头任何的潜在食材，无论是海蜇还是柚瓢。如果我们真的在努力改变、适应和保证未来有可持续的食物体系，也许是时候促进"东学西渐"了。

舌齿之乐：土步露脸

一个九月的下午，我来到龙井。那是个雨天。有人在龙井草堂门口撑伞迎接我，并护着我穿过雨意空蒙的花园。周围的茶丘在水雾中影影绰绰，雨水在池塘水面上肆意涂鸦出转瞬即逝的图案。我们沿着石阶走到正厅，又进入一个侧厅，那里陈列着一溜奇石，都放在木质基座上。阿戴就在那里等我。龙井草堂的大厨为我俩安排了一顿特别的晚餐，有清炒虾仁、小河蟹、上汤茭白丝和微苦的青菜——但最吸引我的，还是最后一道菜。

"红烧划水"，杭城特色，用的是巨大鲤鱼的鱼尾，因为这尾巴会在水中有力地划动而有了这个菜名。高汤、料酒、酱油和糖一起来炖这条鱼尾，直炖到其中最滑嫩的胶质全都与锅中物融为一体，产生如红木一般深沉、如重奶油一般浓郁的酱汁。一名服务员给我们每个人上了半条鱼尾，每一份都有成年男子的手掌那么长，躺在盘中那亮晶晶的酱汁里，诱人极了。

吃大鲤鱼的尾巴，"饭搭子"只能找和你关系特别好的朋友，因为会特别"没吃相"，一片狼藉，还必然会有吮吸和咂嘴的"背景音"。唯一货真价实的鱼肉是偏居于尾根软骨弯曲处的一小块，这里还算能用筷子夹起来。容易吃的部分到这就算没了，之后必须用手指夹起鱼尾，好将尾鳍一根根费劲儿地掰开，中间夹着一层薄薄的黏糊糊的胶冻，十分美味。要吃这个，得像舔花蜜一样舔出来，用牙齿刮，用舌头吮，把每一根尾刺上美味的部分都吸干净，只让尾刺清清白白地留在盘子上。

"这个我们当然不会端给一般的老外。"阿戴盯着坐在他对面的我，满脸满手的酱汁，吃得欣喜若狂。我舔了舔嘴唇，继续"一丝不苟"地享用嘴边的宝贝。

红烧划水吃完了，我们的手、嘴唇和脸颊上都沾满了酱汁，还泛着黑亮的光泽，像熔岩，又像果冻。屋外还在下雨，雨点温柔地滴落在桂花树间。

中国人吃东西的时候，会在食材的物理特征中找到巨大的乐趣，这也是他们对食物充满冒险探索精神的原因之一。在中餐的语境下，好的食物，不仅要讲究风味，还要讲究"触感"，是食物与嘴唇、牙齿和舌头之间生动热烈的对话。我的烹专老师们总说，一道菜要称得上成功，必然要"色、香、味、形"俱全。首先要色美，双眼观之愉悦；其次要气香，鼻子闻之诱人；再来是味好，舌头尝之享受；还必须保持形质，味蕾触之难忘。口感，是中餐美食享受的重要组成部分，给食客带来全方位的感官体验。

只要你是吃西餐长大的，可能都会合理质疑，怎么会有人愿意去吃那么麻烦的鸭舌和鱼尾呢？鸭舌上的肉甚至比鱼尾上还少，其实可以说根本没有。鸭舌特别小，吃起来费劲儿极了，也就是鸭舌皮包着几根骨头和一个软骨，那皮吃起来还跟橡胶似的，被我爸称为"高格斗系数"的菜。吃鸭舌就像一场艰难的谈判，光简单的咀嚼和吞咽是不够的。西方美食界的人会觉得这完全说不通，因为西餐往往讲究不要复杂，崇尚无骨净肉。费一番老劲，只能吃到那么一点点东西，何苦呢？

几年前，在香港的一次品酒晚宴上，我目睹一位法国酿酒师彬彬有礼地拿着刀叉，努力去解决一块红烧鹅掌——和鱼尾与鸭舌同样费劲儿的菜。他这样是不可能成功的，因为只有全方位调动牙齿和嘴唇，再让一双筷子来做辅助，才能从鹅掌这种部位上剥下薄薄的皮和软骨。

我从小就被教导要养成英国传统礼仪，吃饭时要尽量保持安静。餐盘上的食物，必须用刀切成入口大小，叉起来举到嘴边；如果叉起好大一块，只咬一口，把剩下的再放下，那是粗鲁无礼的行为。你嘴里不能吐出骨头，也不能把餐盘抬到嘴边去接骨头。像动物的尾巴、舌头和爪子这种费劲儿的东西不仅是不能吃，还是些无法对抗的阻碍物，你要是非得下口，就不可能兼顾礼仪。在英式晚宴上，嘴里含着无法下咽的东西是非常尴尬的事，你得想办法偷偷弄出嘴里那块骨头或脆骨，藏在餐刀下面或口袋里。想想在香港的那位可怜的法国人，在那样的社交场合，他该有多么焦虑和困窘啊。几番刀叉戳刺无果后，他干脆把这昂贵的食材弃置在了餐盘里。

到了中国，吃饭就轻松多了。所谓的餐桌礼仪相当简单直观：没有什么整套细分的刀叉勺，只有一双筷子；可能添上一个勺子喝汤用，但愿意的话，你直接拿起碗送到嘴边喝汤也没问题。没有正式的规定说一定要保持优雅的吃相，只能说为他人着想的话稍微注意一下。享受餐桌上真实可感的乐趣一点也不失体面。即便是比较正式的场合，偶尔发出点儿啜饮和吮吸的声音，也不会有任何旁人觉得你没礼貌；而要是日常下馆子随便吃吃，那可就随心所欲了，甚至还会给你发塑料手套，方便你用手敞开了吃东西，对着一只兔头或一堆小龙虾撕扯啃咬，形象全无。

近年来，中国美食视频重在展现感官享受，甚至可以称得上"放纵"。镜头里，筷子夹起生鱼片或撕开炒大虾时，麦克风聚焦在那嚓嚓嚓、咔咔咔、唰唰唰……显得湿漉漉的声音上，实在让我大受震撼。几年前在汕头，我和一群潮汕美食家共进午餐，他们吃得兴高采烈，发出各种声音，听起来真的很像一场聚众狂欢的同期声。中国人对忘情放纵的吃喝并不感到尴尬，正如古代圣贤告子有云："食色，性也。"

吃鱼尾和鹅掌，就像在和情人嬉戏打闹。你希望食物能调皮地反抗一下，不要像死鱼一样毫无反应地躺在你怀里。正因如此，除了乐于享受鸭掌鹅掌和鱼尾鸭舌这类"高格斗系数"的独特食物，中国老饕们还喜欢所谓的"活肉"：动物身上随时弯曲与活动的肌肉，就像鱼尾常在水中划动。活肉具有一定的拉伸力，比养殖场出来的鸡胸肉那种懒气沉沉的"死肉"吸引力要大得多。肉类、鱼类和家禽，肉质最好的都要像练武之人那样充满活力，不能像贵妃一样慵懒地躺在长椅上扇扇子。有时，鸡头、鸡脚和鸡翅会作为一道特色菜共同上桌，即所谓的"叫、跳、飞"。十八世纪的美食家袁枚在提醒鱼肉不要烹调过度时也展现了类似的偏好："鱼临食时，色白如玉，凝而不散者，活肉也；色白如粉，不相胶粘者，死肉也。"[1]

我朋友保罗的妈妈，是一对加拿大传教士夫妇的女儿，她在四川度过了童年。在民国初年的动荡时期，她和家人偶尔会回加拿大，在沿长江去往上海的途中不得不冒遭遇河盗的风险。当时还因此遇着个笑话：河盗潜伏在偏僻隐蔽的地方，派探子前去观察船上客户用餐的状况，因为看一个人吃鱼的习惯，就能充分了解他们能定多少赎金。但凡喜欢吃鱼头周围那些难伺候部位的人，肯定是上流社会，品位不俗，绝对值得绑架；那些喜欢吃鱼尾附近活肉的人，应该也能值个好价钱；至于那些吃鱼吃得随随便便，根本不在意口感区别的人，根本不值得费事，直接扔到江里算了。

喜欢那些难对付的复杂部分带来的感官触觉，这是中国美食口感鉴赏的一个方面。中国人谈论饮食时，很少会不提到其口感。竹笋是新鲜脆嫩，还是有点老了、渣了（纤维较多）？鹅肠吃起来是否爽脆？要是蒸虾饺里包的大虾缺乏必需的弹脆感，没有一个广东老饕会满意的。而要达成这种弹脆感，必须经过漫长的准备过程：先要将虾放在冷水龙头下敲打，再用凉水浸泡、用盐腌制，淀粉上浆再进行冷藏；虾饺皮也必须弹糯，不能湿软。目标客户在西方市场的广式点心往往不够爽口弹牙，与正宗点心的差距就如同宅男宅女与奥运健儿。

任何称职的厨师，都会注重追求完美的口感。做经典粤菜白切鸡，要先把整鸡放进一定量沸水中浸烫，到将熟未熟之际，用冰水"惊"过，锁住皮肉之间那层汁水，使其变成一层冻，也同时让鸡皮更加紧实；而其余的鸡肉则利用自身的余热，继续熟成至透，骨头中仍然还能透着点粉红。这道菜的美妙之处在于紧绷微脆的表皮、奢腴的油水冻和鲜嫩多汁的鸡肉相辅相成、水乳交融。与之相比，常见的西式烤鸡吃起来就像锯木屑。

扬州狮子头，必须肥瘦相宜，因此不能剁碎，必须手工细切，再反复在碗面上用力捧打，使其连成一体，略带弹性，但最终融化在口中。（当地淮扬菜厨师张皓告诉我："要是用的瘦肉太多，就会硬得像牛排。"语气中有种对西方人口味不经意的嘲讽。）相比之下，华东南的潮州牛肉丸讲究的则是极致弹性，放进嘴里要吱嘎作响，必须用金属质地的手打肉丸锤反复使劲地敲打生肉才能达到这种效果。在欧洲，意大利人坚持意大利面必须煮得刚刚好，保持一定的筋道，而中国人对每种食物的口感都有着如此严格精细的要求。

专业菜谱通常会在介绍一道菜时，对其味道与口感做出同样详尽精确的说明。我的藏书中有这样一本，如此描述烹饪得当的鸡子（公鸡的睾丸）："质地细腻柔嫩而有弹性，滋感甚美。"对某道菜口感的描述，可能会用好多词汇，甚至用掉一整段的篇幅。（西方人往往会忽略这种微妙的感觉，因为他们对口感的描述简单得就像三原色，不会有各种色调与深浅的变化。）阅读中国美食书中对口感的描述，就像阅读十八世纪英国小说家芬妮·希尔（Fanny Hill）对性爱的详尽描写：用愉快和奔放的创造性语言，反映了感官愉悦的无限可能性。

注重口感并非贵人雅士的专利，几乎每个中国人都很在意这一点。比如，在成都文殊院附近有家小吃店，店面就是在墙上打了个洞，放的是嘴唇一捧就会掉渣的酥脆锅魁，配上爽滑又紧实的麻辣凉粉。酥脆与滑溜、热辣与酥麻交织在一起，令食客叹为观止。中国各地的小吃摊贩各个都在暗地里较劲，自家的鱼丸一定要最有弹性，珍珠奶茶里的珍珠必须粉糯爽滑。这种口感还有种说法叫"Q"，最先是中国台湾方言的音译，现在变成全世界的中国年轻人都会使用的形容词。赞赏食物有弹性，可以说它很"Q"；特别有弹性的话，那就是"QQ"了。

西方人喜欢的口感，中国人也相当欣赏：油炸大虾外面裹的面糊，干香酥脆，一咬掉渣；烤好的鸡皮香脆无比；奶冻爽滑Q弹；慕斯细腻奢腴。但他们还会享受秋葵、芋头和葵菜那种清爽而黏糊的感觉，这些往往是非亚洲人敬谢不敏的。还有一大类中国人特别喜欢而西方人大多皱眉厌恶的口感，那就是滑溜或湿脆的动物部位。一般来说，西方人不介意吃到那种咬起来湿乎乎又嘎吱嘎吱的蔬菜，比如黄瓜条、芹菜条或苹果；但要是遇到鸡软骨这种动物部位，就只会觉得恶心。

中国人最最爱吃的食物中，有一些就是这种湿而韧脆的动物器官。社会阶层较低的人群爱吃毛肚（有的光滑，有的呈蜂窝状，有的褶皱很多，像旧书的书页）、鸡爪或猪蹄中的软脆骨、脆韧的鸭肠鹅肠以及滑溜溜的海蜇。而社会地位最高的则偏爱中餐中古老而隆重的珍馐：鱼翅、海参、鹿筋、花胶（鱼肚/鱼鳔）和小金丝燕唾液干后制成的燕窝。每一种食材都昂贵非常，制作起来费时费力。食材从干燥状态复水后会变得滑溜或湿脆，在最后的烹饪工序之前完全没有味道。口感是它们主要的吸引力。还有些滑溜或脆韧，但几乎没有味道的蔬菜也是如此，比如银耳和最近流行起来的冰草，吃进嘴里嘎吱作响，十分吵闹。

有一次在伦敦，我在社交媒体上发布了一张照片，内容是在运河边采集的新鲜木耳。一位（西方）评论家好奇地问我，真的觉得它们很美味吗？我被问得发怔：这是我从来没想过的。木耳没有味道，但给人的感觉很美，爽脆、滑嫩，口感如果冻一般——如果用中文来形容，木耳可能并不"美味（tasty）"，但一定是"可口（delicious）"的，而"delicious"的词源就是拉丁语中的"喜悦"。还有许多西方人觉得毫无意义的中餐佳肴也是如此，中国人喜欢它们，爱的就是那种舌齿间的独特触觉。

和大多数西方人相比，中国人欣赏和喜爱的口感不但范围要大很多，对比也要强烈很多。最刺激爽快的莫过于食物质感上的矛盾碰撞：有些食物既柔软又有弹劲，既滑溜又韧脆；或者看起来似乎很容易入口，吃起来居然有点"嘎嘣脆"，比如柔嫩的狮子头中夹杂着马蹄，一吃到那种清甜嫩脆，就像笑话出梗。鸡琵琶腿的脆软骨，刚咬下去会有橡胶感，但猛嚼一下就会爽快地断开，叫人为之一振——又一句可食用的俏皮妙语。江南大厨在鱼肉中加入少许盐和水，搅打上劲儿，搓成鱼丸，只要方法得当，那简直是感官奇迹——既像奶冻一样软嫩，又有那么点脆韧。我永远也忘不了在香港陆羽茶室品尝的一道早餐点心：虾球既脆嫩又多汁，上面团着一块纯白的花胶，滑溜溜、晃悠悠、软绵绵，但又脆韧可口，如猪板油一样闪着白光，却没有丝毫油脂。各种口感的对比与融合，正如调情缠绵，实在是无上享受。

对口感的创造性探索，不仅促使中国人比大多数西方人品尝到更多的食材，还更深入地探索了同一种食物中不同的部位。海蜇的圆顶上那光滑的"皮"不过是入门级别，更叫人兴奋的是海蜇用于将食物送进嘴里的"触手"（"海蜇头"），凹凸不平，颇为独特，一口咬下去会产生一种撩拨人心，甚至有点攻击性的脆响，在你的天灵盖周围余音绕梁。在重庆吃火锅，重点就是各种特别有弹性和橡胶感的食物，比如几乎无法咀嚼的猪黄喉和牛黄喉。我们西方人遇到纤维质地过于复杂的动物部位，会单独切下来，用料理机打碎，再制成廉价的香肠或宠物食品。而在中国，几乎每个部位会因其独特的性状受到食客的喜爱。有些高档的北京烤鸭店会做"全鸭席"，号称除了鸭子的嘎嘎叫声吃不到，其他什么都有，从脚蹼到舌头、从鸭心到鸭胗，每个部位都用不同的方法烹制。

传统西方观点理所当然地认为，中国人吃这些动物的边角料，是因为穷得没办法了。要是吃得起鸭胸肉，干嘛还要费心费力地去吃鸭子那小得可怜的舌头？但在中国人眼里，能吃到鸭舌才是一种特权呢：这可不是什么饥荒年代的"安慰奖"，而是鸭子全身上下最宝贵的"金牌"。几年前，我要在牛津做个展示，需要烹饪三百五十根鸭舌，就去了一家中国超市，花很少的钱买了几包冷冻鸭舌——应该是被做烤鸭的英国人废弃的部分。然而，如果是在没有冷藏技术和全球化的时代，要一次集齐三百五十只鸭子的舌头，那是不可想象的。

如今，得益于冷藏技术和大型养殖场的普及，这种动物边角料的供应比以前更加广泛。但像龙井草堂这样的餐馆，肉类都采购自以传统方式慢速饲养牲畜家禽的农民，所以供应量仍然有限。店主阿戴告诉我，他经常要安抚一些因为餐厅不能每天供应丰富的猪耳朵和鹅掌而失望的客人："他们好像没想明白，一头猪只有两只耳朵，一只鹅只有两个鹅掌。"在中国的大多数地方，边角和下水依然比肉卖得更贵。

龙井草堂没有固定的菜单，厨房手里有什么食材，就做成相应的菜，送去每个包间。要是发现自己面前摆上了一盘当天现杀的所有鹅的鹅掌，经过不厌其烦地剔骨，处理得爽脆滑溜，堆在美丽的青花瓷盘子上，你就知道自己坐在了最受重视的那一桌。其他包间的人肯定在开心地吃着普通的肉，但你们桌却中了头彩：你们是今晚的"帝王"。知道自己是"天选之人"，享用着餐厅当天能提供的最优质和最稀缺的食材，这种令人战栗的兴奋感是中国老饕秘而不宣的巨大乐趣之一。

在这样的餐厅里，动物的各个部分如何分配、端给哪一桌，强烈地表达了偏爱、特权和社会等级。付钱最多或是店主最尊重的人能吃到最稀缺的部分，其他客人吃到次一等但仍然美味的部分，而员工餐就用剩余的下脚料做成。在我们这个全球化的现代世界，英国人私下里丢弃的数不清的动物器官，有一些就漂洋过海来到了中国，被当做最美味的佳肴大受欢迎，仿佛形成了一个完美的对称。

初来中国时，我和大多数西方人一样，对那些跟橡胶一样且需要费时费力去吃的部位感到失望、畏惧和困惑。但日子久了，我的思想和味觉逐渐觉醒，开始享受口感和"格斗"的乐趣。我渐渐爱上了海蜇头滑溜溜的韧脆，鱼头上那盔甲一般的骨头中隐匿的层层胶质和鱼脸中兜着的小块丝滑鱼肉。我学会了如何把鱼头吃净，只剩下一堆清清白白的鱼骨鱼刺，也学会了如何津津有味地与鸭舌互动。不仅如此，我还懂得了感恩，明白有时候能有幸得到最稀缺和最珍贵的部位，是多大的特权。

我进入了奇妙无穷的口感世界，这旅程在多年时间中以一种渐进而随机的方式展开。自从"皈依"以来，我不知不觉就成了努力传播中餐美妙口感的"传教士"，为此撰写了大量相关文章，在不同国家的各种活动中谈论这类话题，并在自己组织的中国美食之旅中请外国食客们品尝一系列的口感。我热衷此道，不仅因为学会享受口感能让已然美妙的饮食过程变得更为有趣刺激，还因为它能让人们更全面地欣赏中餐的全貌。如果你不会欣赏口感，当然也可以享用中餐。当然有很多美味佳肴，是只要拥有正常的西方味觉就能品尝和喜爱的。但是，要是没有被口感之乐所"感化"，不能享受那种珍稀食材的特权带来的额外心理刺激，很多著名的中国佳肴，无论家常菜还是上品珍馐，都将是难以透彻理解的。

我欣喜地发现，许多西方人一旦意识到还存在如此的美食维度，就会无比沉醉地乐在其中。无数人告诉我，他们其实是从未想过可以这样有意识地去探索食物本身的口感。光是意识到口感在中餐中的重要性，就为他们打开了感觉和认知的新大门。突然之间，拨云见日，那个以前看上去叫人迷惑重重的美食领域变得清晰、明了和有趣起来了。

我的美食教育历程中，最重要的就是学会了如何欣赏食物的口感，这让我能与中国朋友们充分分享饮食之乐。在餐桌上，我不再是个带有自身界限和偏见的老外，而成为一个融入其中的参与者。何其欣慰，当有幸得到也许是一生难遇的最大美食恩惠时，我已经准备好了。

还是在龙井草堂，我们几个人正在吃晚餐。席间，服务员端来一个放在青花瓷盘上的带柄瓷碗，柄上缠绕着一条小小的野生鲶鱼，是生的，剔透闪光。这条鱼只是用来展示的。真正的玄机藏在碗中：一碗金黄的上汤，汤汁中漂浮着许多白色的小碎块，蜂拥挨挤。原来这些是两百条小鲶鱼的脸颊，一共四百块脸颊肉。如果桌上只有一条鲶鱼，主人将脸颊肉挑出来放在我碗里，那我肯定会受宠若惊。但现在可是四百块脸颊肉啊！餐厅的其他包间里，人们喝着这一大群鱼剩下的部位熬成的鱼汤，但我们竟然被"赐予"了所有的脸颊肉。我实在目眩神迷，不禁带着惊讶和愉悦大笑起来。这道菜有个十分诗意的名字——"土步露脸"（Catfish basking in honours）。每当有人对我说，中国人吃那些边角的部位是因为穷得没有办法，我就会想起这道菜。

关于"口感"的简短、古怪且不详尽的汉语词汇表[①]

单字词

嫩 nen—tender, delicate, youthful（新鲜的嫩豌豆尖、蒸扇贝）

软 ruan—soft（煮到失去筋道的面条、溏心蛋）

滑 hua—slippery, smooth, slimy（海蜇、芋头、莼菜、葵菜、上了浆的鸡肉或鱼肉）

潺 saan—粤语，形容"滑 slimy"（芋头、秋葵内部的黏液）

脆 cui—crisp, crunchy，通常有点湿润，咬下去的时候会发出响声（鸡软骨、生黄瓜、芹菜、花生）。广东人会说"卜卜脆"，算个拟声词，形容吃花生和薯片等干脆油炸食品时的声音。

酥 su—干而易碎（香酥鸭子、天妇罗、用酥皮做的东西），或者软嫩到几乎解体（慢炖的五花肉）

[①] 由于有些英文词是对中文的直接翻译，所以此部分酌情保留原文的拼音和英文，以供对双语感兴趣的读者对照，也可作为中翻英的对照。

松 song—loosely textured（绿豆糕、肉松、棉花糖、英式司康）

烂 lan—水煮、蒸制或慢炖到几乎或完全解体（炖了很久的牛腩、粉蒸肉、煮得很粉的土豆）

爽 shuang—briskly cool，一咬就断，嘴里感觉很清新，这是相对比较新的词，至于究竟什么是"爽"，答案非常主观（粉面、凉拌木耳、雪梨、西瓜）。这个词也可以应用在非食物的领域，形容干净、利落、不黏糊糊的感觉。比如"爽身粉"。粤语中形容咀嚼"爽"口食物的感觉，也是用一个拟声词：嗦嗦声。

弹 tan—elastic，springy（潮州牛肉丸、炭烤鱿鱼）

韧 ren—有拉伸力，柔软可弯折，但强健有力（鹅肠、煮得筋道的意大利面）

Q 或 QQ—chewy and bouncy，来源于中国台湾，现在全中国都在用（珍珠奶茶里的珍珠、鱼丸、碱水面）

糯 nuo—glutinous，sticky and huggy（宁波年糕、糯米）

润 run—moist and juicy（烤鸡腿、意大利烤肠）

胶 jiao—sticky，gluey，gummy（煮熟的猪皮、猪尾巴）

黏 nian—sticky，gluey（汤圆、鲍鱼）

紧 jin—tight，taut（非常新鲜的肉、水煮鸡肉）

清 qing—clear and refreshing（清汤）

稠 chou—有流动性但稠厚（粥、稠蛋黄酱）

稀 xi—薄而流动的液体（稀饭、寡水清汤）

粉 fen—floury，powdery（煮熟的菱角、炒栗子、用坚果粉或豆粉做成的糕饼）

二字词：

滑嫩 huanen—slippery and tender（莼菜、豆花、焦糖布丁）

软嫩 ruannen—soft and tender（大良炒鲜奶、芙蓉炒蛋、奶冻）

鲜嫩 xiannen—fresh and tender（蒸扇贝或炒瑶柱、去壳的蒸/炒

大虾）

细嫩 xinen—delicately tender and fine-textured（鸡子、豆花、焦糖布丁）

油润 yourun—juicy with oil（猪网油清蒸鱼、意大利烤肠）

滋润 zirun—juicily moist（狮子头）

酥脆 sucui—shatter-crisp and snappy-crisp（烤乳猪的皮、猪油渣）

有劲 youjin—a bit springy and muscular, a little resistant to teeth（扬州鱼丸、广式馄饨）

嚼劲 jiaojin—chewy, taut, tight（水煮鸡皮、猪黄喉、潮州牛肉丸）

脆嫩 cuinen—both crisp and tender（爆炒腰花、爆炒河虾）

劲道/筋道 jindao/jingdao—firm, strong, al dente（主要用于形容面条，源自北方方言）

柔软 rouruan—soft（奶冻、融合了很多食材的浓汤）

软糯 ruannuo—soft and glutinous（炖熊掌、糯米丸子、用某些方法烹调的海参）

清爽 qingshuang—clear and refreshing in the mouth（酸辣粉、凉拌木耳、凉拌海带）

膨松 pengsong—puffy and loosely textured（英式松饼）

几个常用短语：

入口即化 rukou jihua—melts in the mouth（东坡肉、冰淇淋）

肥而不腻 fei'er buni—richly fat without being greasy（东坡肉）

爽口弹牙 shuangkou tanya—brisk and refreshing in the mouth, as well as al dente（"弹牙"直译就是 bouncing on the teeth）

不好的口感：

硬 ying—hard, woody（没能烤到酥脆的猪皮、蔬菜的硬茎秆）

柴 chai—like firewood（失去水分的火鸡肉、烤过头的牛排）

绵 mian—cottony, mealy（煮过头的腰子、煮过头的肚子）

老 lao—elderly（纤维太多或吃起来像皮革的东西，很多煮过头而干掉的食物都会老）

腻 ni—greasy or cloying（油炸时温度过低的食物、甜到过头的东西）

珍稀的诱惑：赛熊掌

"土步露脸"让我叹为观止，不过那些鱼脸虽然数量惊人，却只是来自普通的鱼，就像鸭舌也只是取自稀松平常的鸭子。当然，如果还想体验更极致的美食特权，你尽可以去吃珍稀动物的奇怪部位，比如熊掌——两千多年来，中国老饕中地位最高的权贵们就是这么做的。曾经，这种美食嗜好没有大碍，但在环境危害行为猖獗、动物种群大规模灭绝的时代，这绝对不可饶恕。人畜共患病的危害不断加剧，新冠疫情的第一把火可能就来自市场上贩卖的野生动物，于是食用野生动物已经成了中餐最具争议的话题。

中餐对于奇饮异食的痴迷可谓源远流长。生活在公元前四世纪的圣贤孟子，对其前辈先贤孔子的哲学思想进行了进一步的阐释和扩展。他提到道德选择的问题，以鱼和熊掌两种美味做了个著名的比喻来表达自己的观点："鱼，我所欲也；熊掌亦我所欲也；二者不可得兼，舍鱼而取熊掌者也。生亦我所欲也，义亦我所欲也；二者不可得兼，舍生而取义者也。"[1]他认为，为了达成某些价值，可以为之牺牲生命——这与他"人性本善"的立场是一致的。而熊掌作为终极珍馐，用来象征最高尚的道德，十分恰切。

熊掌的魅力在于神秘——如此珍稀的食材，除了帝王之外，人们几乎终其一生也没机会品尝。在古代中国，狩猎是权贵生活的娱乐项目之一，很多野味会偶尔出现在餐桌上，作为对家畜的额外补充，比如野兔、梅花鹿、雉鸡、鹤、斑鸠、大雁、鹧鸪、喜鹊、豹和猫头鹰。[2]熊是最吉祥的动物之一，要是有人猎到一头熊，按照惯例，都必须敬献给君王，由后者来摆"熊席"。熊肉通常都会吃掉，但只有灵活的前掌被视为最美味的珍馐佳肴。[3]（一头熊只有两只前掌。一位资深大厨曾对我说过，前掌比后掌更细嫩美味。）

　　和所有的潜在食材一样，熊的各个部位，包括脂肪、肉、胆、血、骨头和脊髓，都被认为具有滋补功效，李时珍在十六世纪撰写《本草纲目》时对此有详细阐述。书中提到熊掌"食之可御风寒，益气力"，并建议和酒、醋、水同煮。[4]无论感官吸引力如何，潜在食材的滋补疗效是中国人乐于进行饮食冒险的另一个原因。有些东西可能既不美味也不可口，但如果被视作一种有效的药物，还是可能值得一吃。所以中药汤剂中可能会有一些毫无美食吸引力的配料，比如切成薄片的鹿茸（梅花鹿或马鹿的雄鹿未骨化而带茸毛的幼角），或粗糙又苦涩的草根树根。中国古老的医药书籍系统性地分析了几乎所有当时已知动物和植物的药性，从平平无奇的草药和蔬菜，到老虎、犀牛和骆驼。人们一直认为野生配料的疗效比人工养殖的更强力，所以中国人对取自野生动物身上的药物有着坚持不懈的需求，比如穿山甲鳞片和犀牛角（这两种动物如今都濒临灭绝）。

　　人们还认为，食用猛兽就能吸收它们的威严雄伟，让自身也具有那种力量和优点。十四世纪忽思慧编纂的宫廷食谱《饮膳正要》中概述了虎肉的种种吸引力：只要吃了虎肉进入深山，那里的老虎见了你都要害怕得躲起来；另外虎肉还能驱散很多引起疾病的邪祟。（"食之入山，虎见则畏，辟三十六种魅。"）[5]今天应该没有多少人会吃虎肉了，但其他的野味仍然具有类似的吸引力：我为伦敦的一些朋友烹制过鹿鞭汤，其中一位是中国厨师，他吃得欣喜若狂，原因之一是鹿鞭来自曾经驰骋在苏格兰高地的野生雄鹿，那肉汤中橡胶口感的小块东西让他仿佛身临其境地去到了那片高低起伏的美丽风景之中，召唤了这些生灵的阳刚之气（功能性之类的就更不用说了，要是传统医药传说可信的话，这东西就是一种天然伟哥）。

　　熊掌的重点并不在其美味。与燕窝、鱼翅等备受中国人推崇的食物一样，生熊掌也会让厨师望而生畏。作为野生肉类，熊掌有种浓烈的腥膻味，所以需要浸泡、焯水等繁复的净化过程。它不仅毛茸茸的，巨大的骨头和筋腱还紧密相连，需要长时间烹制才算勉强能入口。（传说，有暴君恶名的商朝亡国之君纣王，有一次发现端上的熊掌差了火候，做得不好，于是雷霆震怒，把厨子处死了。[6]）

客观地说，熊掌并不是能让人食指大动的东西：任何一个中国人，无论贫富贵贱，应该都会承认红烧猪蹄或五花肉在风味和直接的感官愉悦方面比熊掌更胜几筹。但吃熊掌并不像吃四百块鱼脸颊肉一样，纯粹为了补充营养：它带来的激动与快感，主要是心理作用。

对熊掌和其他珍稀食材的热爱的源头，是一种文化，它将冒险进食视为在世上栖居与体验的快乐生活方式。屈原的诗歌《招魂》，旨在召唤已经飘散的亡灵起死回生，其中表达了面对食物时纯粹的喜悦，在约二千三百年后的今天依然鲜明生动：

> 室家遂宗，食多方些。
> 稻粢穱麦，挐黄粱些。
> 大苦咸酸，辛甘行些。
> 肥牛之腱，臑若芳些。
> 和酸若苦，陈吴羹些。
> 胹鳖炮羔，有柘浆些。
> 鹄酸臇凫，煎鸿鸧些。
> 露鸡臛蠵，厉而不爽些。
> 粔籹蜜饵，有餦餭些。
> 瑶浆蜜勺，实羽觞些。
> 挫糟冻饮，酎清凉些。
> 华酌既陈，有琼浆些。
> 归来反故室，敬而无妨些。[7]

作者列举了各种近乎神奇的食材，家养与野生俱全，勾勒出一幅诱人的丰裕场景。

就在屈原写作《招魂》前，厨师伊尹也对商朝开国帝王汤有了那番劝谏，带他来了一场未来王土上的美食之旅。伊尹不仅提到了水果和蔬菜，还有现实与神话中的"神奇动物"，其中有中国的独角兽；他还专门赞颂了其中一些动物的部位①：

> 肉之美者：猩猩之唇，獾獾之炙，隽觾之翠，述荡之掔，旄象之约。……鱼之美者：洞庭之鱄，东海之鲕，醴水之鱼，名曰朱鳖，六足，有珠百碧。藿水之鱼，名曰鳐，其状若鲤而有翼，常从西海夜飞，游于东海。[8]

伊尹说，等一个人具备了统治者所需的道德品质，当上了天子，他就不仅能够统治幅员辽阔的伟大帝国，还能品尝其中的美食珍馐。正如另一位贤哲荀子所言②，"天子也者，势至重，形至佚……必将刍豢稻粱、五味芬芳以塞其口。"[9]

"珍馐"这个概念很早就出现了。《周礼》对周朝御厨的工作人员做了理想化的描述，其中提到君主的食物包括"八珍"，但没有明确究竟是哪八珍。[10]《礼记》则详细列出了应该为受尊敬的长者特地准备的八种佳肴，其中包括"淳熬"（肉酱油浇饭）、"炮豚"（煨烤炸炖肚子里塞了枣子的乳猪）和"捣珍"（牛、羊、麋、鹿、麇的里脊肉捶打成肉泥）。[11] 不过，虽然"珍"在周朝时指的还是做好的菜肴，到后来"八珍"一词就用来笼统指代重要大宴上出于礼节需要准备的奢华食材（"八"是中国人眼中最吉祥的数字）。[12]

---

① 参考译文：最美味的肉，有猩猩的嘴唇，獾獾的脚掌，燃鸟的尾巴，述荡这种野兽的手腕肉，弯曲的旄牛尾巴肉和大象鼻子。……最美味的鱼，有洞庭的鱄鱼，东海的鲕鱼，醴水有一种鱼，名叫朱鳖，六只脚，口中能吐出碧色珠子。藿水有一种鱼叫鳐，样子像鲤鱼而有翅膀，常在夜间从西海飞到东海。

② 省略号的前后两句来自《荀子》的不同篇章，参考译文："天子权势极其重大，身体极其安逸……一定要用牛羊猪狗等肉食、稻米谷子等细粮、带有各种味道又芳香扑鼻的美味佳肴来满足自己口胃的需要。"

熊掌只是其中之一。还有一样在现代骇人听闻的古代珍馐叫"豹胎"，豹子的胎盘。从汉代到公元六世纪的各种文献资料中经常提到这种食材，好像特别受人们喜爱。[13]中国历代文献中对食用奇珍异兽的描述往往会模糊现实与幻想的界限，比如伊尹的那番话中，不仅提到了炙猫头鹰和竹鼠等可以获得的东西，也有龙肝、猩唇、凤凰蛋和飞鱼等所谓的"食材"。[14]这其中至少有那么一些显然从未被真正食用过："龙肝"可能是对马肝的一种美称；而元朝还有一种"珍"是用某种奶制品做成的"蝉"（酥酪蝉），这说明伊尹列出的珍馐中有些可能是用比较常见的食品仿形制作的。[15]然而，不管是真实存在的熊掌，还是臆想中的凤凰蛋，众多奇异的珍馐都代表了不可思议的文明光辉与美食乐趣，超越了大多数人最狂野的想象。

明清两代，干海参、干鱼翅等海产被奉为美食圣殿中的顶级食材，反映了中国与其他国家海上贸易的日益频繁。与它们齐名的还有中国北方的一些物产，比如驼峰、鹿筋和哈什蟆（雪蛤）。[16]十八世纪末，戏曲作家李斗描述的扬州满汉全席菜单上不仅有"假豹胎"，还有鲫鱼舌烩（真）熊掌，[17]这属于典型的配对：一道菜中，珍稀动物的某个部位和比较普通鱼类的比较稀缺的部位搭在一起。李斗没有写清那道菜用了多少鲫鱼舌，但考虑到那东西特别小，可以想见应该用了很多。

一张"八珍"单子倒不一定要有稀奇的动物部位——近几个世纪来，中国文献中的一些"八珍"都是比较普通的美食，比如虾和熏鸡，甚至有竹笋和银耳等蔬菜——但通常都会有。[18]用非凡的食物惊艳四座是中国权贵阶层用餐乐趣的一部分，正如西方精英烹饪文化讲究用珍稀年份的葡萄酒博得宾客称赞。大多数普通的中国老百姓，只要能得到上好的时令食材进行精心的烹饪，就很知足满意了；但在某些圈子里，珍馐食材仍然会被端上桌，引发惊叹。

至于我个人，在逐渐进入中国美食圈子的过程中，被别人邀请一同品尝的食物不断升级，叫我叹为观止：从廉价面馆的便饭，到著名餐厅的宴请，再进入这些著名餐厅的私人包间，还有幸受邀到私人饮食俱乐部以及一些朋友们的私厨餐厅；从猪肉和茄子到大闸蟹和手剥河虾，再到海参、鲍鱼和燕窝汤。在甘肃农村的隆冬时节，村民们和我分享了一个"冻瓜"，他们专门将之存储在农舍屋檐下，以备节庆和喜事之需——这可是数九寒天难得的奢侈享受。（正如1857年德庇时爵士所说，在中国，对特殊食物的喜好并不局限于权贵阶层。"如果说权贵在做饮食选择时充满奇思妙想，穷人自给自足的食物也同样心思花巧。"[19]）

　　我的美食之旅充满了很多事后回想起来觉得不可思议的时刻："我真的吃过那东西？"有时，我遇到的美食融汇了令人惊叹的高超技艺，比如细得可以穿过针眼的手工拉面；有时则是包含了深不可测的智慧，比如那道有四百块鱼脸颊肉的"土步露脸"。还有一些场合，让我大开眼界的则是食材本身。有一次，在华中河南省的郑州，一个朋友给我介绍了一道菜，名叫"红烧麒麟面"。麒麟是中国神话传说中吉祥的神兽，在英语中找对应的词可能是"unicorn（独角兽）"或"Dragon Horse（龙马，也是西方传说中的神兽）"。根据某些描述，它拥有麝鹿的身体、牛的尾巴、狼的前额、马的蹄子，头上顶着独角；还有的说它是马身、两只弯曲的犄角、身披鱼鳞。[20]麒麟本身当然是不存在的，我们肯定吃不到，那个菜名不过是人类一种诗意的幻想。但实际上桌的菜肴也几乎同样奇特：它的灵感来源于东北满族的一种古老美食，最初是用麋鹿脸上的肉做成，但我们那道菜用的食材是驼鹿脸。

　　对，一张真实的驼鹿脸，或者说是那巨大的鼻子，怪异又惊人，摊在大圆盘上的一汪酱汁当中，而我正凝视着它那微张的巨大鼻孔。脸的两侧各摆了一排用绿色小菜心做的"鱼"，有黑色的眼睛和用金橙色胡萝卜做的舌头，仿佛从超现实主义的幻想中走出来的一般。朋友帮我夹了块鼻孔周围的部分，实在太美味了：既不是肉，也不是脂肪或皮，弹性和黏性兼备，同时又如黄油一般柔滑。我知道自己以后可能再也品尝不到这样的东西了，所以每一口都尽情享受回味。那天晚上，我回到住处，和人生的好些晚上一样，惊叹不已：这世上竟然有这么多不同寻常的东西可以烹饪和食用。

在中国，你的社会地位越高，能享用的美味佳肴就越多。古时候，单单要吃肉，就得是有钱人。权贵阶级或许能时不时地品尝到鱼翅和燕窝，但也许只有皇帝这样的九五之尊才能吃到鲫鱼舌烩熊掌。现代中国的上流社会也许体现在饮用上乘波尔多红酒，食用鹅肝、日本和牛与传统中国珍馐上。在中国人看来，追求金钱和权势的一大动力，就是它们能极大地提升你在美食领域见世面的机会。

珍馐美馔的高昂价格与文化意义，造就了特定的一类纯粹"事务性"的美食交流。封建王朝时期，皇帝必须坐在铺张着奢华食物的桌边，以显示他对帝国的掌控，尽管他并不一定想吃这些食物。（学者何翠媚查阅了乾隆皇帝及其家人每日的御膳单，发现他们真是想吃什么就能吃什么，但他们实际的日常饮食中明显缺少了"好几种著名的满洲名贵珍馐——熊掌、猴头菇、鹿茸、海参和人参"。[21]）

当代中国，食物被战略性地用于人际交往之中。中秋节前后，整个中国仿佛都在馈赠和回赠一盒盒包装得精美过头的月饼。一次，一个富有的生意人送了我几盒包装特别光鲜的月饼，我后来打开发现里面的东西都已经发霉变质了——说不定已经送来送去"流通"多年了，是一种"食品货币"，不是真正的食品。区区几小包茶叶，可能会被装进公文包大小的奢侈包装盒中，以达到最大限度的冲击效果。最高级别的食品，价值高到离谱，甚至可与黄金等价：可食用的"贿赂"，仿佛蜘蛛吐丝，将对方牢牢套在黏性很强的"义务之网"中。与价格和象征意义相比，一盒冬虫夏草甚至燕窝的味道甚至药用价值都没有那么重要。正如二十世纪美食作家汪曾祺在谈到（如今几乎已经绝迹的）长江鲥鱼时所感叹："（鲥鱼）成了走后门送礼的东西，'吃的人不买，买的人不吃'。"[22]

事务性宴会上，重要的是菜肴有多么名贵。中国提供高级宴会服务的餐厅通常有私人包间的固定套餐价格。收费越低,菜单越普通;给得越多,食材的量就越奢侈,种类就越珍稀。过去的典型大宴,通常会以主菜的主材命名,其他的菜品再多也成不了主角:所以你可能会被邀请赴"海参席"或"熊掌席"。一位在中国某省会城市高级酒店工作的粤菜厨师告诉我,他曾承办了一位企业家开的宴会,那是他做过的最昂贵的一顿饭。他说,那是"一顿只有八个菜的简单晚餐",但食材却包含价值四千英镑的干鲍,还有鱼翅、燕窝和一种名为"苏眉鱼"的珍贵淡水鱼类。此情此景下,珍馐美馔就是一种很有价值的货币。(事先确定宴席的货币价值,并期待餐馆用与之相配的食材加以烹制,这个传统在中国由来已久:1320 年代在中国生活过的圣方济各会修士和德理①曾提到,在餐馆举办宴会的人可能会对老板提出这样的要求:"为我做一顿晚餐,我这边有多少多少个朋友,我准备花多少多少钱。"[23])

二十世纪,中国人自古以来对珍馐美馔的热爱和全球环境危机撞了车。其实,物种灭绝的主要原因并非人类的相关消费,而是生物栖息地遭到大规模的破坏。然而,一些中国老饕对已然濒临灭绝(而且很多是极度濒危)的生物的某些部位情有独钟,这种癖好越来越站不住脚。1975 年,首部《濒危野生动植物种国际贸易公约》(CITES)生效,禁止跨境交易被认定为濒临灭绝的动植物;1981年,中国成为该公约的签署国。1989 年,中华人民共和国首部《野生动物保护法》开始实施,对濒危物种实行管制;在该法涉及的各种动物中,长期被食用熊掌的棕熊与黑熊赫然在列,被定为国家二级保护动物。

一直到1980 年代,熊掌在中国仍是一种完全合法且备受推崇的珍馐。当时的食谱中仍然会出现它的身影,包括为外国政要举办的国

---

① 和德理(Odorico da Pordenone),又译为"鄂多立克"。

宴菜单食谱上。[24]但有了新的立法和普遍的道德标准，公然消费熊掌及其他濒危动物的器官已经不再被允许。但富有的中国老饕仍然垂涎于它们，愿意为此支付天价，导致交易没有停止，只是转入了地下。1990年代，中国经济繁荣发展，更加剧了这一问题，因为更多的人有钱了，能去满足自己对于美食的追求与幻想；而全球交通愈发便利，又扩大了非法出口到中国的野生动物贸易的地理范围。从非洲到南太平洋加拉帕戈斯群岛，海龟、穿山甲、犀牛角、熊掌等野生动物食材从世界各地流入中国，如今依然如此。全世界最大野生动物产品贩运市场的"头衔"，令中国蒙羞。[25]

　　国内外媒体不时报道查获熊掌及其他非法食品和药品的事件。2013年就有一起轰动一时的大案，内蒙古海关工作人员在一辆从俄罗斯入境的面包车轮胎中发现了二百一十三只熊掌。新闻报道展示了这些货物被排成数排摆在地上的照片，毛茸茸而又血淋淋，法律专家估计它们在黑市上的价值超过四十五万美元。[26]尽管这些案件备受瞩目，但最终负责执行野生动物法律法规的某些中国官员往往是这类违法行为的同谋。中国报纸《环球时报》关于破获2013年熊掌走私案件的报道中援引了一个匿名野生动物经销商的话，说食用熊掌的人大多是"企业高管和政府官员"[27]。我好几次撞见餐馆厨房里正为旁边私人包间的政府官员享乐宴饮准备非法食物，包括眼镜蛇、大海龟和大鲵（俗称"娃娃鱼"）。

　　即便是《野生动物保护法》本身也是漏洞百出。表面上看，立法的目的是保护野生动物，防止珍稀生物灭绝，却允许通过养殖对野生动物"资源"进行所谓的"合理"开发。[28]自然保护主义者们早就指出，允许出于科学和经济目的圈养和繁殖野生动物，为那些贩运者提供了"清洗"禁运品的良机，大大鼓励了盗猎和走私。2020年，新冠大流行的初期，人们怀疑武汉某市场上一个野生动物贩卖点就是病毒开始传染人类的地方。与此同时，中国政府宣布了加强野生动物保护法案的计划，并立即禁止食用陆栖野生动物，加大力度打击非法野生动物贸易。然而，专家们仍在怀疑这些措施是否能成功地保护脆弱的濒危生物免遭被贩运和食用的噩运。[29]

造成极大破坏的不仅是消费非法食材。一些在很多地方依然合法且历史悠久的美食也同样问题很大，其中最"臭名昭著"的就是鱼翅。民间传说中，最初渔民卖了鲨鱼肉之后，只剩下鱼翅，就将其变成自己的食物。但最终他们认定，软骨般的鱼翅更美味，并且潜在利润更大。[30]到明朝末期，鱼翅已经成为人们趋之若鹜的食物。1990年代，华南广东地区的经济迅速发展，加之那里的人们一直对鱼翅珍视备至，对这种美食的需求就越来越大，也因此对全世界的鲨鱼种群带去了灾难。中国老饕并非鲨鱼面临的唯一威胁，巨型拖网渔业也把鲨鱼作为混合渔获之一进行大量捕杀。[31]然而人们普遍认为，中国人对鱼翅的嗜好是导致全球鲨鱼数量岌岌可危的主要原因；动保运动人士还会强调"割鳍弃肉"的残忍性，即渔民只把珍贵的鱼翅从鲨鱼身上活活割下来，再把残缺不全的鱼扔回水中等死。

其他文化中的美食家同样钟情于一些稀有而昂贵的美食，其中许多在当今世界已是颇受道德质疑。在英国，我们由来已久地推崇着很多美食，比如烤松鸡（一种小型猎禽，捕杀它们会造成环境破坏）、野生苏格兰鲑鱼（现在已经极为少见了）、鱼子酱（通常取自野生鲟鱼，如今已极度濒危）和海鸥蛋（几乎从未见过）。西班牙人到现在还热爱吃幼鳗，尽管如今欧洲鳗鲡已经极危。日本最受欢迎的寿司食材来自濒临灭绝的蓝鳍金枪鱼。法国美食家仍然敢冒法律之大不韪，食用圃鹀这种濒危的鸣禽（有个臭名昭著的故事：法国前总统弗朗索瓦·密特朗在1996年去世前的最后一餐中就有圃鹀。）在冰岛、挪威和日本，许多濒危或易危物种的鲸鱼肉都很受欢迎。此外，现代世界的大多数人，无论生活在哪里，都在以不可持续的方式食用着肉类和鱼类，都是生态退化的帮凶。如果把全人类比作一只饕餮怪兽，正把诺亚方舟里全部的东西狼吞虎咽地塞进自己的胃里，这应该是个非常恰切的讽刺。

然而，不管我们作为人类共同体该负多大的责任，破坏性美食的问题在中国的确十分突出，因为中国人有着喜欢珍奇食物的悠久传统，而且对几乎任何食材，无论动物植物都秉持非常开放的态度。中国人不仅吃圃鸮、幼鳗、鲸鱼肉，还有其他多到令人发指的食材（无论合法非法）。如果是北极地区的原住民，当然可以说按照传统食用鲸鱼肉是他们文化与生计的关键，但中国人已经拥有如此多的美味了，还要食用濒危物种，那么无论它们作为美食有着何种历史意义，都很难将如今的行为合理化。在这样一个气候恶化的时代，乘坐私人飞机都已经成为一种特别令人反感的行为。同样，在生物灭绝的巨浪之中，还有什么比刻意寻找最稀有的生物，并为了刺激取乐吃掉它们更荒唐畸形的呢？

有很重要的一点需要指出，绝大多数中国人既没有途径也并无意愿去吃昂贵的珍奇食材。然而在当代世界，这一类消费无疑使得宏大而优美的中餐明珠蒙尘、白璧有瑕。外人可能不知道，吃奇珍异兽在中国国内其实也一直饱受争议。自古以来，贤哲与有识之士总在劝诫人们要节制饮食，比如生活在公元前五世纪到前四世纪的贤哲墨子，就曾引用"古者圣王制为饮食之法"①：

> 足以充虚继气，强股肱，耳目聪明，则止。不极五味之调，芬香之和，不致远国珍怪异物。[32]

商朝亡国之君纣王，是历史上恶名昭彰的残忍暴君和堕落放纵之徒。他不仅拥有"酒池肉林"，还有一双俗丽奢华的象牙筷子。据哲学家韩非子说，这种器具是用于吃豹胎之类奇异珍馐的。[33]执迷于美食可能会让人做出令人发指的行为：比如春秋战国时期，郑灵公的一

---

① 英文回译：（提供的食物）足以填饱肚子，延续精神，强壮四肢，使人耳聪目明，就不要再吃了。不要费心费力做到五味的极致调和，也不要把食物的芬芳追求到完全和谐，不要蓄意得到远方国家珍稀、奇特和不同的食物。

个臣子就因为主公受霸主赏赐的甲鱼熬汤后并没有分给他品尝，从而怒火中烧，做出了弑君之举。在现代中国，奢侈珍奇的饮食往往与政治腐败有关。2013 年，对中共高官薄熙来的贪腐指控审判，透露了一个耐人寻味的细节，薄熙来的儿子薄瓜瓜曾去非洲旅行，回来为父亲带回一大块某种（未具名）珍稀野生动物的肉。[34] 众所周知，习近平主席于同年发起的大力度反腐运动所产生的积极影响之一，就是严厉打击了含有强烈事务性的奢华宴会，那样的场合常会出现鱼翅和各种非法美食。

南宋时期有位匿名作者指出沉溺于奇秘美食，任由他人忍饥挨饿，也是德行有亏的行为①：

> 呜呼！受天下之奉必先天下之忧，不然素餐有愧，不特是贵家之暴殄，略举一二：
> 如：羊头签止取两翼，土步鱼止取两鳃，以蝤蛑为签、为馄饨、为橙瓮，止取两螯，余悉弃之地；谓非贵人食。有取之，则曰："若辈真狗子也！"[35]

十六世纪的戏曲作家、美食家和生活艺术大师高濂曾写道②："饮食，活人之本也。……人于日用养生，务尚淡薄……惟取实用，无事异常。"[36]

当代中国人也普遍不赞赏猎奇饮食。我最近遇到一位年轻女性，

---

① 出自南宋饮食谱录《玉食批》，作者署名为"司膳内人"，泛指宫内的女厨。篇章记载的是太子每日所食佳肴，展现其穷奢极侈、暴殄天物，"因撰是书讥之"。此处将英文引文回译，权作白话译文："哎，享受了人间的供奉，就应该首先设法减轻穷苦百姓的痛苦，否则，此人就不配品尝哪怕是最简单的美食，更不配享受富人的过度奢华。比如，只吃羊颊、鱼脸、蟹腿，而包馄饨或酿整橙只取螯肉，其余都会被丢弃，并说这不适合贵族的餐桌。要是有人捡这些食物来吃，就会被斥为狗。"

② 出自《遵生八笺》，英文引文回译："为了维持生命而吃的食物，应当提倡简单和健康……我只取实用的来记录，不考虑奇异怪诞的。"

她说去云南度假时与几位朋友绝交了，因为他们在当地一家餐厅吃了非法野生动物，让她备感惊骇。我的另一位朋友满脸羞愧地形容说，满是珍奇异兽的餐桌"就像一个动物园"。虽然鱼翅在某些社会领域仍受到追捧，我的很多中国朋友却对食用鱼翅持严厉的批评态度，且非常想不通为什么会有人为了寻求刺激，想吃这样怪异的食物。

现代西方对食用鱼翅和其他濒危生物多有批评，但问题在于往往带有浓厚的种族歧视色彩。在全球生物多样性岌岌可危的时代，食用鱼翅、熊掌等珍稀动物器官显然是不道德的。但因为西方人想都没想过要吃这些东西，谴责起来自然也是"站着说话不腰疼"。西方反对食用鱼翅的运动总是有失偏颇：2011 年，加利福尼亚州采取行动禁止食用鱼翅，一些亚裔美国人诟病说，这是对整个亚裔族群的歧视，因为除了中国人之外，没人喜欢吃鱼翅。[37]这里不是在为消费鱼翅辩护，但我们有理由发问，为什么只有中国人才应该为保护环境和动物福利做出文化上的牺牲？为西方众多餐桌提供食物的工业化牛肉养殖，对亚马孙雨林造成了残暴的污染和破坏；现代渔业也为鲨鱼等物种带去了灭顶之灾，这些问题为什么避而不谈呢？

有位美国作家写了本关于鲨鱼的书籍，各方面都很优秀，唯一的美中不足就是将鱼翅斥为"毫无滋味的半透明面条"，并认为鱼翅汤是"有史以来最大的骗局之一，只是一种身份的象征，其最主要的配料对成品没有任何实际价值"。她认为，吃鱼翅比吃鹅肝等其他不符合道德的食物更应该受到谴责，因为从中"得不到任何美食享受……（鱼翅汤）没有任何烹饪价值，只是一种毫无实质的空洞象征"。[38]字里行间暗示着因为法国人爱吃鹅肝，所以这种残忍的美食相较之下就没那么不道德了。这是西方文化优越感的一个例证，实在让人目瞪口呆。

至晚从十九世纪开始，西方人就有一种鄙视中国人吃奇异食材的倾向。他们有个根深蒂固的观点：中国人最初开始吃奇特的东西，是因为贫穷、饥饿难耐。然而，正如著名人类学家文思理所说，"需要并非发明之母"①，认为中国人是因为走投无路才在饮食上冒风险，只不过是居高临下的自以为是。[39]无论在古代还是近代的中国，熊掌都是属于上流社会的食物。鱼翅最初流行于宋代，那时中国南方一些城市已经相当精致成熟，那里的人们也许是全世界有史以来吃得最好的。[40]中国的一些烹饪传统的确源于贫穷或节俭，如绍兴那些独特的发酵食品；但有些却是因为富裕和特权，比如对昂贵珍奇食物的喜爱。

如今，当著名餐厅"诺玛"（Noma）的丹麦大厨雷内·雷德泽皮（René Redzepi）将蚂蚁或驯鹿鞭放在菜单上，他就是个烹饪天才，人们会从世界各地飞来品尝。伦敦厨师弗格斯·亨德森（Fergus Henderson）或悉尼的乔希·尼兰德（Josh Niland）用牛肚或鱼肚做出美味佳肴，他们就是开创先河的艺术家，在世界各地有着大批拥趸。然而，中国厨师用鸭舌或鹿脸做出神奇的菜肴，竟然会有人说他们是走投无路的贫农或残忍的野蛮人。英国绅士吃的是"野味"，到中国人餐桌上就成了"野生动物"。即便同样是破坏环境的饮食，游戏规则也相当不公平，因为比起日本人吃鲸鱼或蓝鳍金枪鱼、英国厨师烹饪幼鳗等行为，中国人吃鱼翅而遭受的骂名显然要更多。在这样的"双标"下，难怪华裔群体会感到不安和愤怒，也难怪真正吃鱼翅的人偏要对西方那些道德说教充耳不闻。

2020 年，新冠大流行的初期，科学家提出病毒可能是从武汉一个生鲜市场的某摊位传播出来的，于是西方对中国人饮食习惯的偏见达到了一个极端的新高度。突然之间，国际媒体纷纷将中国的市场描绘成可怕的"中世纪动物园"和滋生疾病的"污水坑"。似乎没人真正意识到，所谓的"wet market（湿市场）"其实只不过是出售新鲜农

---

① 这是对英文常见谚语"necessity is the mother of invention（需要为发明之母）"的意思反转。

产品的市场而已：这个名字来自中国香港和新加坡，两地刚打捞不久的海鲜通常会放在冰块上出售，冰块会滴水，地面每隔一段时间就会被冲洗以保持清洁。

总体来说，农贸市场是中国生活的乐趣之一：新鲜的时令农产品堆得像小山，尽量不用塑料包装。这里也是日常社交的中心。这种市场长久以来的持续存在（尽管它们正在城市开发的大潮中逐渐衰落）是很多中国人仍然吃得很健康的原因之一。野生肉类曾经在某些地区算是常见，但如今已经极为罕见；大多数的中国市场即使出售活物，也只是鱼类和贝类，在某些地区还有家禽。新冠大流行凸显了中国某些市场上野生动物与人类近距离接触的危险性，但本应是对卫生、野味交易监管和人畜共患疾病等风险的合理担忧，却被人为制造的恐慌和添油加醋所湮没。

如果西方那些活动家们能在恳切呼吁停止食用濒危物种时不再摆出一副蔑视嘲笑的态度，中国食客们可能会更愿意倾听。可能换个角度看待这个问题会产生更好的成效：那就是努力去理解为什么这样的食物有着受到重视的悠久历史，从相互尊重的立场上来讨论环境保护的问题，并承认许多西方饮食偏好同样（尽管可能不那么明显）具有破坏性。在提倡停止食用濒危物种的同时，我们可以做到理解和尊重中国人对珍馐异馔由来已久的喜爱——正如在西方提倡以植蔬为主的饮食习惯，也可以不贬低将肉类作为饮食核心的西方烹饪传统。从广义上讲，认识到我们其实是"一条绳子上的蚂蚱"，都努力在严峻的新环境危机下重新协调与传统饮食方式的关系，这也许会有所助益。

长期以来，我都是中国美食的忠实拥趸，所以自己对相关话题的看法非常复杂，一路的个人历程也充满变数。当年来到中国的那个年轻女孩，发誓要吃遍天下，摒弃文化偏见，努力从中国人的角度理解中国食物的味道。西方对中餐的双重标准和贬低态度让我颇为烦恼。我在四川吃了兔头和鹅肠，在广州吃了蛇，在北京吃了骆驼蹄。中国饮食的乐趣、浪漫与冒险让我深深沉醉。我逐渐喜欢上许多西方人反感的滑溜与胶状口感，津津有味地咂摸鱼肚的黏稠和海参的脆弹。我也和中国人一样，情不自禁地受到珍馐异馔的诱惑。

我常在想：中国人吃的食材，究竟有多少种？关于中国美食的工具书《中国食经》宣称："中国烹饪所应用的原料，概分为主配料、调味料、佐助料三大类，总数在万种以上，常用的有三千种，所用原料数量之多，居世界烹饪之首。"[41]因为有在中国的亲身经历，我可以相信这一说法。尽管如此，几乎每次去中国，我都能品尝到从未尝试过的全新食材，可能是动物，可能是蔬菜。我常常想把自己在中国吃过的所有东西列一个完整的清单，也许可以模仿艺术家特蕾西·艾敏（Tracey Emin）的著名艺术品《所有我睡过的人》（*Everyone I've ever slept with*），把所有食材的名字都用刺绣的方式嵌入一顶帐篷的内壁——但我怀疑自己可能需要一顶户外大营帐。

在过去的四分之一个世纪里，我吃过一些任何人都不应该再吃的食材，其中包括鱼翅，对此我追悔莫及。有时我是完全不明就里地吃了它们；有时是明白这是慷慨的好意赠予，不愿意因为拒绝而冒犯对方；更糟糕的是，有时我就是一时"杂食主义"上头，不管不顾——这是完全应该受到谴责的。渐渐地，我意识到，自己不仅是在展现对中国文化的开放态度，可能还在这个过程中包容了其较为过分的一面，这样的认知让我心情沉重。最终，我对这种"越轨"的内疚和自我厌恶超越了一切的愉悦或对礼貌的遵守，我发誓要划清界限，永远不再吃这样的食物。

同样，我也希望处在中国精英阶层的老饕们（我很荣幸自己偶尔能做个"访问成员"）能够与那些已经变得"恶名昭彰"的食物划清界限，转而充满自豪地宣扬鸭舌、柚皮、竹笋和豆腐。中国美食的神奇美妙早就应该得到国际社会应有的认可，而食用濒危物种对这个进程有百害而无一利。鱼翅与熊掌也许曾是历史上的中餐珍馐，但曾经无伤大雅的嗜好，在今天已经是种倒行逆施。拒绝这些食物其实就是一种爱国义举。如果有人认为，即便价值观和环境发生了变化，一个社会也不能放弃曾经珍视的传统，那么想想"裹小脚"吧。中国男人曾经癖爱的"三寸金莲"，是对妇女的残害，再也没有人会建议复兴这种野蛮的习俗。

而且，除了那些奇珍异兽，不是另外还有上万种食材吗？中餐的最大优势在于，绝对不会缺少奇妙的可食之物。追求美食刺激的人可以在日常食材中发现新的珍馐美馔，比如鱼和禽类的舌头、只有特定区域才能吃到的地方特产，或是赏味期限极短的时令食材；还有些本来普通的食材，有精湛烹饪技艺的加持，也能变得非凡神奇。现在，与古代"八珍"相呼应的是"山珍海味"，曾经这里面可能也包括了熊掌，但也有野生蘑菇和可持续的野味鹿肉，当然也有其他美味可口且能吃得心安理得的好东西。人人都可以做一只没有破坏性的"杂食动物"。

更具体地说，有很多传统食谱精妙地模仿了古老珍馐的外观、味道和口感，这是一千多年前就诞生的"仿制食品"传统的一部分。想向宫廷传统致敬的话，你大可以网购熊掌形状的模具，放入羊肉甚至素食配料。在浙江，大厨朱引锋曾教我做过一道"赛熊掌"（surpassing bear's paw），用料是猪蹄。他费劲心力地将其剔骨，放进砂锅中精心熬制的上汤里，煮上几个小时，直到猪蹄呈现出美丽的金色光辉，像一个吻落在我的嘴唇上，之后就化在口中。就算是皇帝来了，即便吃不到熊掌这样一道菜，也很难不满意吧？

庖厨

烹饪的技艺

大味无形：一品锅

出租车停在外滩的一端，黄浦江畔浮华的旧上海展现在眼前。我面前是一栋殖民时期修建的宏伟建筑，曾是这座城市的电报大楼，现在看样子基本已经荒废了。我费了点力气，才推开一扇巨大的铁门，走过大厅，鞋子和大理石地面摩擦着发出"噼啪噼啪"的声音。我来到一个接待台前，一名保安接待了我，打了个简短的电话，把我领进一个铁笼子一样的电梯，送我上了五楼。

我本以为拍摄视频之前的午餐会是一顿便饭，可能一碗面条就行。但蟹先生正在一间豪华的餐厅里等我，里面以白色和金色精心装饰，挂着水晶吊灯。透过两侧的窗户能将上海的天际线尽收眼底。蟹先生坐在一张大圆桌前，上面摆着传统的本帮开胃小菜，叫人垂涎欲滴。桌上摆了两人用的餐具。

我也落了座，扫了一眼菜肴：有新鲜的河虾，整只整只地裹在光闪闪如釉面般的酱油色浓汁里；棱角分明的翠绿菜心；象牙白的腌笋；柔软的芋艿球点缀着金色的桂花碎；还有片好的甘蔗熏鸭。"都是本帮菜。"蟹先生说。"本帮菜"指的是上海本地家常菜，用以和"海派菜"相区别，后者融合了欧洲、俄罗斯和中国其他地区的各种风格，杂糅旁收、不拘一格，也是这个城市兼收并蓄的一大特色。"但我们喜欢用最上等的时令食材来做。"

我们一口菜还没尝呢，餐厅的门就被猛然推开，一名戴着帽子的厨师走了进来，他的手推车上放了一个巨大的砂锅。"来，来。"蟹先生边说边站了起来。我俩围到砂锅前。厨师揭开锅盖，我们仿佛立地升仙，被一团蒸汽包围了。锅里有一只整鸡、一整块肘子和一大块金华火腿，全都躺在极其清澈的汤汁中。这些食材加清水炖煮了四个多小时，除了少许料酒和一块姜之外，没额外加任何配料。

厨师舀了一些汤到两个小碗里，我俩先吸了一口那醉人的香气，再呷了一口。"记住这个味道。"蟹先生说，然后示意厨师继续。于是，厨师把鸡肉掰开，又往我们的碗中添了汤，我们品尝着现在已经充满鸡肉特有香味的汤汁。之后厨师又一一破开猪肘和火腿，每一次汤的成分都会发生变化，感觉就像聆听交响乐的序章：首先是轻柔的弦乐，再是木管乐器深沉的调子，接着奏响豪迈铿锵的铜管，最后我们的口腔被它们美妙的合奏填满。

这汤是如此丰盛豪华，但从某种意义上讲，也是无形的。它是各种食材的影子，清澈透明；是爱人在房间里留下的气息；是某种不在场的东西激荡起的涟漪。是的，你能看到汤中影影绰绰的鸡、火腿和猪肘，但它们的内里都已融化殆尽。重点变成了它们周围的液体"空间"，仿佛一个金色的谜团，那原本的清水将它们的精华（它们的气、它们的生命力）吸干收尽。那既是虚无，又是万物；既是空空，也是圆满。我们面前的汤，这质地稀薄的清汤，完美地体现了中国人所说的食材"本味"。没有任何让人分心的杂味去掩盖食材的味道，抢它们的风头，只有一缕酒香和姜味将肉腥完全消除。我们吃的东西已经升华为某种抽象的完美。

蟹先生请我喝的汤，是一道古老的江南菜肴，"一品锅"（Top-ranking pot）。"品"字的三个"口"曾经代表装满祭祀食物的碗碟，在这个菜名中是指汤的三种配料。现代汉语中，"品"字还有个十分恰切的动词意思——"品尝"。这道清汤非常奢华地体现了一整个流派的中餐，旨在不受干扰地呈现上等食材的"本味"。这种菜肴发源于古时候的祭祀羹汤，都是把珍贵的动物肉切块，炖煮到精气化为蒸汽缓缓上升，引诱神灵下凡。但现在经过改良，口味更适合有血有肉的凡人了。

两千多年来，中国人一直把"本味"挂在嘴边。公元前三世纪，由商人吕不韦记载的厨师伊尹与商汤那次传奇会面，文题就是"本味篇"。这是一篇有关道德与政治的寓言，全篇以烹饪作比。伊尹告诉汤王，虽然通过烹饪可以去除肉类食材各种令人不喜之处，但至关重要的是保留其内在的特质。[1]同样的，我在四川烹专做学生时，就和同学们一起学习了如何通过烹饪技巧来展示上好食材的本味，去除任何对其有损的东西，以温柔的手法提升本已存在其中的美妙之味。

优秀的中餐厨师总在寻求"本味"与"调味"之间的平衡——后者是指通过添加调味料而产生的风味，比如酸甜的糖醋味。在强调"本味"的菜肴中，调味料的添加需要慎之又慎，目的只能是衬托主料，切不可喧宾夺主。通常，这类菜肴的名称中都会有个"清"字，提醒人们主料的特点应该突出，清晰而明亮，不被额外元素所干扰。比如，一条"清蒸"鱼，通常只会加少许的盐、料酒、姜和葱来去除鱼腥味；而"清炖"鸡汤颜色会清澈透明，完全突出纯粹的鸡肉风味。

当然，强调本味的菜肴必须依赖食材的品质和新鲜度。养殖的鱼带了种泥污味，可以用浓郁的香辣酱汁来加以掩盖。但要是你想"清蒸"这条鱼，那就盖不住了，那味道会过于明显、无处可藏、令人不快。人工鸡精和味精也许可以用来凑合一锅清汤，再调制成酸辣汤；但要是用这些不怎么样的食材来做"一品锅"，那就没什么品头了。要做注重本味的菜肴，必须采购尽量上等的食材——中餐中最优越的"精英"美食往往显得最朴素，这是原因之一。

中国有很多种地方菜肴，其中有些最重"调味"。比如，川菜就是以其包罗万象的"复合味"闻名，有发酵调料、辣椒、花椒、糖、醋……万般排列组合起来，达到熠熠生辉的效果。有些"势利眼"会觉得川菜比较低级，甚至只能算农家菜，其调味多也是原因之一——他们认为吃川菜的人都是因为没什么实在的东西"下饭"，只能依靠重味的调料。同样强调用料调味的还有湖南菜、云南菜、贵州菜和江西菜。相反，所谓"地位较高"的菜系，通常以优质配料和清淡口味著称，比如江南富庶城市和南粤地区的菜肴。即便在同一地区，你的社会地位越高，口味也会越清淡。例如，四川著名的平民菜肴麻婆豆腐，用的是廉价的原料，调味也大胆奔放；而传统的筵席珍馐则有"清蒸江团"和清淡的"鸡豆花"：鸡胸肉宰成泥，形成"豆花"，漂浮在清澈的汤汁中。

中国的美食家们经常试图通过赞美本味来展现自己品位高，同时也抨击那些他们看来乱七八糟的菜肴，配料随意拼凑，调味也过于重口。美食家袁枚对烹饪的纯粹性要求极高，坚持认为炒糖色为菜肴增色、加香料为菜肴添香，都是一种粉饰，只会伤及食材本身的好味道。（"求色不可用糖炒，求香不可用香料。一涉粉饰，便伤至味。"）他以颇具个人特色的尖锐口吻斥责道："今见俗厨，动以鸡、鸭、猪、鹅，一汤同滚，遂令千手雷同，味同嚼蜡。"又说，"吾恐鸡、猪、鹅、鸭有灵，必到枉死城中告状矣。"[2]

相反，袁枚认为，一个好的厨师，应该配备不同的锅碗瓢盆，好让每种食材展现自己的精髓特质，每道菜都具备独特的风味。（"善治菜者，须多设锅、灶、盂、钵之类，使一物各献一性，一碗各成一味。"）惟其如此，才能使得"嗜者舌本应接不暇，自觉心花顿开"。[3]充分体现"本味"的菜肴，依然和调味菜一样，是厨师的艺术创作，因为仍然需要烹饪技艺来纠正、调整与润和大自然所馈赠的味道。但人为的改善是非常微妙的，效果也是很自然的。

毫无疑问，袁枚一定会赞许龙井草堂的菜肴，尤其是他们的招牌老鸭汤。这道菜用的是散养土鸭，要三岁大，肉质成熟，风味深邃，远远胜过任何"年轻鸭"，超市里卖的那种养殖鸭就不用提了。鸭子会塞进一个瓷钵中，加入一瓢水、一勺酒、少许盐、葱和姜，小火蒸上四到五个小时，直蒸到鸭子瘫软地浸润在充满自身味道的汤汁中（这种方法被称为"炖"）。成品鸭汤的量不多，但一定会是你这辈子喝过的最美味的鸭汤，深邃、浓郁而芬芳。用中国人的话说，这鸭子是"原汁原味"，完美地体现了其风土和饲养方式。可以想象，这样一只鸭子，应该不会去"枉死城"告烹饪它的厨师，反而可能给他颁发一枚金牌。

汤是中餐中几乎顿顿不可少的菜品。中餐日常基本膳食的简称就是"四菜一汤",相当于英语中的"肉配双蔬"。在中国的家常菜餐馆、中国旅行团的行程安排和曼哈顿的唐人街,你都有可能看见"四菜一汤"的标语。1960年代,毛主席甚至将此作为国宴的标准,旨在避免浪费金钱和国家资源。[4](国宴的菜自然品质很高,这个基础标准可能不会算上多种小盘凉菜,但当然会与封建帝制时代的熊掌、驼峰等奢华珍馐大相径庭。)

中国寻常人家的简单晚餐,清淡的汤可能是唯一的"饮品",作用与西餐中的一杯水或葡萄酒相同。这种汤的形式多种多样,可以是水煮蔬菜,也可以是加了昂贵虫草的炖全鸭。清澈的汤汁中,食材没了重力的束缚,四处漂浮着,像一幅立体的抽象画:一簇簇绿叶、一片片番茄、一缕缕金黄的蛋花。只需将蔬菜放入水中略煮,就能得到一锅清爽的汤:我特别喜欢南瓜汤,汤汁染上了淡淡的金橙色,从南瓜块那里借来一缕幽微的香甜。在中国南方的乡村地区,人们历来喜欢把米半煮熟后将丝滑的液体当汤喝掉,这就是米汤,有时里面还会加少许蔬菜。北方的人们吃饺子,会来上一碗煮饺子的面汤,原汤化原食。几乎所有中国人都比任何西方人更需求和渴望喝汤。我已经在中国人的饮食之道中浸润多年,也对汤产生了永久的渴望,常在自己家里做汤喝汤。

作为食材精华的载体,汤通常有药用滋补功能。在其他文化中,鸡汤也是一种滋补食品,但中国人通常会在鸡汤和其他汤中额外添加一些药材或蔬菜,也许针对特定的身体疾病、个人体质或特定季节,就像一张处方。大多数中国超市都有各种品牌的袋装(药)汤料,比如"雪耳清润汤",里面有玉竹,蜜枣、杏仁、莲子、淮山、干百合和银耳。在华人社区中,广东人以擅长煲汤养生闻名,他们用这种方法来适应炎热潮湿的气候,保持健康。[5]美妙的一锅汤料中,通常有猪肉,但有时也用鸡爪、猪肚等配料,再搭配纠缠的根茎和草药,为汤赋予微苦、草本味或花香，是粤菜的特色之一。在广东人心目中，这样的"靓汤"往往象征着爱与关怀。许多粤式滋补汤在上桌前都要过滤，营养丰富的汤液充满了全部食材融合的美味，分到小碗当中，已经被吸干精华的固体食材则留下不用。

除了作为餐桌上的一道菜，也充当治疗各种疾病的良药以外，汤还是经典中餐里最重要的调味品之一（用作调味的往往是浓汤）。它就是"鲜"的化身，配料的美味鲜香全都灌注其中。美妙的汤汁自然是汤面和其他很多汤品的灵魂，但要是在烧菜或炒菜中淋入那么一点高汤，就能起到"提鲜味"的作用。在味精肆虐中餐之前，厨师们都依靠高汤来为菜肴增添风味。日常的浓汤可能会用猪骨熬制；而更浓郁奢华的汤，即"上汤"或"高汤"，则常用整只鸡和猪骨慢火熬成，还要加入鸭肉、金华火腿和各种干海鲜，更添鲜香。

各种配料的精确组合是每位大厨秘而不传的招牌。高汤对于厨师出菜的品质和特色至关重要，所以有个说法是"厨师的汤，唱戏的腔"，都是表达艺术修为的手段。山东的一位老师傅告诉我，过去，他可是"没有汤，不做菜"的。开封美食作家孙润田说，在民国时期的开封，一桌大宴开席，总要先喝一碗汤，可以通过评估汤的水准，来准确预测这顿饭的整体品质；更有甚者，一家讲究些的馆子，调味的汤用完了，这一天就会打烊，挂出"汤毕谢客"的牌子。[6]

1908 年，一位日本化学家的发现对中餐的未来产生了深远影响。池田菊苗被海带汤的美味所吸引，决心确定其化学来源。他从汤汁中分离出了美味的化合物谷氨酸钠，简称"MSG"。日本"味之素"公司将这一科学发现进一步开发，开始以工业规模生产 MSG，直至今日。MSG 应该是在 1960 到 1970 年代在中国流行起来的，那正是计划经济时代，生活艰苦、肉类匮乏。对大多数人来说，为了要熬一锅好汤去购买适当的原料，价格实在过于昂贵。但这被中国人命名为"味精（味之精华）"的白色细粉末，就是一条风味的捷径。加了味精，再普通不过的食材都能焕然一"鲜"，拥有本来没有的浓郁美味。如果你不用酱油（在增添风味的同时也会让食材呈现暗红的色调），味精就是完美的选择：无色，在成菜中完全隐形，而且非常美味。

味精及其近年来的衍生品"鸡精（和味精差不多）"可谓旋风般地席卷中国。在西方，味精只被工业化食品生产商和垃圾食品餐厅所采用；但在中国，没人能抵挡它的吸引力。在家做菜的人能用它给简单实惠的菜肴施加一点"魔法"；家常菜馆和街头小贩也能以此增加出品风味；即便厨艺娴熟的老师傅，也能撒下少许"味精星尘"，偷得一点儿好处。

中国人很快习惯了那些加了味精、口味颇重的菜肴。不多加这一点儿东西，好像什么菜都乏味平淡了。除了最好的餐馆，其他的餐馆根本没有精力去用制作费神又成本高昂的高汤，而且也似乎毫无意义。既然鸡精与味精就能做出"金汤琼浆"，让顾客满意饱足，还大费周章地熬什么高汤呢？仅仅过了一代，制作上等高汤的秘技似乎就已失传了。

几年前，在龙井草堂的厨房里，董金木师傅给我上了一堂烹饪课。他年过花甲，身体健壮，有种冷幽默的气质，本来已经退休，又被餐馆老板阿戴硬拉来一起创始草堂。之前的四十年，他都在杭州著名的"楼外楼"做菜，这家餐厅坐落在西湖边，以经典的杭帮菜闻名。岁月变迁，楼外楼也早已"与时俱进"，但董师傅是 1960 年代在那里受训的，带他的师父按照味精出现之前的老手艺教导他要精心准备高汤和菜肴。阿戴请他和另外两位老师傅出山的目的很明确，要复兴传统做法，并将其传授给新的一代。

2000 年代初，阿戴开了龙井草堂，一心要以守为攻，打破味精在中国一统天下的局面。"味精固然可以提味开胃，"他对我说，"但掩盖了食材的本味。我们应该学习道家，让食物回归自然。"他禁止自家厨房使用味精和其他所有非传统调料，坚持让厨师们自己制作浓郁的高汤来为菜肴提味。所有人都觉得阿戴疯了，要是一家餐厅仰赖农家慢养的土鸡土猪来熬高汤调味，怎么活得下去？从商业角度来讲，这无异于自杀。

"人们喜欢不用味精而用真高汤的理念，是因为他们知道汤有多好，"阿戴告诉我，"但这样的菜很贵，表面上又看不出来。大多数人不愿意为额外的成本买单，因为他们已经习惯了花比较少的钱吃到看似完全一样的菜。"

但阿戴力排众议、坚持己见。最终，在他的餐厅里，你可以品尝到两个多世纪前袁枚吃过和写过的那种食物，用的是来自同样地区的同样的当地食材，烹制方法也和袁枚的私厨一模一样，这在全中国也是凤毛麟角。

"尝尝这个，"董师傅说着从炒菜台边的一个碗里舀起一勺金黄的液体递给我。这是将干贝和鸡肉一起蒸制而析出的汤汁，美妙的风味被淋漓尽致地提炼了出来。董师傅用它来丰富汤和酱汁的味道。此味只应天上有，或是出现在柏拉图式的理想当中，鲜美、复合而咸香。接着他又从一锅"咕嘟咕嘟"的红烧划水（鱼尾）中舀出一勺酱汁给我尝了尝，那液体呈现深酒红色，美味惊人。我心想，这就是人们所说的"风味的深度"吧：品尝这味道，就仿佛在凝视一汪古老的深潭。

传统中国厨房里制的汤，主要有几种。最重要的是"清汤"，一种透明的肉汤，通常用鸡肉和猪肉熬制，也会加入其他配料增添鲜美之味。通常先把食材焯水断生，冲洗掉全部残留的血沫，再加水没过，用极小的火慢熬数小时。之后，再通过两道工序对汤汁进行澄清和过滤。首先，在汤中加入搅打过的猪肉茸，即"红茸"，它会渐渐像竹筏一样浮到汤液表面，收集各种杂质，之后就将其捞出滤掉。随后，再加入鸡胸肉泥打成的"白茸"，重复同样的步骤。堪称典范的清汤，应该呈淡金色，完全清花亮色、鲜美可口，没有一点点浮渣或油滴。这样的汤就可以用作最上乘的宴席菜汤底，比如著名川菜

"开水白菜"：一棵或几棵普普通通的大白菜心漂浮在汤汁中，看似清清白白的开水，实则是奢侈浓郁的清汤，鲜明地体现了中国精致料理的玄妙智慧。

另一种重要的汤是"奶汤"，做法是快速煮沸食材，使其脂肪乳化，产生一种淡淡的丝滑液体，有着奶白的不透明色。奶汤口感醇厚，特别适合烹饪冬瓜和大白菜等柔和清淡的食材。按照传统，北京烤鸭宴上的最后一道大菜就是用鸭架大火快煮熬成的奶汤，加入丝带般的大白菜。禽肉、鱼肉和蔬菜都能熬成奶汤，但经典的宴席用奶汤是用整只鸡与猪肘、猪皮和猪肚这类极富胶原蛋白的食材一同熬制而成，能产生极其浓郁美味的乳状液体。还可以弄得更奢侈：把奶汤大火加热，进一步收成"浓汤"，奶油质地的金色浓稠液体能缠绵唇齿，久久留香。这样的浓汤已经不像汤了，应该说是酱，通常用于鱼翅和花胶等口感鲜明却无味的名贵干货。通过大煮昂贵食材得到浓缩汤汁，在量上要比小火慢熬的清汤少很多，所以在如今的中国很难遇到真正的浓汤。大多数餐馆在制作原本需要浓汤的菜肴时，都用淀粉勾芡增稠的黄色液体，加鸡精调味，这样的汤汁既不会与你唇齿纠缠，也不会顺滑地溜入喉咙，是过于不合格的冒牌儿货。

和上面的多种食材不同，"原汤"只用一种主料熬制，比如简单的鸡汤。从煨好的食材中滤出"头汤"后，可以加入更多的水，再煮一遍，萃取出更丰富的风味。不过"二汤"会较为稀薄，只适合用在家常菜中。

汤用在何种食材的烹制中，一定要讲究搭配适宜。杭州的另一位烹饪大师胡忠英曾向我阐释过其中的道理：浓汤绝不能用来烹制海鲜，因为会掩盖那种鲜亮清新的"本味"，而这恰恰是新鲜捕捞的海货的特色。鸡肉菜肴应该始终使用纯鸡汤。清汤在夏天更适口，而浓汤在寒冷的冬天必然大受欢迎。在重庆，著名的麻辣火锅会用牛肉汤做汤底，煮进火锅里的传统配料也会有牛肚等牛下水。中国穆斯林用牛羊肉来熬制肉汤。当然了，和其他领域一样，有一类是佛教的素汤，通常会采用豆芽、新鲜竹笋或香菇等拥有鲜美本味的素食配料来打底。

全中国各地的高级大厨们传统上都用各类汤来做菜，而山东省的厨师（其中许多人都曾在北京御膳房工作，中国最后两个封建王朝的御膳特色融合了他们的劳动和智慧）尤以汤鲜质优而闻名。在山东省会济南的第一晚，我就有幸品尝到了当地著名的"奶汤蒲菜"，主料是某种香蒲柔嫩的假茎，是赏味期限很短的时令菜。清清白白、柔柔滑滑的蒲菜，与"膨胀"的溜滑猪皮漂荡在缎子一般的浓郁奶汤中，如梦似幻。

过去，中国厨师是出了名的"藏着掖着"，自己的秘方绝不外传，生怕要是把每一招都教给了哪怕最喜欢的徒弟，对方最终都会成为竞争对手，抢了自己的饭碗，所以就有了"留一手"的习惯。在杭州，董师傅这个即将结束炉灶生涯的老厨师，表面上相当坦诚地与我分享了自己制汤的秘诀，但他真的毫无保留吗？每每我俩聊到制汤，他都会补充一些之前省略的小细节。我也不确定，他究竟是像很多厨师一样，其实说不清楚那些细枝末节，还是给我布了个"迷魂阵"。不过他讲了一件事，叫我惊讶万分：厨房里另一位高级大厨郭马，每天与他并肩上灶，两人都有自己的"秘制汤"，而且互相都不知道彼此的汤方！

我尝过的最美味的汤便出自董师傅之手。他不只做一种高汤，还会为不同的菜肴熬制好几种不同的汤。他的经典高汤是用老母鸡、猪排骨和干贝，加少许生姜和葱，在清水中慢慢煨炖而成。不过有时候，他也会先将鸡肉、排骨和火腿油炸后再熬炖，这样的汤会特别香。高汤用来煮干鲍，吸收了鲍鱼的一些风味，会分出一些给本来无味的海参提味。董师傅还发明了另一种独特的汤：颜色深，呈胶冻状，用来烹制划水（大鲤鱼尾）。汤用鱼骨加葱、姜、蒜、料酒、酱油和一点点辣椒，大火煮开后再小火熬制而成。

还有为特定菜肴现做现用的专门的汤汁，比如龙井草堂有道招牌菜叫"无名英雄"，是用淡水鱼中风味最鲜的小鲫鱼，先在猪油中煎香，再倒入热水和少许料酒、姜、葱熬煮，直到油脂和液体乳化成洁白、丝滑、鲜美到极致的鱼汤。过滤后，将鱼弃置不用，在汤中加入一条肥美的鲤鱼和如蕾丝一般的竹荪。鲤鱼炖熟后，转移到一个大汤钵里，浇上汤，再撒上猩红的枸杞子和绿色的葱段，仿佛白色背景上镶嵌的宝石。菜名"无名英雄"指的是小鲫鱼，它们慷慨地献出了自己的精华，在成菜中却没有一席之地。（那些在其他汤汁中贡献自己精华的鸡、鸭、猪，也可获得同样的称号。）

在草堂，高汤是很多菜肴的支柱，能为它们带去一种微妙的丰熟，尤其是在偏素的菜肴中。一勺高汤，就像少许的猪油、鸡油或虾米，能给素菜带去叫人味蕾一亮的鲜香风味。别名"鸡毛菜"的小白菜，通常先焯水，只加高汤和盐调味；新鲜毛豆可以放在高汤中，加几片火腿一起蒸熟；有时候，会在凉拌菜中点入少许清汤提味。其实，汤的使用方法和现在很多厨师使用鸡精和味精大致相同，但效果更温和、圆润与和谐。反对大量使用味精的论点之一，就是味精过于上头的鲜味会让味觉迟钝，使其对更为微妙的味道失去敏感性。（传统的高汤温柔精巧，体现了千百年来中国人对上等食材"本味"的推崇。可以说，霸道蛮横的味精仿佛一个穿着假皮草、戴着假钻饰的妖艳妇人，既偷走了本属于高汤的位置，也抢走了"风味精华"之名。）

前不久，我请一些中国朋友吃晚饭，他们都是厨师和餐厅经理。我做了很多菜，包括麻婆豆腐、宫保鸡丁和炒素菜。最后，我按照四川宴席的规矩，给他们端上一锅汤——用了一整只珍稀品种的鸡（连头带脚），再加一块上等西班牙火腿，放在砂锅中，小火慢熬数个小时而成。其他的菜，客人们当然也很喜欢，但这道汤让他们最是回味无穷。汤料的成本比其他任何一道菜都要高很多，甚至可能超过其他所有成本的总和。我清楚，客人们一定会喜欢的，结果也不出所料。

不过，事后想想，我不太可能为西方客人做这样一道汤。虽然他们一定也会蛮喜欢的，但我怀疑看似"清汤寡水"的汤汁给他们带去的享受不会甚于宫保鸡丁或鱼香茄子，因为后两者是如此鲜艳、浓烈、扎实。我认为，大多数西方人，至少在吃中国菜时，喜欢"调味"甚于"本味"。但我的中国朋友们却对着汤赞叹不已、沉浸其中，像猫儿一样发出满足的咕噜，将这淡金色的"万灵药"喝了个底朝天，赞美说比之前的每道菜都要美味。膻浇芳烈的川菜风味之后，这道透明到几乎无形的汤完全没有扫兴，而是散发着淡金色的安然之光，以妙不可言的魅力，摘得这顿饭最辉煌的桂冠。

浓淡相宜：糖醋黄河鲤鱼

时间尚早，但我已经醉了。这是我来山东省会济南的第二个晚上，参加的是大厨王兴兰带队的美食之旅，高潮迭起，令人兴奋不已。王兴兰是男人当道的厨界少见的巾帼英雄，在厨房里地位一步步攀升，如今年过七旬，已是鲁菜界当之无愧的女王。她雷厉风行又和蔼可亲，魅力无穷，有着很强的感染力和幽默感。那天晚上，我们应邀参加了在"城南往事"餐厅举办的宴席，老板是王兴兰的一位徒弟。和济南正式宴会的规矩一样，开宴时，大家纷纷举杯敬酒。因为我平时不怎么喝酒，所以很快就上头了。随后，我们就在谈笑间吃完了二十道左右的美味佳肴——好了，烹饪课堂正式开课。

在餐厅的厨房里，大厨尹明玉将向我展示如何制作当地名菜"糖醋黄河鲤鱼"（Sweet-and-sour yellow river carp），还是高级宴席版。据说，这道菜起源于离济南中心不远的洛口镇，那里的黄河鲤鱼鲜活肥美，夏季尤佳，红润的尾部和金色的鳞片美名在外。鲤鱼本身在中国北方已有数千年的养殖历史，长期以来一直在中国美食与图腾造像中占有重要地位，从剪纸、绘画到糕点模具，随处可见它们棋盘格般嵌套的鳞片和弯曲腾跃的身体。

尹师傅手拿一把锋利的菜刀，向我展示如何处理刚刚鲜杀的鲤鱼。他在鱼身两面各划了六条深深的口子，提着鱼尾巴吊起来，鱼肉就成片地垂了下来。接着给整条鱼裹上面糊，然后用一根长长的金属扦子让鱼的身子弯曲起来。将头尾同时抓在一只手中，将鱼轻轻放入一锅热油，同时仍然抓住鱼头鱼尾，直到面糊已经炸得酥脆，将鱼身固定在了开始的弧度，再完全放鱼入锅。鱼肉在油面上"嘶嘶"地煎上一会儿，就将已经全身金黄的鱼取出，让它立在盘子上，鱼尾保持向上翘起，与上昂的鱼头相接，仿佛正在进行一次精彩的跳跃。接着他进行了最后的装饰，舀上助手调制的光亮糖醋汁浇在鱼上，让整条鱼闪耀在波光粼粼的"酱池"中。眼前这菜的视觉效果仿佛雕塑，惊艳无比，几乎美得叫人不忍下口——我们当然还是很快就吃完了。

甜酸味也许是最著名的中国风味，它是"调味"的缩影，取决于两个关键元素之间的平衡，而这又是对厨师手艺是否敏锐准确的考验。平衡或"调和"味道与控制火候一样，自古以来都是中国厨师最重要的技能之一。正如两千多年前伊尹所说①："调和之事，必以甘酸苦辛咸。先后多少，其齐甚微，皆有自起。"[1]有关烹饪的主要中文词汇之一就是"烹调"——"烹饪与调和"，这是有源可溯的。

中国人历来有核心的"五味"，比西方的甜、酸、苦和咸四味多了一味"辛"。人们曾认为五味与宇宙的动态过程相一致，正如五行（金、木、水、火、土）和阴阳的不断变化。此外，古代中国人讲五味，不仅是字面意义上理解的甜味、酸味等，还是从形而上的角度囊括了厨师所能使用的各种味道和配料——有时候，也指为政之道，正如调和羹汤，达到五味平衡。公元前三世纪的法家思想家韩非子就曾写道："凡为人臣者，犹炮宰和五味而进之君。"[2]

调"咸"味，古代中国人主要靠盐，既有川南自贡等地开采的井盐，也有海盐。民间智慧认为，海盐可以追溯到远古时代，那时有许多传奇的圣人，其中一位名夙沙氏，教会中华民族的祖先们煮沸海水、提取海盐。另外还能从腌肉和腌鱼、发酵豆制品和其他人工调味中获得咸鲜味。调甘/甜味，则有蜂蜜和谷物芽制成的麦芽糖，后来又有了蔗糖。除了醋以外，中国的酸梅（英文应为"apricot"，常被误译为"plum"）也可以用来调"酸"味。"苦"味有时候来自酒，但更多时候来自苦味食物而非真正的调味料。还有"辛"味，也可

---

① 英文回译："进行味道调和时，必用甜、酸、苦、辛、咸。孰先孰后，孰多孰少，其间的平衡是非常微妙的，因为每一次变化都会产生各自不同的效果。"

以说是"辣"味，来自大蒜、生姜、胡椒等香料，后来又有了辣椒。（现代四川有时还会在五味之外加上"麻"，即花椒给味觉带来的刺痛感。）

中国美食一向非常注重风味的多样性，精心策划的一餐饭必定要考虑到这点，也是让人满足愉悦的关键。屈原诗歌《招魂》中描述的宴会即包含了各种味道："大苦咸酸，辛甘行些……和酸若苦，陈吴羹些。"[3]这位诗人还写过另一首著名的诗歌《大招》，也是为了召唤魂灵归来，其中提到"鼎臑盈望，和致芳只"。[4]①

酸甜味这种独特的组合可能很早就出现了：根据公元前二世纪的一份资料，当时的中国南方人就已经以爱吃酸甜菜肴闻名。[5]比利时汉学家胡司德（Roel Sterckx）甚至在湖北一座古墓出土的公元前二世纪某司法记录中发现了相关讨论，要对违反当时健康与安全准则的御厨工作人员进行适当的惩罚。其中提到的一项违规行为就是调味不准，具体例子如下②："使庖厨监食失甘苦之和，若尘土落于菹中，大如蚍虱，非意所能览，非目所能见……"[6]（真不知道，那可怜的厨师会因为这样的罪行被处决吗？）

通常，中国人都把酸甜味称为"糖醋"味。不过，大家可以想见，中国如此幅员辽阔、多姿多彩，对"酸甜"的诠释也自然多种多样。从济南沿黄河而上，北宋古都开封就有地方特色浓厚的糖醋鲤鱼，是从宋代一直沿袭下来的当地佳肴。通常，要到水流宽缓的特定河段捕获鲤鱼，那里的鱼儿有大量小型水生物和沉淀在河底的其他营养物质为食。鲤鱼先不过面糊煎一下，然后淋上大量的糖醋酱汁。这道菜的特别之处在于，等鱼盛盘，躺在光闪闪的酱汁中，摆盘还要加上一撮酥脆的油炸龙须面。吃完鱼肉后，再把那细到不能再细的炸面浸入酱汁中。如果往南边去，到了杭州，就能品尝到著名的"西湖

---

① 参考译文："鼎中煮熟的肉食满眼都是，调和五味使其更加芳香。"
② 出自东汉王充《论衡》。

醋鱼"，也是把煮熟的草鱼浸润在糖醋酱中。

多年前，我在成都碰见一群美国游客，堪称奇遇。当时我和父母正在成都最好的餐馆之一"蜀风园"的包间里用餐，一个服务员过来请我帮忙，说隔壁包间遇到点事情。有游客点了一道糖醋脆皮鱼，厨房刚刚出菜：一条肥美的鲤鱼，鱼肉裹了面糊，炸到片片酥脆挺立，上面淋满了用糖和米醋调和的蜜糖色酱汁，盛盘时还撒上了葱丝和红椒点缀。但那些游客拒绝食用，不会英语的服务员问我能不能问问他们究竟怎么回事。原来，这些游客最近在广州吃过糖醋鱼（广州与成都相距千里，菜系与烹饪风格大相径庭），眼前这道和他们吃的完全不同，所以笃定要么是餐馆服务员下错了单，要么是故意蒙他们。他们连尝都不愿意尝一口。我礼貌地向他们保证，餐桌上这条鱼是一条完美的川式糖醋鱼，可能全四川也找不出做得这么好的了，并力劝他们至少尝一尝。最终他们听了劝，还说真好吃。

糖醋鱼在中国当然很普遍、很受欢迎，但类似的风味组合也适用于其他的食材和菜肴。做素凉菜时，可以用白萝卜等素菜切丝，调味就加糖醋汁，通常用透明米醋调制。排骨油炸后加黏滑的深色糖醋酱，浓油赤酱，深受上海人喜爱。还可以用糖醋味盐卤来泡菜。在南粤地区，酸味的山楂果是很多酸甜味菜肴的传统调味料。四川人将普通的糖醋酱汁与"荔枝味"区分开来，后者里面没有加荔枝，但酸味比甜味更明显一些。他们还会把酸甜口味作为一个整体元素，融合到更复合的味道中，比如以泡海椒、姜、大蒜和葱打底的"鱼香"味；还有"宫保味"，就是在荔枝味中又融合了煳辣椒和花椒。

四川人是中国最伟大的现代调味艺术大师，在他们眼里，酸甜只是广博的多层次"复合味"中的一种。甜、酸、咸、辣等调味料经过大胆组合，创造出无穷无尽的口味，通常还会加入芝麻酱或芝麻油，增加一点坚果香，再来点儿让人唇舌酥麻的花椒。川菜不仅味道鲜美，而且非常"煽动"感官，因为辣椒之辣与花椒之麻实在令人兴奋刺激。科学家研究发现，花椒对口腔产生的影响，效力等同于五十赫兹电流。[7]辣椒有不同的品种，每个品种又有不同的使用形式，风味效果和辣度也各不相同：新鲜的、晒干的、腌泡的、与豆类一起发酵的、磨成面儿的、在油里熬过的……花椒可以整粒使用，也可以经过烘炒后磨成花椒面儿或者做成花椒油。

酸甜的糖醋味是四川人复合调味的一个典型，而他们将这个大主题进行了各种扩展，仿佛孔雀开屏，叫人眼花缭乱、叹为观止。吃一顿好的川菜，可能会像坐上了"风味过山车"，所以四川人爱说"一菜一格，百菜百味"。1980年代，四川的烹饪专家们逐渐对这些灿烂广博的味道进行归纳和定名，总结出一套包含二十三种"官方"复合风味的标准，就像经典法式烹饪中的"母酱"。最著名的川菜复合味是用辣椒和花椒调制的麻辣味，但这只是我们烹专教材中阐释的复合味中的一种而已。反正，这些也只是模板，因为厨师们还在继续发挥创造性，天马行空地进行调味游戏，创造出各种激动人心的复合味。正因如此，川菜才成为中国最绚烂奔放，也最引人瞩目的地方菜系。或许也是因为如此，今时今日，川菜不仅在国门之内，也正在全世界的美食竞技场上过关斩将、大放异彩。

西方人刚刚与中餐相遇时，就和我与妹妹一样，深深迷恋上了酸甜糖醋味的搭配。这已经成为国外中餐的招牌风味，每家英国外卖店都有糖醋咕咾肉，也是几乎每位顾客都会点的菜。美国人也迷上了用大量糖和醋调味的菜，从宫保鸡丁到左宗棠鸡，从炸蟹角到陈皮鸡丁，后者还是连锁中餐店"熊猫快餐"（Panda Express）的招牌菜。酸甜搭配，成为中餐的象征：中英混血作家毛翔青以英国中餐外卖店为背景写的小说，书名就叫《酸甜》；而我自己的美食与烹饪回忆札记《鱼翅与花椒》，原副题就是"中国美食之旅的酸甜回忆录（A sweet-sour memoir of eating in China）"。中国人当然从来不是唯一的酸甜味美食生产者——想想西西里的酸甜茄子（caponata），英国人用蔬菜腌制的酸甜酱（pickle），甚至印度的芒果香料甜酸酱（mango chutney）——但任何人都会认为中国就是"酸甜味"的灵魂之乡。

然而，比起吃中餐的西方人，中国人从来都没那么喜欢酸甜味食物。他们当然也吃，但没有那么频繁，而且通常只是众多味型中的一种。1990年代，我在四川留学时，很多餐馆的菜单上会有一两种"糖醋"打头的菜肴，但只有老外才会每顿饭雷打不动地必点这些菜。

西方人与酸甜味中国菜肴的初遇始于广东移民，他们在英国、美国和其他很多国家烹制了"去国离乡"版的新式"中餐"。他们的灵感很可能来自"咕噜肉"，即广东与香港的中国人心目中的"糖醋里脊"。与我儿时常吃的糖醋肉球相比，咕噜肉通常更精致些，将肥肉部分占相当比例的猪肉条裹上淀粉炸制后放入炒锅，与菠萝块、竹笋或青椒混炒，再加糖醋汁调味。全广州最有名的"咕噜肉"出自广州酒家，菜单上有一道"怀旧咕噜肉"，是用金灿灿的新鲜菠萝和猪肉做成，沐浴在一片浓稠的金色酱汁当中。香港则有更现代版本的咕噜肉，通常使用非传统的调味料，如番茄酱、OK酱、喼汁、柠檬片、酸梅子和/或"鸟"牌（Bird's）吉士粉。

菜名中的"咕噜"（又写作"咕咾"）二字是中文里不太常见的表达，只能用于描述糖醋味的猪肉（或相关菜肴）。这是个拟声词，翻译成英文大概就是"glugging"的声音。有一些烹饪相关的中文资料尝试以各种方式来解释这个奇怪名字的由来。据比较权威的《中国食经》记载，这道菜又名"古老肉"，来源可追溯到清朝末年。当时，第一次鸦片战争以中国和外国签订不平等条约告终，其中的条款允许外国人在广州港定居。[8]据说，这些"洋鬼子"特别喜欢吃当地的糖醋排骨，但不习惯吐骨头，因此广东厨师就用去骨的精肉代替了排骨。糖醋排骨历史较老，于是这道改制后的菜就叫"古老肉"。书中又说，外国人的中文发音不准，常把"古老肉"叫做"咕噜肉"。又因为当地人注意到咀嚼猪肉时有弹性，会发出"咕噜咕噜"的声音，长期以来两种称法就并存下来。还有一本烹饪辞典说，清代广州的外国人因为不习惯咀嚼骨头，所以会发出"咕噜咕噜"的声音。美国烹饪学院教授甄颖（Willa Zhen）博士在2009年牛津食品研讨会上引用了又一种民间的解释，说"咕噜"是英文"coolie"（苦力）或"good"（很好）的音译变体，十九世纪外国人在广州询问这道菜的名字时，会听到包含这两个词的回答。

吃糖醋猪肉或排骨的时候，人真的会发出"咕噜咕噜"的声音吗？十九世纪中国的苦力劳工真的吃得起肉吗？还有，中国餐馆的老板们什么时候根据"洋鬼子"的错误发音来给经典菜肴改名了？我一直觉得上述这些解释疑点重重，直到翻阅了2002年出版的陈照炎著作《香港小菜大全》，我才找到了一个更叫人信服的故事。[9] 陈照炎写道，广东人最初把这个糖醋排骨的去骨版叫做"鬼佬肉"；后来，为了消除其冒犯性，又从"鬼佬"变成了"咕噜"。鉴于有些香港人到现在还把西方人叫做"鬼佬"，而第一次鸦片战争后中国可谓受尽屈辱，反洋情绪一定达到了顶峰，那么这些外国的不速之客喜欢的"降级版"糖醋排骨，用"鬼佬肉"来做菜名确实再合适不过了。

一般来说，外国人情有独钟的中国菜，似乎总是口味最重的那些。在广东人"独霸"海外中餐馆生意的年代，客人们就爱吃糖醋和用豉汁做的菜。后来，美国有了宫保鸡丁等同一系列的菜。米饭和面条大多是酱油炒饭和炒面。如今，人们又爱极了调味肆意大胆的川菜，比如口水鸡、担担面、麻婆豆腐等。但大多数中国人心目中的一顿好饭，其实是五味平衡的，不仅出于健康的考虑，也顾及心灵的愉悦和审美考量。清淡朴素的菜肴和那些刺激味蕾、在舌尖上劲歌热舞的菜肴同样重要。在真正的中餐馆菜单上，但凡有糖醋里脊，通常都会找到一道清淡的汤或素菜来相配。其实，通常只要看一眼某些中餐馆的菜单，就能知道它主要面向的是西方顾客，因为那些菜单上挤满的全是口味特别重的菜肴，就像卡巴莱歌舞女郎一字排开、大秀美腿。

成都餐厅玉芝兰（2022年成为成都首家获得米其林二星的餐

馆），一顿宴席正接近尾声。主厨兰桂均是中国最出色的"调味艺术实践者"之一。现年五十多岁的他，一头灰白的头发衬出一张双颊红润、仁和宽祥的脸，说话轻声细语。一谈起美食，他就变得严肃又热切，常常像个厨师中的哲学家，可以滔滔不绝地讲上好几个小时，阐述纷繁渊博的调味之道。

"世界上只有三个味道，"他说，"自然之味、发酵之味和调和之味。自然之味是什么？即人生五味，麻辣酸甜咸。发酵之味，几个原料放在一起，根据自己的想象，然后产生另外的味道，例如我们四川的泡辣椒。最后用自然的味道和发酵之味，根据厨师的想象组合产生了另外一种味道，就是调和之味，例如川菜的鱼香味，就是用泡辣椒、姜、蒜、葱、糖和醋调和的。"

他举例说，剥离宇宙，也像剥洋葱一样，一层一层剥开。宇宙里有个太阳系，里面有几大行星，其中有个地球，然后是几大洲、几大洋，再到中国，里面有个四川。"不要太复杂，"他说，"把复杂的事情简单做，叫大师；把简单的事复杂做，那不叫大师，叫学徒。所以说世界的味道，不要看得太复杂，就是简单。"

玉芝兰只有方寸之地，偏居于成都一条僻静的小巷，门外就有当地人天天打麻将，有的在冬日阳光下摊开青菜叶，慢慢晒蔫儿。餐厅最多只可容纳十八名客人，必须提前预约。通常，这里的宴席会以一系列令人垂涎的冷盘开始，是多种多样的四川风味组合，比如麻辣味型的兔肉、新鲜青花椒调味的牛肉片、凉拌折耳根（当地特有的一种蔬菜，具有非常独特而强烈的草药味和酸味）。冷盘过后，可能就会上兰桂均的招牌菜之一：一碗五颜六色的手工面条配经典的"怪味"酱汁。"怪味"来自多种不同调味料（芝麻酱、芝麻油、辣椒油、花椒、糖、醋、酱油和盐）的和谐搭配，每种调味料都需要对这场"合唱"贡献自己的声音，却又不能压倒全体的和声。这种"鸡尾酒"一样的调和之味，兰桂均版堪称最佳，既和谐天成，又叫人味蕾激昂。

不过，他那些挑动唇舌、辛辣刺激的风味，总会有朴实清淡之味相辅相成，即精心挑选食材、注重本味的菜肴。宴席的最后一道菜，几乎无一例外，总是一道几乎算不上汤的"汤"。我最近一次去吃饭，最后的汤就是一杯热水，里面煮了一截四季豆和一小块南瓜。在西方的米其林星级餐厅，食客通常会希望以甜点和法式"花色小蛋糕"（petits fours）来结束一餐；若是一顿顶级大餐，用兰师傅那样的方式来收尾，可能会显得像个笑话，是主厨失误了，叫人啼笑皆非。但放到中餐的语境，则完全说得通。一顿奢华丰盛的大宴之后，除了淡然悠远、能够清口静气、助你回家安眠的东西，夫复何求？

在四川，不是只会在首家米其林二星餐厅遇到这种极简主义菜肴。比如，我记得在川南泸州一家工薪消费水准的廉价小餐吧里和一个朋友吃饭，吃了咸烧白配米饭，汤就是几片菜心叶子放在热水里煮一煮。川菜中大部分的汤都比较稀，调味也清淡。正如一道菜中各种口味需要调和，整顿饭的风味也要达到琴瑟和鸣的程度，而这种和谐取决于种类的组合、明暗的对比。

以传统法餐为基础的西方正式宴席菜单，往往会遵循一个特定的模式：先上开胃菜，接着是鱼和海鲜，然后是肉菜，再来是奶酪，最后上甜点。但正式的中式宴席上，菜肴数量不仅要多得多（十几二十道的数量十分常见），结构模式也更为复杂。鱼和肉类不会集中在一起，而是会交织融汇，轮番上场。甜食可能在任何节点上桌，但没有专门的餐后甜品。汤也可能在第一道菜、最后一道菜和宴席中间的多个阶段上桌，饺子等小吃也是如此。

按照欧洲的标准，这样的菜肴顺序完全游离于西方那套鱼、肉和甜食分明的规则，可能显得毫无章法。十六世纪来到中国的意大利耶稣会传教士利玛窦（Matteo Ricci）就秉持这样的看法："我们吃的东西，中国人差不多都吃，食物也做得很好。（但是）他们不像我们那样遵守鱼和肉的特定顺序，而是很随意地端上桌来。"[10] 又过了很久，1816 年随英国第二个访华使节团去到北京，并受邀赴宴的德庇时爵士也评论道："不同食物的上菜时间似乎没有什么规律可循，但在燕窝汤之后……是之前已经提过的奇珍异馔（鱼翅、鹿筋等等），还有羊肉、鱼、野味和家禽，都不加区分地接踵而至。"[11]但如果用中国人的眼光看那套席面的安排，绝不会认为杂乱无章，而是深思熟虑、滴水不漏的。

中餐点菜的主要原则是一手抓平衡、一手抓多样，同时极力避免重复。这些原则也适用于中餐的方方面面。杭州名厨胡忠英曾经向我解释："构建一份菜单时，必须考虑食材的多样性、烹饪方法的多样性、风味的多样性、肉类和蔬菜的平衡、形状与形态的多样性、色彩的多样性以及菜肴干湿之间的平衡。光是看一个厨师拟定的菜单，就能把他的能力估摸个七七八八。"比如，要是刚刚吃了油炸过的糖醋鱼，下一道菜就应该在主料、颜色、形态和口感上形成叫人耳目一新的鲜明对比——像是绿叶蔬菜、干辣菜肴或蔬菜切丝做的汤。

很多中国美食家去体验了备受赞誉的西餐厅，都会对菜单表示失望。中国人对所谓"西餐"最普遍的刻板印象就是"很简单，很单调"，尤其会觉得典型的一顿西餐，菜肴相对较少，种类也相对匮乏。多年前，我和川菜大厨喻波在西班牙北部的斗牛犬餐厅（El Bulli）吃饭，那是当时全世界最前卫的餐厅。结果喻波大吃一惊，发现居然在这么个地方，菜肴也是按照西餐的传统"物以类聚"的：全部的海鲜先上，再是全部的肉类和野味，最后是所有的甜品。用中餐的眼光看，这样一来，本来已经很棒的菜单，就没机会再锦上添花，让多样性更上一层楼了；本来可以将类似的食材分到不同的上菜时间段，安排得更灵动活泛。

一顿好的中餐，就是精心编排的乐曲，峰谷交织，有轻柔的旋律，也有激昂的节奏；兴奋与舒缓次第接替，绝不令人发腻，而是享受一场愉悦味觉与心灵的感官之旅。所以，要是在中餐馆，有一大桌子人要点菜，最好要做个"独裁明君"。大家像个大家庭一样坐在一桌吃饭，如果每人都点一个自己最爱吃的菜，结果可能是"一边倒"：也许有好几道鸡肉菜、好几道油炸菜或好几道糖醋味的菜。每一道单独吃都应该很美味，但组合在一起就很可能一团糟，让你唇舌发钝。一截四季豆、一块南瓜，放在开水之中，感觉可能真的是太极端的简单了，但经过精心策划的中餐菜单除了风味十足的佳肴，也总会有平淡朴素的菜。就像一位资深大厨对我说的："要是每道菜都是那么引人注目，就没有哪道能真正给食客留下深刻印象了，对吧？"

规划一个好的菜单，需要长久的经验、一定的知识和大量的思考。掌握了在中餐馆点好一桌菜的技能，是我人生中最自豪的成就之一，这话可是半开玩笑半认真的。1990 年代末，我参加人生的第一次川菜相关会议，一些知名美食学者面带狡黠，要我再挑一道菜加入菜单。我明白这算是个考验，于是在选择之前进行了深思熟虑，对菜单上现有菜肴的主料、烹调方法、形、色、味、浓淡等进行了综合考量，最后建议加一道"鱼香茄子"——不仅因为我特别喜欢这道菜，还因为觉得它浓郁丰富、色泽深沉、鱼香味扑鼻、主料是蔬菜，能够与其他的佳肴相得益彰。我的选择一说出口，大家纷纷小声表示赞同，甚至还有几个人轻轻鼓掌，真是松了口气。

现在，我为晚宴或餐厅饭局计划中餐菜单时，首要的考虑就是客人们：他们是什么样的人？会喜欢什么菜？他们是渴望冒险，还是已经筋疲力尽只想舒适为上？他们会更偏爱丰富强烈的风味，还是更为清淡的味道？他们是中国人吗（有些元素，比如一道清淡的汤，对中国人的口味来说是更重要的）？当然，还要考虑到他们有什么不喜欢吃的、忌口或者过敏？如果大家身在中国，我也会考虑当地的特色菜以及时令，可能会问一下服务员有没有什么当季菜限时供应。

我通常会先打个草稿，写下可能的菜品清单，在脑海中勾勒出每道菜的味道与口感，试着想象这些菜摆在一起会有什么样的效果。接着我会剔除那些可能有重复风险的菜；如果觉得需要对比中和，就再加上别的。如果我不了解要吃的餐厅，又要为一大群人点菜，就会尽量比客人早到一个小时，这样就可以通览（一般来说都很长的）菜单，不慌不忙地点菜。带"吃货团"在中国进行一两个星期的旅行，就更具挑战性了，因为我希望每顿饭都能有迷人的新风味和烹饪主题登场，而重复要尽量少到微不足道：就像在美食餐桌上谱写瓦格纳的歌剧《指环》（*Ring Cycle*）。我的希望是人人都觉得食物美妙得无与伦比，而我筹划这桌菜的努力则能够"事如春梦了无痕"。

中文里有个词儿能形容兰桂均那道"汤"和其他朴素低调的菜肴："清淡"。"清"字的含义有"清晰、安静、纯粹或诚实"；"淡"字可以解释为"轻巧、微弱或黯淡"。这个词翻译成英语通常是"bland"（乏味）或"insipid"（无味），这听着就没意思：谁会点一道"insipid"菜啊？但在中国，"清淡"就没有贬义了，反而会让人联想到和平、宁静和舒适。在中餐里，清淡菜和那些吸引眼球的"大菜"一样不可或缺。有味与无味如同阴阳两极，相依相生，相互流动渗透，创造出完美的和谐，在一桌菜的微观世界里形成一个宇宙。

一截四季豆和一块南瓜放在开水里，这样的菜无聊吗？从西方的眼光看，确实有点儿，但"无聊"正是关键所在。吃了麻辣兔肉、怪味面之类的菜肴，这清淡无比的蔬菜汤表达了厨师的善意，是一只凉凉的手抚上发热的眉心，是多种风味搅动的大漩涡中一个"静点"。要是一餐之中全是高潮，不得安静，那食客就得不到真正的慰藉或滋养。低调的味道也可以是"美味"，不是因为好吃，而是因为宜人。正如兰桂均曾对我说的："我的风味安静如玫瑰园。"

中国人重视清淡的菜，部分原因是他们讲究以食作药，认为均衡饮食对保持健康至关重要。不过，推崇朴素的食物也涉及文化与道德因素。法国哲学家弗朗索瓦·朱利安（François Jullien）在《清淡之赞歌》（*In Praise of Blandness*）一书中痛陈种种有力观点，表示"清淡"的思想是中国文化的核心，不仅表现在烹饪中，更体现在音乐、绘画和诗歌艺术中，因为中国人并不认为"清淡"是缺失了什么或有什么不足，而是某种"源点"。[12] 他说，中国人根深蒂固地爱着含糊、暗喻与写意，无论是水墨画中氤氲消融的山水，还是消隐于无声的音符或"无味"之味，都一脉相承。"清淡"并非虚无，而是对万事万物可能性的一种升华。

中国古代祭祀时"喂养"神灵，要用无味的羹汤，而智者则应不受浓烈的风味与刺激的美食这些身外小事之惑。"五味"带来的兴奋只会蒙蔽人的判断力，正如道家经典《道德经》中所说：

> 五色令人目盲，五音令人耳聋，五味令人口爽；驰骋畋猎，令人心发狂；难得之货，令人行妨[13]……为无为，事无事，味无味。[14]

古代中国圣贤的超凡之处，就在于能拨开周遭世界感官的迷雾，感知到纯粹与精华，能在无味之中悟道，以克制保持感官的敏锐与活力。[15]在古人眼里，无味的食物不仅与智慧有关，还可以用来衡量宗教的虔诚。斋戒礼仪通常包括了远离美味带来的兴奋。君子斋戒时，会静坐家中，不享受丝竹之乐，不放纵肉体欲望，"薄滋味，毋致和"（口味要极简，不要将各种味道调和在一起）。[16]在中国历史上的大部分时期，丧葬仪式中都有一环是禁食荤腥、禁酒和禁葱、蒜等味道浓烈的蔬菜。时至今日，一些地方仍有这个传统。《礼记》记载，为父母守丧的子女要经历斋戒，再逐渐从"无味的世界"回到"活人的感官世界"，饮食中慢慢恢复更多的味道。[17]最虔诚严格的佛教徒到如今仍然忌大蒜等辛辣的"五荤"①（"荤"指肉、鱼、禽，也指味道很强烈的蔬菜），尤其是在参禅之时。中国人历来认为，神灵的世界是没有味道一说的；所谓风味，一定与凡俗生活的激情与喧嚣息息相关。

如今，很多过惯了城市生活的中国人，尤其是年轻人，正被越来

---

① 也称为"五辛"，指葱、蒜、韭、薤、兴渠。

越多的诱惑所吸引，远离清淡菜肴所代表的"浮世清欢"。他们和所有人一样，越来越爱吃味道夸张的食物，比如那些"鲜味炸弹"般的菜肴，那些用油和辣椒填出来的食物，要卖相好、可上镜，被鸡精与味精疯狂提味，让唇舌享受到刺激的快感。也许是因为大型工业化养殖场提供的肉与反季蔬菜缺了灵魂"本味"，而没有了好的食材，不怎么调味的菜肴吃起来就像刷锅水。也有可能是人们太累、太疲倦了，迫切渴望能通过进食迅速刺激味蕾。或者，这只是饱和市场上疯狂商业竞争酿成的苦果，一片内卷之中，声量越大的味道，越能吸引所有人的注意。

但如果不感受安静、平和与清淡的乐趣，只有酸甜苦辣这些重味的刺激，就无法充分领略中国美食的魅力，这是亘古不变的事实。清淡的菜肴就是艺术品的留白，可以起到衬托与突出的作用。狂野的味觉刺激，需要清淡的菜肴来进行必要的调整，恢复身体的平衡与内心的静和。各位也许以为，我意识到自己已经变成"中国舌头"的那一刻，是发现自己喜欢上了鸡爪和海蜇，其实不是。我发现自己逐渐爱上了白粥和水煮蔬菜，和对糖醋鱼、麻婆豆腐一样喜欢，这才是我心中真正"中国化"的表现。

要是只吃美味和刺激的菜肴，你也许是在吃"中国食物"，但并非真正在品尝"中餐"。

毫末刀工：鱼生

　　我和周姓朋友正身在河南农村一家餐馆的院子里，这儿离宋朝古都开封不远。餐馆的大门两侧悬挂着一副红底金字的对联："虽无伊尹调鼎手，却有孟尝饱客心。"在这个宏伟的大门前，摆着一张铺有金色天鹅绒的桌子，上面放了一块圆形的木砧板和一把磨得十分锋利的菜刀。接下来的一切，都有点超现实的感觉。

　　一位年轻的厨师，身穿一尘不染的白色厨师服，戴着高高的厨师帽，脖子上系了一条黄色围巾，在餐桌旁就位，拿起菜刀。一位餐馆同事用眼罩蒙住厨师的眼睛，递给他一只处理干净的整鸭，鸭头鸭蹼一应俱全。接着他开始了表演。闪着银光的刀刃如一缕丝线，割进鸭脖子，滑入鸭皮下，轻而易举地绕过胸腔，勾勒出脊肋的轮廓，将肉和骨头分开。他用手指轻轻一扯，鸭皮就像一件长袍般流畅地剥离，鸭子被脱了个精光。他全程游刃有余，动作轻柔，有条不紊，菜刀游走毫末，微光闪闪。最后，他将脊椎与胸骨构成的整副鸭骨架连同内脏一起拔剥出来，只剩下一副干干净净的鸭子"皮囊"连着翅膀和腿，皮肤光滑、毫无破损，一丁点儿撕裂与缺口都找不到——别忘了，他可是在看不见的情况下做到这一切的。不用说，他的双手也和这鸭子一样，干干净净。这一套表演只用了他略超五分钟的时间。（之后，这只鸭子内部会被塞进一只鸡、一只鸽子和一只鹌鹑，这三位"后来者"也都彻底剔骨，像俄罗斯套娃一样层层嵌套，用上等的宴会级高汤蒸熟。）

　　把食物切成小块并用筷子夹着吃，这个习惯带来了一个必然的结果，就是刀工在中餐里占有尤为重要的地位。至少从约两千年前的汉代开始，中国人与其他民族的区别，就不仅是吃熟食和谷物，还有入口的食物要切片、切丁和切丝。切割，并不是中餐的“附属要求”，而是在其特性与身份中占有核心地位。作为中国人，就意味着入口的食物要经过形状与状态的改变。实现这种改变的，首先是刀，再来是火。所以，烹饪艺术曾被称为“割烹”，“先切割，再烹饪”（这个词在现代中国已经几乎销声匿迹，但日本还在继续使用）。大部分的中餐菜肴，都需要把各种食材改刀切小，或者用早期西方的中国观察家的话说，弄成“剁碎的杂烩”：从古代的羹，到现代的炒菜，甚至“杂碎”，都是如此。

你可以把同样的食材交给一位中国厨师和一位西方厨师，请他们俩分别准备一顿饭，几乎可以肯定的是，中国厨师会做的第一件事就是将大部分食材切片或切丁。说到香料，印度或东南亚厨师比较可能用杵和臼将香料捣成辣酱，而中国的蒜、姜和葱则往往是用刀切成细末。

在专业的中餐厨房里，负责炒锅的“炉头”掌握炒菜的火候；下一级就是“砧板”，这些厨师负责准备菜肴的各种配料，都是现切现做——这个过程叫做“切配”。以川菜“宫保鸡丁”为例，砧板厨师会准备一碗用淀粉腌好的鸡丁，切段的干海椒和一些花椒，一小把花生米、切片的大蒜和生姜、切丁的葱白，交给炉头，让其按顺序倒入炒锅中，猛火翻炒颠锅，最后只需加入调味料即可。

切割是中餐烹饪的基本技能。没有切割，火候就无从谈起。我在四川烹专入学时，不仅得到了一套印有学校标志的白色厨师服，还有一把属于自己的中国菜刀——不是西方那种笨重的斩肉刀，它宽大、闪亮却又出奇地轻巧灵活。我和同学们一起学会了用十几种不同的方式来使用这把“宝刀”，从不同方向和不同平面进行切、剁、刨、锯、砸、抹、刮、片、敲、捶。我学会了在院子里的磨刀石上磨刀，使其保持锋利。我甚至还学会了用菜刀给鸭子去骨——虽然没有蒙上眼罩。我基本很少需要其他的刀。菜刀就是那个属于烹饪的自我的延伸，是在厨房中赋予我自信与力量的“法器”。

围绕刀工艺术，有一整套描述形状的词汇。根据做菜需要，生姜可能被切成"指甲片"、"银针丝"或"米"。豆腐可以切块、切条或切成"骨牌片"。一块白萝卜，可以切出"牛舌片"，薄得能在半透明的萝卜肉中看到其中的脉络纹理。猪腰可以切成多褶的"腰花"、"眉毛"或者"凤尾"。有些菜名里面也包含了食材被切成的形状，比如"宫保鸡丁"，主料是切成丁的鸡肉；"鱼香肉丝"，主料是切成丝的猪肉、木耳和莴笋。

如今，一道菜要是刀工得宜，就会格外吸引我的注意：比如猪肉丝切得精细均匀，撒落其间的姜末大小相当，如银河中星星点点；卷曲的鱿鱼片切出交错得恰到好处的花刀；清炖牛肉中的白萝卜切得和肉块大小形状相当。切得均匀得当的菜看更赏心悦目、更美观和谐。而且几乎无一例外，刀工好的菜，烹饪效果也更好，尤其是快炒时，因为只有将食物切成形制相近的片、丁或丝状，才能让锅中的一切在同一时间达到最完美的巅峰状态。刀工精美的一道菜，体现的是厨师的敬业、对食客的关心、对细节的关注和对自己手艺的尊重。

菜肴切割，是艺术、是手工艺，在中国历史上根深蒂固。从汉代的墓葬画中可以看出，那时候的肉类和禽类仍是整块烤制的，但人们越来越倾向于在烹饪之前把食物进行切割。这当然是用筷子吃饭的必然要求。将动物切成小块后进行烹饪的习惯也许有助于解释当时的中国人为何对动物的不同部位有如此精细的鉴别：马王堆汉墓中关于食物的记录提到了牛腩、牛颈肩、牛肚、牛唇、牛舌和牛肺等各种动物身上的不同部位。[1]汉朝后期也有好几位文学家提到，鱼和肉剁碎或是片到最薄，是精食细馔必不可少的因素。[2]

厨师不仅要掌控火候，还要善于用刀切割，也长于屠宰。有时，人们的随葬品中会有带刀厨师的陶俑，以确保即便在来世，他们的食物也能刀工得宜。很早以前，人们就对切割成不同大小和形状的食材有不同的称呼：大块的肉称为"胾"（zi），薄片或薄条称为"脍"，大片称为"轩"，大片的鱼称为"膴"（hu）。³对切割的要求可谓一丝不苟：要做《礼记》"八珍"之一的"熬珍"，必须要逆着牛肉的纹理切成薄片，保证最大限度的鲜嫩，之后再用美酒腌渍，以酱、醋和梅酱调味。⁴关心入口的食物是否切割得宜，也能反映人的品格与自我修养：孔子就拒绝吃切割不得宜的食物。（"割不正，不食。"）⁵还有史料记载，中国伟大贤哲之一孟子的母亲，即"孟母"，还在怀胎时就特别注意对腹中孩儿的教导，也奉行"割不正不食"的原则。⁶

恰如"调羹"可比喻治国之术，切割之艺也能象征行动的优雅与高效、公平与公正。谈及治国经纶的古籍《淮南子》有云："故圣人裁制物也……犹……宰庖之切割分别也，曲得其宜而不折伤。"①⁷汉朝的陈平出身乡野，负责为大家分肉，把肉一块块分得十分均匀，说明十分称职，后来成为西汉开国重臣。⁸（古籍里除他之外还有好些干过屠宰之事的人，因为屠宰技艺出众，被视作为政良臣。⁹）

最著名的可能是公元前四世纪的贤哲庄子所描写的"庖丁"，他在君主面前进行"解牛"，以此来比喻自己对和谐之道的掌握：

> 臣之所好者道也，进乎技矣。始臣之解牛之时，所见无非牛者。三年之后，未尝见全牛也。方今之时，臣以神遇而不以目视，官知止而神欲行。依乎天理，批大郤，导大窾，因其固然，技经肯綮之未尝，而况大軱乎！良庖岁更刀，割也；族庖月更刀，折也。今臣之刀十九年矣，所解数千牛矣，而刀刃若新发于硎。彼节者有间，而刀刃者无厚；以无厚入有间，恢恢乎其于游刃必有余地矣，是以十九年而刀刃若新发于硎。虽然，每至于

---

① 出自《淮南子·齐俗》，翻译英文引文做参考译文："圣人裁定和规制一切，就像厨师切割和分解食物，仔细地留下合适的，不会发生破坏和伤害。"

族，吾见其难为，怵然为戒，视为止，行为迟。动刀甚微，謋然已解，如土委地。提刀而立，为之四顾，为之踌躇满志，善刀而藏之。①

文惠君听了这番宏论，赞叹道："善哉！吾闻庖丁之言，得养生焉。"[10]

中国古代最受追捧的菜肴之一是"脍"，即把鱼或肉切片或切块，蘸芥酱等调味料食用。[11]不同寻常的是，"脍"通常是生吃的（虽然也可以进行浸泡或腌制）。[12]在这里，生肉或生鱼的"文明化"，不是用火来完成，而是由刀来辅助。与如今日本生鱼片惊人相似的脍，在那时是很奢侈的享受，是高阶官员聚会时的佳肴，也用于皇家祭祀。《礼记·曲礼》中提出用餐礼仪：细切的脍和烤熟的肉放在盛器之外（"脍炙处外"）。[13]还在后文中提到了用牛肉和鱼肉做的"脍"。[14]

"脍"在中餐中备受推崇的地位维持了一千多年。贾思勰于六世纪所著《齐民要术》中就记载了一道菜的食谱，是将生猪肉和羊肉切丝腌制，配以生姜，或按照季节配以紫苏和蓼。[15]北宋文学家黄庭坚记录当时都城汴京（开封）的生活，说人们对脍极为讲究，要用鲤鱼腹部下面那部分，称为"腴"，最是珍贵美味[16]（很像现在日本美食家狂热地喜爱金枪鱼脂肪最多、肉质最好的"大腹"）。吴自牧也在《梦粱录》中写道，汴京酒肆中经营多种"脍"来下酒，有生

---

① 英文回译：我开始切牛时，看到的只是一头完整的牛。三年后，我学会了不去看牛的整体。现在，我解牛是用心灵而不是眼睛。我忽略感知，遵循精神。我看到自然的线条，刀滑过大的凹陷，沿着大的空腔，充分利用固有的东西。因此，我就能避开大筋，更避开大骨。好厨师每年换刀，因为这刀用来切片。普通厨师则要每个月换刀，因为这刀用来砍劈。我这把刀已经用了十九年，切过成千上万头牛，刀刃却像刚磨过一样锋利。关节之间有空隙，而刀刃其实没有厚度。把没有厚度的东西放进这样的空隙中，就会有很大的空间，当然足以让刀穿过。不过，要是遇到难处理且我能预见的地方，我就会小心翼翼，给予应有的重视，仔细观察，小心行动，非常轻柔地移动刀子，直到解开，肉就像土一样散落。我拿着刀站在原地环顾四周，然后心满意足地擦了擦刀，把它收了起来。

羊脍、香螺脍、海鲜脍及多种淡水鱼脍，还有用贝类做成的脍。[17]

目睹厨艺精湛的厨师将鲤鱼片成"脍"，叫人如痴如醉。三世纪文学家潘尼就在《钓赋》中写道①："名工习巧，飞刀逞技。电剖星流，芒散缕解。随风离锷，连翻雪累。"[18]

鲤鱼和鲈鱼等鱼类的白肉尤为珍贵，将其比作堆霜积雪的诗人不止潘尼。片鱼做脍，正如今日日本料理中的生鱼片一样，是"大厨之精艺"。[19]唐朝诗人段成式曾在《酉阳杂俎·物革》中记载了神乎其技的片鱼脍场景②："縠薄丝缕，轻可吹起，操刀响捷，若合节奏。"[20]

段成式还写道，那鱼片已经不是凡俗之物，在雷震之声中，都化为蝴蝶翩然飞去了。[21]

宋朝之后，中国人渐渐不那么爱吃生切的鱼片等肉类了，最终几乎完全不吃。但"脍"所代表的精湛刀工技艺却成为中餐中永久的组成部分。十八世纪末，扬州城的富豪们举办了一场豪华的宴会，席间有很多菜肴在制作时都要将食材切丝或切片。[22]扬州城的厨师以刀工著名，"扬州三把刀"之一就是厨刀（另外两把是理发刀和修脚刀）。

时至今日，扬州的厨师们仍然以能展示非凡刀工的经典佳肴为傲：手切猪肉做成的狮子头；将豆腐切成头发丝一样细，像海葵触手般漂散在清澈羹汤中的文思豆腐羹；豆腐干切成细丝，与河虾、河蟹一起入浓汤的大煮干丝。在江南的其他地方，有种做法是切好的鱼片被划上深深的十字花刀，裹上面糊后油炸，鱼肉就会如同菊花瓣一样片片开花，又像是菠萝块块分明，口感酥脆。即便以更平凡的层面而论，中国大部分平民餐馆厨师的刀工通常也比西方几乎所有餐馆的厨师刀工要出色。中国厨师能把土豆均匀地切成火柴棍一样的细丝，这不是什么稀奇事。

---

① 英文回译：著名的工匠技艺精湛，用飞刀炫技；如同闪电划过，流星雨下；禾苗散落，丝线断开！随风从刀刃上飞起，像飘雪一样迅速落下。
② 英文回译：薄如纱，细如丝，轻得可以吹走，挥刀的声音急促，节奏相合。

切割之道与中餐烹饪艺术密不可分，因为食材被切割成多种形状也是菜肴丰富多样的关键因素之一。要是一道菜切丁，另一道就切丝，再一道要切块。同样的食材，切割方法不同，外观和给人的感觉也会大不相同。切割让策划中餐聚会变成一场三维国际象棋棋局，需要考虑食材、形状、烹饪方法、色彩、风味、时令、气候、地点和食器。

庖丁解牛，如芭蕾舞般曼妙流畅，展现了切割的表演性，这种特性也沿袭至今。我在济南的美食向导、山东大厨王兴兰传说中的拿手绝活之一，就是将一块猪肉放在大腿上切片，刀刃与皮之间只隔着薄薄的一层。在扬州，我遇到一位年过七旬的厨师，以三分零七秒内将一只活鸡变成一盘炒鸡胸肉而闻名。还有本篇开头那位年轻厨师耿广梦，我眼睁睁地看他蒙着眼给鸭子脱骨。厨师变成武术大师，用一把菜刀出神入化、巧夺天工，这是当代中国电影经常使用的桥段：比如《决战食神》，讲的就是一个在邻里之间广受欢迎的小厨师和一个来自法国米其林三星餐厅、一开始目中无人的名厨斗法。

除了将快要入口的食物切好的要求，中餐还有一个切割领域是几乎完全承担装饰功能的。有些宴席要求厨师将不同颜色的小块食物拼贴在盘子上，制作成精美的盘饰桌案；用南瓜雕刻抽象复杂的立体图案；或者在西瓜或冬瓜皮上雕刻繁复的图案，再挖空用作汤碗。用食物"作画"的传统至少可以追溯到十世纪的唐朝，尼姑梵正用精心切割的新鲜和腌制蔬菜、肉类和鱼类，拼成二十一道诗情画意的冷盘，每道菜的灵感都来自诗人王维的画作《辋川图》。[23]到了现代，厨房供应商会出售成套的食品雕刻专用工具。

我自己的藏书中，有许多专门介绍切割艺术的中文书，还有些图文并茂的食谱。书中的照片展示了叫人叹为观止的可食用装饰，每一幅都像画一样摆放在盘子里。例如，有张照片里是一只惊艳的孔雀，用黄瓜皮、胡萝卜、紫萝卜、红辣椒和烤鸭等食材，经过精心切割组装而成，美丽的尾巴和羽毛都栩栩如生。另一幅里，两只用香菇模拟的螃蟹正在竹林中摇摆嬉戏。也许现在还有中国厨师在学习如何做这些工艺菜，但由于需要耗费大量的技术、时间和劳力，它们在如今的中餐桌上也很少见了。不过，在烹饪比赛中，厨师们仍有机会用菜刀和砧板一展艺术才华。

几年前在成都，我在一场高级烹饪比赛现场观摩了厨师们制作的精美食品。一位参赛者用大块的金色南瓜肉雕刻成龙的鳞片、起伏的身体和凶猛的利爪，又雕出其伴侣凤凰的鸟喙和波浪般的羽毛，做成了一座奇异梦幻的独立雕塑。另一位参赛者用芋头建造了一座两层的亭台，"瓦"顶有飞角檐梁，还有南瓜做的格窗。第三个作品以沙漠为背景，加上骆驼和高速列车，展示了中国的"一带一路"计划。

近年来，很多有商业头脑的中餐馆逐渐把三文鱼刺身写上了菜单，通常与鲍鱼等鱼类珍馐列在一个类别里，属于地位很高的昂贵美味。菜单照片中的刺身光鲜亮丽，我不确定能不能真的端上桌，因为和我吃饭的中国人其实也从来没点过这些菜。刺身不符合中国人日常的饮食习惯，现在大家也基本不爱吃生鱼了。但在中国，还有一个地方承袭了古时候人们对"脍"的痴迷，品尝着优雅美丽的生鱼片。

不久前，我与年轻厨师徐泾业待了一段时间，他在广州以南不远的佛山开了一家独特的小餐厅，"壹零贰小馆"。在那栋池塘边的小楼里，他以经典粤菜为灵感，创造出各种宴席。一天，他和妻子带我到附近的顺德区来了个一日游，那是在中国众多"美食之都"中相当能排得上号的地方，但一出国门几乎无人知晓。顺德拥有很多特色鲜明的美食。在名叫"大良"的特定区域，有着食用乳制品的传统。他们会将水牛奶加工成小小的咸味奶酪圆片，当作小菜送粥；或是将牛奶与蛋清混合蒸制，做成双皮奶，有点像淡色的焦糖奶油。徐泾业与妻子带着我去了一个小馆子，那里甚至有很多人拿着小小的玻璃瓶喝着纯水牛奶——那是我第一次在中国看到成年人喝牛奶。

午餐，我们去了东海海鲜酒家，徐泾业一个朋友的家族产业。那里有一道菜最为打动我："鱼生"（Shunde raw sliced fish），一盘未经烹饪、切成薄片的鲩鱼肉。虽然这道菜并不名"脍",却仿佛就是从那些优美的古代诗文中原样走出来的。薄如蝉翼的鱼片躺在冰床上,仿佛覆盖了一层新雪。周围摆了一圈细如蚕丝的白萝卜丝,仿佛轻盈的光环,几缕红椒和青椒更衬出它们的霜雪之光。仿佛穿越到了《礼记》编纂的时代,配鱼生的有好几种调料:花生油、盐、脆炸粉丝、榄仁、香茅丝和蒜片。

"我们餐馆通常是不提供这道菜的,"招待我们的谭世态如是说,"我们只有时候在自家吃。现代大多数人都担心吃淡水鱼会感染肝吸虫,但我爸爸那一代很喜欢吃。"

顺德鱼生,就是中国版的刺身,也许新加坡和马来西亚的华人在春节时吃的同名菜肴,灵感就来源于此。一大盘鱼生上桌,和各色各样、口感不一的多种配料现场搭配,每一种都带有吉祥的好意头。

我在谭世态的指导下,将一片鱼生蘸上花生油,再蘸上盐和其他辅料,举到唇边。舌尖上的感觉凉爽而奢腴,鱼片仿佛闪烁着历史的微光,回荡着久远的余韵:那是《礼记》中描述的盛宴,是庖丁和他神乎其技的刀法,是唐朝的诗人们与尼姑梵正。就连垫在鱼片下面的冰块也仿佛古时候中国美食的余音绕梁:这是两千多年前就养成的习惯,中国人会在冬天收集冰块,储存在冰窖中,炎热的夏日再拿出来盛放食物。也许,现代人会觉得这道菜特别具有"当代感",甚至觉得有日本风情,但这其实是中国最古老美食的后裔。这道菜的"生",令人震惊,在如今显得极其不同寻常,然而其中蕴含的精湛刀工,的确是典型的中国风味。片片鱼生,如此轻盈地跨越了千百年,像一群蝴蝶,翩然飞过历史的沧海桑田。

"蒸蒸"日上：清蒸鲥鱼

多年前，我去了西安附近的半坡村，中国最重要的新石器时代考古遗址之一。我探访了当时人们住的穴坑遗迹，如今只剩半陷入地里的屋顶下坑洼的黄土。之后我去了博物馆，观赏了玻璃柜中的文物，有些是著名的半坡陶器——红色的陶碗和陶罐，文有黑色的鱼形图案和几何图形——也有鱼钩等工具。但我印象最深刻的是个蒸器，由一个带孔的陶碗放在高高的陶罐口中组成。早在六千多年前，中华文明刚刚绽放出诞生的曙光，这里的人们就已经用蒸器来烹饪食物了。

对于今天的大多数人来说，一提到中餐，就会想起在沾染了火气黑烟的炒锅中炒菜。不过，纵观中餐历史长河，炒其实是种相对新的烹饪方式，到第二个千年才逐渐流行起来。而源于石器时代的"蒸"，才是更为永恒和独特的中餐烹饪。中国的新石器时代遗址中，不止半坡发现了蒸器——在一千多公里外的浙江河姆渡，也出土了陶制蒸器套组，这里同时还发现了一些最早种植水稻的证据。[1]我永远忘不了那天：西安的出租车司机把我从半坡载回城里，一路上大发感慨，说中国人几千年来都是蒸煮行家，却仅仅将其用于烹饪，眼睁睁瞧着英国人利用蒸汽之力，在十八世纪掀起了工业革命。

神话传说中，中国人从华夏祖先黄帝那里习得蒸的技艺。黄帝还传授了制陶技艺，并教会他们如何煮蒸谷物。古代诗歌总集《诗经》中就有一首颂歌，描述了蒸制谷物的场景。到公元前第二个千年的商朝，人们开始用青铜制作蒸器，来蒸制国家祭祀大典用的谷物。有时会用单独的蒸笼，底部有孔，称为"甑"，放入有腿的平底大鼎；鼎中放水，直火加热。此外，人们还用"甗①"，专门的蒸食用具，由格栅分为两个部分。中国各地的博物馆都能看到这两种蒸器：有些是用于烹饪祭祀供品的大型蒸具，有些则是放在青铜或陶土炉灶模型上的微缩版本，是古代一些富人的陪葬品，保证转世后的烹饪需求得到满足。套组蒸器可以同时烹饪中国古代两种最不可或缺的菜肴：下面的锅里咕嘟咕嘟地煮着冒泡的羹汤，上面就用于蒸制谷物。也可以用于烹饪许多其他类型的食物，比如屈原诗作《大招》中提到的"炙鸟"（蒸鸭）。制作这些双层锅具并将蒸制的烹饪方法如此广泛地应用于各种食物，放眼全球，中国人似乎是独一份儿。[2]

宋朝（始于公元960年）之前的某个时期，用木头和竹子制成的轻型蒸笼逐渐取代了笨重的陶土或金属蒸器——南宋墓葬中的一幅壁画上，厨房的灶台摆了一大撂竹制蒸笼，和现代点心店没什么区别。[3]古代中国人也许是从中亚得到了小麦和面粉加工技术，但有了蒸笼这样的烹调器具，他们就此和外国人有了区别，不用烤箱去烤金黄酥脆的条状面包，而是将发好的面团蒸熟，让那色泽光亮、白白胖胖的面团拥有柔软润泽的表皮，包裹着蓬松暄腾的内里。

在早期来华的欧洲人眼里，这样的"面包"和"蒸"的方法都显得十分奇特。1793年英国首个访华使团的成员埃涅阿斯·安德森曾向英国同胞们进行了详细的相关描述，他显然认为大家做梦也想不到会有这样的东西：

> "这'面包'虽用上好的面粉做成，但以我们的口味来说绝非美味。由于中国人不使用酵母，也不放入烤箱烘烤，所以其实比普通面团好不了多少。'面包'的形状和大小就像一块普通香皂一分为二，成分只有面粉和水。接着放在栅格上，栅格则放在铁制空心锅上，锅里放了一定量的水，再放在土灶上。水烧开以后，就给锅子

---

① 音 yǎn。

盖上一个类似于浅盆的东西，持续几分钟的水蒸气就是给'面包'所有的'烘烤'（如果可以这么说的话）了。这种状态的面包，我们觉得有必要切成片再烤一烤，才能合我们的胃口。"[4]

古代中国与西方的很多文化断层都与"蒸"密切相关：食用完全蒸煮的谷物而非烤面包；日常烹饪中使用炉灶而非烤箱。和烘烤一样，蒸也是用热量包围食物，但这种热量比较柔和湿润，最终孕育出柔和舒软的口感，与烤箱那种"咆哮"式的干热所炮制出的炙烤、上色、酥脆效果完全不同。无论大米小米，都在湿热的水汽中膨大松软，面团松弛成雪白的"枕头"。即便到了今天，中国人也更喜欢松软的面包，不像欧洲人偏爱有嚼劲的硬面包。当代中国的许多"亚洲式"烘焙坊售卖的面包，看上去和欧包很像，外表都呈现金黄色。但中国的面包无论内外，都和包子馒头一样，湿润绵软。英国首派使团访华后大约两个世纪，我去四川做留学生，班上很多欧洲同学要骑好几英里的自行车穿城，去专门的烘焙坊买金黄酥脆的欧包，却不买大学附近几乎每个街角都唾手可得的中式馒头包子当早餐。

袅袅水汽之中，"蒸"似乎也比烘烤更符合中国美学标准。就像中国水墨画的烟雨朦胧与欧洲风景画的明暗对比；像羊脂玉的温润光泽与钻石的耀眼棱角；像中国古典园林的曲径通幽与法式花圃清晰的几何构造。"蒸"是非常典型的中式烹饪方法，也许原因不止于实用的方面。

现代西方的人们偶尔会用不锈钢或铝制蒸锅来烹制蔬菜，尤其是在节食减少热量摄入期间，但蒸仍然只是一种很边缘的烹饪手段。即便欧洲历史上的"烹饪先锋"、拥有大量具体准确烹饪词汇的法国人，也没有一个专门的单词来代表"蒸"，只是简单称为"蒸汽烹饪"（cuisson à la vapeur）。但在中国，无论是家庭还是餐馆，"蒸"是无处不在的，且用于几乎所有类型的食物：包子馒头、饺子、汤、鱼、肉、禽类、蛋羹、蔬菜。

在农村地区，无论过去还是现在，蒸都是通过"一锅煮一顿"

来节省燃料的好办法。锅里煮米饭，上面的蒸笼里就蒸菜。食物可以直接铺在半熟的米饭那湿润的表面上，菜肴和粮食的风味融合交汇。浙江有个专门的词儿叫"饭焐"，说的就是这种烹饪方法。各种各样的食材都可以"饭焐"，比如饭焐猪肉、饭焐茄子、饭焐竹笋、饭焐茭白等。此外，还可以在米饭上放个竹格子，里面装个一两碗调味食物；或者放在单独的蒸笼里，架在锅上蒸。

用蒸的方式加热食物，能将味道和营养的损失降到最低。要欣赏上好食材的"本味"或"原味"，也许最好的办法就是蒸。广东人尤其喜欢把食物加水，放进密封的瓷罐，制作"水炖"靓汤，能唤醒食物中具有神奇滋补功效的精华，称为"气"。烹饪过程中不添加也不去除任何东西，形成风味的闭合回路。广州越秀老城区的"达扬原味炖品"，简陋的店面堆着一层层闪闪发光的金属蒸笼，如同一座座塔，每一层都塞满了带盖青花瓷罐或椰子壳，里面装着不同的蒸汤，都能表达主料最核心的原味，食材包括甲鱼、土鸡、鹧鸪、鸭子或兔子。杭州龙井草堂那道放在密封瓷罐中、花四小时蒸制的鸭汤，也是遵循同样的传统。

要同时烹制一大堆菜肴，蒸显然是种很便捷的方式。我在南粤潮州参观过一家餐馆的厨房，里面有个东西很像倒置的垃圾桶，底部有个把手，高高地矗立在一口黑乎乎的巨大炒锅里。晚餐时段开始了，蒸汽缭绕之中，厨师掀开这个"金属垃圾桶"，露出一座由食物和砂锅组成的高塔，看上去摇摇欲坠。最底部是三个深汤碗，然后是一个带孔的金属托盘，再是另一层汤碗，面上又盖了一个带孔托盘。接着是三个巨大的盘子，装满了面条和大块的蟹肉，每个盘子之间都用钢制架子隔开。主厨的妻子往每碗芳香扑鼻的松茸汤中加入水煮鲍鱼，端到餐厅里去；她的丈夫则往清蒸螃蟹上撒几把葱段，滴上点油，完美成菜。

蒸笼可以高高地摞起来，因此是招待众多食客时最省事省心的办法。你可以选择水平放置，在直径很大的一层蒸笼中装满盛菜的碗；也可以纵向堆叠，用蒸笼建起一座高塔。乡村中传统的婚礼和重大集宴时，人们选择"双管齐下"。乡厨子会在大宴前的一两天到达，在院子里搭建一两个临时炉灶。之后他会和帮手们一起准备，把食物分入不同的碗中：每道菜都要计划每桌一碗；分好后就将碗放入巨大的竹蒸笼，再堆叠起来。我在湖南农村参加过一次白事宴席，饭桌上有蒸制过的猪肘、红烧鸡腿、豆腐和猪血、香辣豆干、糯米猪肉丸、烟熏竹笋、肉末蛋卷，还有好几道其他菜肴。前来吊唁的人们成群结队，坐在桌旁，将大大的祖宅院子塞了个水泄不通。大家抽着烟，喝着啤酒。饭点儿到了，厨师们迅速拆解掉蒸笼塔，手脚麻利地从每一层拿出相应的碗碗菜，很快每个桌子上都摆满了菜肴。四川把类似的乡宴统称为"三蒸九扣"。

同样的堆叠法可以缩减规模，用于家常烹饪，甚至不需要竹制蒸笼。我朋友三三的母亲曾经把一个平底深锅当蒸笼用过：她在锅中放上一指深的热水，再放上一块低矮的金属三脚架，上面放一碗菜（比如南瓜块），再把一双竹筷子横放在碗上，又在筷子上架一碗鸡肉之类的菜；然后就盖锅盖，开火，蒸汽就在锅内的碗之间循环。

蒸也很适合对食物进行重新加热，锁住水分不至流失。通常，我会在炒锅里放一个金属三脚架，底部有热水，上面放几小碗剩菜，盖上锅盖，蒸十到十五分钟——如果你和我一样从未拥有过微波炉，这样就是最理想的选择了。

湖南人特别喜欢做蒸菜。似乎每家餐馆都有一摞子蒸笼，每一层放满了一碗碗不同的菜肴，全都热气腾腾的，随时可以吃。可能有高汤加剁椒蒸的丝滑芋头、一条条腊肉或熏鱼配豆豉和辣椒、仿佛盖着腌青椒和红椒毯子的巨大蒸鱼头。其中很多菜肴都可以提前备好，等客人都来了，厨师就可以集中精力做炒菜等需要现做的菜肴。1990 年代，我坐火车遍游湖南，就看到火车站里有小贩推着满是蒸笼的小车：花不多的钱，就可以买到两个小粗陶碗，一个装着米饭，一个装了菜，在火车上吃完，把（可降解）的碗扔出窗外即可。火车一路前行，铁轨两旁堆满了摔碎的陶碗。

没有烤箱的中国厨房里，厨师们通常使用蒸笼，不烤饼干，而是蒸饺子，还有用小麦或其他面粉做的馒头包子。人们还会蒸海绵般蓬松的糕饼，有时候是用发酵米糊或玉米面制成。留学生时期，我和几个意大利朋友在西藏搭便车旅行，在旅途中的旅社厨房里为其中一位做了个生日蛋糕：用面粉、鸡蛋、黄油和糖搅拌出传统的英式蛋糕面糊，上锅蒸制；再把我的背包翻了个底朝天，找到一块巧克力棒的残渣，放在蛋糕表面利用热气融化。虽然没有烤箱烘焙蛋糕的那层脆香表面，仍然称得上"贺寿"美味。

各种各样的点心都是蒸的：不只我们非常熟悉、世界各地的餐馆里都有的粤式蒸饺，还有各种地方美食，例如潮汕水粿，放在小钵中蒸制，再放上炒香过的菜脯，维吾尔族的羊肉馅儿薄皮包子，川南地区黏糯的"叶儿粑"。整只鸡和整条鱼都可以蒸制，贝类和蔬菜也一样。在滇南的建水，人们会把鸡剁块，特色锅里不加水，进行蒸制，是具有当地特色的"汽锅"菜。汽锅用当地陶土制成，底部有突起的汽嘴，能将下方大锅里开水的蒸汽疏导而上，聚集在锅盖底面，落在肉块上，经过长时间的蒸煮，最终化汽成水，淹没食材，形成纯美的鸡汤。在建水的杨家花园餐馆，能享用到一整桌的"汽锅宴"，由各种不同食材通过同样的汽锅法烹制而成。餐厅的后厨小山一样地堆满了不同大小形制的汽锅。

用湿润的蒸汽烹饪食物，似乎很适合鱼类等水生生物。蛏子、扇贝和用稻草紧紧捆住钳子的大闸蟹，都最适合蒸制。前文提过，在乡宴中，蒸通常是一种轻松简单的方法，没什么限制。菜放在蒸笼里，等所有客人就位了，随拿随吃。在其他场合，这也可以是非常精确严谨的烹饪方法，广东人便是个中专家。在香港，一条新鲜的鱼通常要蒸到鱼肉和鱼骨将将分离，但还呈现一点半透明的玉色。蒸好的鱼只需在姜片和葱上淋上一点热油，再微洒些酱油即可。已故美食作家苏恩洁（Yan-kit So）在世的时候，只要从伦敦唐人街的鱼贩那里买到一条鱼，就会对其上下打量、仔细观察，评估需要多少分钟蒸到完美状态。

广东人蒸鱼讲究大道至简、原汁原味；江南地区有道古老名菜则要华丽繁复些，那就是"清蒸鲥鱼"（steamed reeves shad）。鲥鱼非常美丽，有着银光闪闪的鳞片，会逆流而上到长江产卵。在每年农历四月到六月的短暂时节里，买得起鲥鱼的人们都会争相尝鲜（就因为每年只有如此短暂的时间可以享用，才得名"鲥鱼"）。它鲜美的味道让宋朝诗人苏东坡诗兴大发，写下《醋烹》：

> 芽姜紫醋炙银鱼，雪碗擎来二尺余。
> 尚有桃花春气在，此中肉味胜莼鲈。[5]

大约七个世纪后，清蒸鲥鱼成为十八世纪末扬州满汉全席上的美味佳肴之一。[6]

烹饪前，先将鱼纵向切成两半，摊放在长长的椭圆形鱼盘上，放上粉色的火腿片、棕褐色的香菇片、玉白的笋片，淋上一带糯米酒酿，然后裹上一层网油。与众不同的是，鲥鱼蒸时要带鳞片，在热汽之中慢慢柔软融化，让鱼肉的纹理中都充满鳞片的油脂。出锅的鲥鱼通常还是一整条，被各种颜色的装饰配料簇拥着，上桌之后，当着客人的面将鳞片轻轻揭走。鲥鱼虽然刺多，肉却极其丰腴鲜美，汁液与酒酿、火腿与网油水乳交融，舀起来浇在米饭上，堪称人间至味。

龙井草堂前厨师长董金木回忆，仅仅在三十年前，他还能用长江里的野生鲥鱼做这道菜。令人备感唏嘘的是，环境污染和水电大坝的建设破坏了鲥鱼原有的生命周期，这种鱼已经从中国的野外消失了。今天，江南地区的大饭店仍然供应清蒸鲥鱼，但主料都是从印度或孟加拉国进口的冻品。

大火爆炒的场景多少令人肾上腺素飙升，相比之下，蒸显得很简单、轻松而又有很大余地。餐桌之上，蒸制的菜肴与更干更油的菜形成了美好的对比，相辅相成。只有疯子才会邀请一群朋友来家里吃饭，然后做一大桌子炒菜——会累死人的。相反，来几个冷盘、一道头天准备好的炖菜、蒸笼里也准备点东西，既能补足炒菜欠缺的口感风味，又能减轻下厨的负担。

有时候我会在厨房里忙活一整天，切菜、腌制、焯水……准备一场大宴。然而，往往是菜单上最简单、最省力的清蒸鱼，能引发最深切的愉悦赞叹。每当这时我就会觉得受之有愧，因为这只不过就是把鱼放进了蒸笼而已。在中国，尤其是香港，餐馆很喜欢把活鱼拿到桌上展示，它们在网中翻腾乱跳，鲜美无比。与此同时，蒸笼正在厨房中虚位以待。如果你手里有条完美的鱼，难道还有比这更好的去处吗？

火也候也：清熘大玉

　　小厨房里已经弥漫着诱人的香气。灶台上微火徐徐，一个巨大的陶罐里煨满了肉汤，飘散出鸡肉、鸭肉、鸽子肉、火腿、猪肘子和筒子骨的香味。开胃凉菜已经摆成了小盘：酱鸭、咸鸡、烤牛肉、拌肚丝、糖藕片、拍黄瓜、辣白菜和海蜇丝，中间是油爆虾。点心也装了盘：雅致的鱼味春卷、干菜馅儿的包子、酥松的玫瑰方糕……有的只待上锅蒸熟，有的只需再进热油滚一圈。现在，所有的食材已经切好，所有的调料已经备齐，两位厨师即将开始主要工作：炒菜。

　　我真是走了天大的好运，抵达苏州还不到几个小时，就被邀请到了一间厨房，两位已经正式退休的老师傅在为隔壁房间的一些当地大人物准备私人宴会。对我这样的烹饪研究者来说，退休的大师级厨师堪称"圣杯"：他们经历过漫长而艰苦的学徒期，是卓有成就的手工匠人，身上也保留着逐渐失传的烹饪秘技。最重要的是，他们的师父们，都是传统古法的践行者，不会图方便使用鸡精和味精，而是用高汤为菜肴调味。眼前这两位，孙福根和陆金才，都出自苏州最著名的"松鹤楼"。该餐厅创建于十八世纪乾隆年间，以经典苏州菜闻名。孙福根对我说，那里是"苏州厨师的黄埔军校"——中国人非常喜欢用二十世纪早期这所备受尊崇的军校作比。

　　如今，两位老师傅不再为普通大众烹饪，只服务通过私人关系介绍的"内部"客人。每周有几天，他们会在苏州古城中心这间不起眼的小厨房里，为一个单桌的幸运客人做一顿苏州佳肴。

　　苏州是一座历史悠久的古城。城中运河悠悠，古典园林星罗棋布，其中一些可追溯到南宋时期。亭台楼阁、假山湖泊点缀其间，静谧宜人。这里也是江南地区古老的美食中心之一。产于邻近太湖的美味螃蟹和其他水生食物可谓闻名遐迩，按时令节气轮番上市的农产品为人称道；同样著名的还有苏式菜肴，整体清淡含蓄，但总带有浓重的甜味，叫外人大呼太甜。乾隆皇帝在数次南巡中爱上了江南，对苏州美食情有独钟，甚至将当地厨师带回北京，御厨中从此有了江南味道，其影响在今天的国宴中仍然显而易见。

我到达时正值午后，孙、陆两位师傅和我一起在厨师休息室坐了一会儿，喝茶抽烟。我们聊起苏帮菜，和蔼亲切的孙师傅向我介绍了他们已经做好的所有冷盘，事无巨细地解释了制作过程中需要用到的厨艺和配料。六点整，客人们来了，两位厨师就像赛马听到发令枪，一鼓作气地忙活起来。

孙师傅负责统筹全局，给点心收尾，为菜品摆盘；而沉默寡言的陆师傅就在炒锅前掌勺。陆师傅倒了一锅油，大火加热，离火后用手将一碗剥壳腌制、指甲盖儿大小的河虾撒进油中。趁锅中物还在滋滋发响，他又回锅上灶，拿大勺迅速将小虾分开，然后立即倒入漏勺中，油则汇集到下面的锅中。接着，他把虾放入热锅里，溅上点儿料酒和调味料，颠锅翻炒一两下，盛入盘中。这一切就在须臾之间完成。接下来，他又用同样的方法烹制了"塘鳢"鱼片。这种鱼的鱼鳍如扇，斑斑点点，是太湖名鱼。陆师傅将炸过的鱼片倒入炒锅，加了点葱蒜，再来少许高汤、调料和香醇的酒糟。虾和鱼片都提前挂了薄薄的淀粉糊，油温到位的情况下，短炸即可定型，但又不至于高温到将其变脆或上色；之后再用大火爆炒几秒，保持了内里的丝滑多汁、至上美味——用中国人的话说，就是"滑嫩"。

移民美国麻省的中国学者杨步伟，在其1945年具有开创性意义的烹饪书《中国食谱》（*How to Cook and Eat in Chinese*）中，首次将"炒"翻译成"stir-fry"。这个词巧妙地表达了中国厨师在大火煎炸食物的同时保持其不断运动的烹饪方式。然而，"stir-fry"往往被用作一系列炒菜方法的总称，但在中文里，这些方法都有着微妙而精确的区别。汉语中最常见的词是"炒",这是个统称,有多种变体,比如"小炒",就是将配料依次放入炒锅,简单直接;"软炒",用于炒豆泥一类柔软、一体的配料;"炒香",把香料放入油中,直到激发出美味的香气。还有其他在英语中同样翻译为"stir-fry"的词,比如川菜中的"干煸",也是炒的变体,将切好的配料(比如竹笋或四季豆)在干锅中翻炒,直到部分失水,焦香四溢,之后再加入食用油、香料和其他调味料进行最后的翻炒。还有"爆",指火开到最大,迅速翻炒,用于烹饪猪腰等过火会变柴、变老的娇嫩食材。

还有个更复杂的词,没法用单个英文词翻译,那就是"熘",即小块食物在锅中油炸或水煮,之后再与单独在锅中调制的酱汁结合。"熘"也分好几种,比如挂不挂淀粉糊、挂哪种淀粉糊、成菜要求哪种口感、主要调什么味道。陆师傅快速制作的那些小河虾,方法就是"清熘",因为烹制时没有加配料,也没有用酱油上色。在炒锅中的最后翻炒当然可以称为"stir-fry",但那只是整个过程的一部分。英语根本没法简单直接地描述"干煸"、"爆"或"熘",还有由此生发的多种变奏。所以,我们通常退而求其次,只要是在锅中快速烹饪的菜肴,统统称为"stir-fry"。

中国最早的烹饪器皿是大釜、蒸笼和一种有三条或四条腿的大锅,称为"鼎",可以直接放在灶火上加热。商周时期,纹饰精美的青铜鼎被用于宴会和祭祀,并成为政治权威的象征。统治者拥有多少鼎,就象征着有多大权力,如果鼎被对手夺走,也意味着失去了对权力的控制。[1]中国各地的博物馆都能看到鼎,到如今仍然具有丰富的文化内涵——中国台湾一家如今已经成为全球连锁品牌的小笼包专卖店,就叫"鼎泰丰"。

权贵阶级收藏青铜器,做仪式之用;但大多数人还是使用陶器烹饪,后来又用上了铁器。食物通常是煮或蒸,但有时也用火炙、用油脂浅炸或穿上扦子串烤。在汉唐之间的朝代,公元第一个千年,和现代炒锅形状相似的敞口大铁锅逐渐取代了古老的陶器。[2] 其实汉代就已经开始使用铁了，不过到后来才变得更为普遍，木炭也越来越多地取代了木柴的烹饪燃料地位。[3] 木炭比木柴更能保持热量，所以更好实现高温快速烹饪。基础就此奠定，中餐烹饪技术即将迎来飞跃，形成现代中餐最为独特的烹饪方法之一。

"炒"是个古老的词，原本用于描述在锅中干烤谷物；到了宋朝，"炒"却成了一种新的烹饪方法，即我们现在所说的炒菜。"炒"的确切起源无从考证，但应该是在唐朝变得势头强劲、蓬勃发展。[4] "炒"的首次文字记载，出现在食谱《山家清供》中，作者是十三世纪隐居浙江深山的诗人林洪。[5] 在书中一处涉及干烤香料的食谱里，林洪似乎用了"炒"的原意，但也在好几个食谱中提到"新法"，即在油中"炒"的烹饪方法。

最终，炒锅本身也成为华夏各地家家户户的主要炊具，"炒"成为大众烹饪方式。米饭通常都用深锅或蒸笼来做，羹汤和炖菜要用到砂锅，也有多种菜肴用到蒸笼。不过，很多家常菜都是将食物切成小块，在热锅中翻炒制成。过去，砖砌的灶台上只有大釜和蒸笼，现在又多了一个或多个大铁锅，正正好地放入火膛的凹陷处——如今，中国几乎所有的老农舍还都保有这种制式的灶台和铁锅。与轻巧灵活的现代炒锅不同，农家炒锅通常有六十到九十厘米的直径，没有锅柄，所以没法通过颠锅的方式来翻炒食物，而是用大勺"赶"着食材在滚烫的锅面上跑动蹦跳。等食物装了盘，会有人对大锅进行就地冲洗和晾干。

炒锅最著名的功能是炒菜，但其实几乎可以用于任何烹饪：可以利用锅底的弧度来煎制食物，也可以油炸（比圆柱形的锅更经济省油）；可以在炒锅里放上盐和沙子，再加入坚果，慢慢翻搅，慢慢烘烤（即"盐炒"和"沙炒"，有点回归"炒"这个词最古老的用法）。锅底放点水，顶上盖锅盖，炒锅就变成了蒸笼——你甚至都不需要单独的蒸屉，只要把盘子放在金属三脚架上即可，连这个架子也可以是木筷子或竹筷子横亘在锅底水面之上做成的简易版。还有种用法，就是在锅底铺上铝箔纸，加入面粉、糖和烟熏料，炒锅就变成了简易的"热熏房"。如果是为很多人做饭，可以用炒锅来做"锅巴"饭，金黄韧脆，特别好吃。当然，也可以用炒锅来做汤、炖菜和烩菜，这些都是很常见的用法。

我们提起"stir-fry"这个英文单词，语气总是轻描淡写，好像只要把配料一股脑儿倒入炒锅就万事大吉了。不过，虽然看起来好像简单易行，但在高温下快速烹饪，尤其是在专业中式炉灶那火山一般的高温下快速烹饪，其实是所有中餐烹饪方法中最磨人、最具挑战性的，说不定放眼全球也无出其右。炒锅当然是普通家常烹饪的主要工具，但在专业厨房的老师傅们手中，这就是一把武人利剑，毫末微妙之间，自有千钧之力。

比如那些河虾，是多么纤细脆弱啊：要是油温过低，虾身上挂的那层薄芡糊就会滑落（用有些人的话来说就是"衣服脱落了"），导致虾吸收过多的油，成菜就会油腻腻的；油温过高，就会炸得又干又老，达不到滑嫩的效果。苏州那一夜的菜单上，这些河虾被赋予了一个诗意的名字"大玉"，只有在烹饪到完美的情况下，那半透明的白色微光，才能配得上这个美名：做老了，颜色会暗淡，没有透明之色；没到位，内部就还是生的。最后入炒锅的那一下可谓稍纵即逝，只在须臾之间，这期间必须迅速加入调味料，完成风味的融合——根本没有尝味的时间，没有出错的余地。要把这些河虾烹饪到完美，绝非易事。

一道炒菜里要是再增加一种主料，复杂程度就更甚一层。比如，典型的家常菜韭菜炒肉丝。猪肉丝当然必须切得均匀纤细才能很快熟透，同时又保持鲜嫩多汁。下锅之前还必须要恰到好处地进行腌制，裹一层薄薄的淀粉水，形成丝滑的口感。韭菜的长度要和肉丝相当，达到美观和谐的效果。合格的成菜，肉丝不能太老，也不能太生；韭菜则应该在火气热烈的亲吻之下保持生机勃勃的翠绿色，不能太生

（会有刺鼻的味道），也不能软塌塌的毫无活力。肉丝和韭菜都得"熟"：这个词既代表烹饪上的"熟"，也代表瓜果"成熟"。如果烹饪得当，菜肴的每个组成部分都应该处在生与老的绝对平衡点上，正如一个成熟得恰到好处的桃子，少一分则生而未熟，多一分则走向腐烂变质。

有两种方法可以达到这种境界。要么先把肉丝炒至半熟状态，再加入韭菜翻炒到刚好熟透（家常菜经常采用这种做法）；或者先把肉丝翻炒到差不多熟透，放置一旁，再单独炒韭菜，到最后一刻将所有东西倒在一起翻炒（因为这种方法精确性高，所以常被餐馆采用）。这些步骤究竟要用多少时间，很难精确量化，因为这取决于肉和韭菜的分量和比例、肉丝的厚度、韭菜的嫩度、炒锅的厚度和传导性、油的用量、火力强度以及食材在锅中被翻炒的速度。烹饪和恋爱一样，要确保两者同时达到淋漓尽致的高潮，并不容易。

举个更复杂的例子。我常常回想在东京一家小小的中餐私厨房"勇"（Yung's）享用的一道菜。那道菜包含在我们当天的套餐中，是一道小炒，配料有新鲜扇贝、茭白、韭黄、小南瓜、金针菜、萝卜和白菜，每样都是几块，最后在盘子里堆成一个小丘。这道菜也许看似简单——只是把扇贝和各种蔬菜混合起来炒——实则是一项惊人的精细工程。每样配料——柔嫩的扇贝、多汁的茭白、紧实的小南瓜、柔软的韭菜、脆嫩的萝卜等等——都必须烹饪得恰到好处。考虑到每样东西不同的特性与软硬度，这简直就是个奇迹。饭后，我向厨师询问其中玄妙。他告诉我，先将比较紧实的食材单独分煮，过一次热油，再过一次热水，完全去除油腻感；最后，在热锅里放入生韭菜，和所有其他东西一起翻炒。一道小小的炒菜，要花费很多功夫，但成菜确实美妙无比，色、香、味、口感都无可挑剔，堪称完美无瑕的技艺佳作。

做得如此出色的复杂炒菜实属罕见，真是令人惊叹。在专业炉灶上进行这种水平的烹饪，需要经验丰富和全神贯注。稍有不慎，就可能让局面不可收拾。一切都发生得太快，没有深思熟虑的余地，因此需要无懈可击的准确直觉。从这个意义上说，要当好中餐炒锅前的厨师，就像古典音乐家和舞蹈家，需要不断练习才能保持巅峰状态。不过，厨师又与古典音乐家不同，不是在高雅可敬的音乐厅舞台上每次表演两个小时，而是日复一日地在餐厅厨房的滚滚热浪与喧嚷吵闹中连轴转。（中国的厨师朋友们告诉我，年长的行政总厨们尽管拥有数十年的知识和经验积累，却通常不愿意亲自掌勺做炒菜，都怕因为没有每天练习，已经手生了。）

无论是焯水的那几秒，或是腌制上等火腿所需要的好几年，时间这个经常被忽视的因素，对烹饪其实至关重要。[6]中餐烹饪的语境中有个词叫"时令"，可以解释为"被时节所命令"，提醒着人们，最好的食物无论是采集还是食用，都要根据农历所描述的相应季节来进行。还有更重要的一点，几乎所有中餐厨师都会告诉你，烹饪的关键在于"火候"，即对火的控制：既要控制强度，也要控制持续时间（"火"，就是炉灶中的火；而"候"可以解释为"等待"和/或"观察"）。

要熟练使用炒锅，厨师必须对火的大小及其在食材上产生的作用有敏锐的感知力。他必须控制热源的温度，要么是调节控制器（在现代灶具上），要么将炒锅离远或靠近热源（在柴火火灶或煤炉上）；有时候也会将一些食材滑到锅边，在锅底上烹饪其他配料。厨师必须判断使用多少油；在加入食材之前，油要加热多久；还必须知道哪样配料什么时候加、加进去要炒多久。在炒锅前，眼睛和鼻子都要灵敏，要观察油烧到了几成热、锅边升起的烟油多浓、油的颜色和炒香料时散发的香味，以及每种食材受热后"苏醒"时不断变化的气味。

添加调料，讲究一个"准"字。要是暂停去尝味道和重新调整的话，可能一切都砸锅了。最后，可能需要勾芡收汁，这也是很有挑战性的一步。淀粉和水的比例一定要得当，加入的量一定要恰到好处，才能将锅底那融汇了多种配料风味的液体收成浓淡合适的酱汁：

也许是给每块食物增添一层薄薄的玻璃光泽；也许懒散地汇聚在主料周围；也许是一件宽松的"斗篷"，比如小块的蟹肉躺在盘底的绿色蔬菜上，包裹周身的那层芡衣。掌勺师傅也许会在几分钟甚至以秒计的时间内完美成菜，接着立刻就会有人将为下一道菜切好的配料递给他。炒菜既耗费心力，又得麻利迅速。

中国厨师常说，西方的同行们以"克"和"升"之类的单位来准确地度量一切，他们却是凭肉眼和感觉来判断用量。和大多数的刻板印象一样，这并不完全正确。西式烘焙可能的确是厨房里的精确科学，要严格把控比例和过程的标准化；但大部分人在家做饭，或甚至是餐厅厨师日常烹饪，也更多地依靠感觉：加一点这个，加一点那个（意大利语所谓"quanto basta"，就和中餐食谱中的"适量"是一个意思）。然而，我不太确定西餐烹饪中有任何东西能与炒菜相提并论，因为后者要兼顾速度和复杂性，对厨师的体力和脑力都有很高的要求。

即便是书面甚至正式出版的中餐菜谱，都往往不会具体写出一道菜或某个步骤需要几分几秒，因为也不可能说清楚，但其中对火候的说明却极尽详细，比如某鲁菜谱中详细解释了如何"油爆"或"爆炒"："油爆和爆炒时，要用猛火快速烹制，眨眼之间要完成一串连贯划一的动作。成菜的汁水要覆盖一层油光，酱汁要均匀包裹食物，做到虽然湿润多汁，却看不到酱汁单独聚集。吃的时候，盘面光洁，没有汤汤水水之感。"

高级餐厅的客人往往十分挑剔，在这样的后厨，炒锅前掌勺厨师的压力之大，实在难以想象。如果是为嘴刁的中国食客做菜，他知道客人们希望他的每一道出菜都能"色、香、味、形俱全"，每一个因素都取决于他对火候的把控。要是油色不够红亮，蒜味过于浓重，醋没能断生或因为太熟而没了那股酸香，鱼肉老了，收汁不够稠……客人们都会注意到。每道菜都有单独的标准：清熘大玉（stir-fried "jade" shrimps）要细腻嫩滑、干煸鸡要焦香上色、青菜要圆润爽口。

哪怕是开一瞬间的小差，就可能失之千里，毁掉一盘菜。有些菜肴对火候的要求过高，已经到了让人捧腹的地步，比如宁波名菜"锅烧河鳗"：老饕们说，成菜要整条河鳗完完整整地放在盘子上，但又得软烂柔嫩，只需吹弹一个音符，就形销肉脱了！

原本复杂精致的炒菜，看上去可能不费吹灰之力，只需要在炒锅中轻松自在地转一圈，就能盛出一小盘交织的配料，这或许能解释为什么西方人往往不会欣赏那种对技术要求很高的复杂性。但炒菜的简单，就如同一辈子沉浸在笔墨世界中的大师创造出来的高超书法代表作，看上去"只是涂鸦"；或是抽象大师罗斯科那些像是在画布上简单涂满颜料的画作。进行法式烹饪时，厨师有时间品尝和调整其中的荷兰酱，油画也可以通过覆盖更多层次的颜料来修改。但炒菜就像写书法，必须在第一次就做到完美：一旦食材下锅或是墨迹上纸，就开弓没有回头箭，没有第二次机会了。成菜，亦如完成的书法作品，必须在开始创作前就于艺术家的心中与手中成形，这样才能在锅中或纸上优美旋转，迅速实现。

和书法绘画一样，"火候"之技也十分微妙，无法言传，只能通过师父的教授和自己的身体力行来掌握。1983 年出版的面向英语读者的《中国烹饪》（*Chinese Cooking*）一书中写道，烹饪的时间与火力的大小，哪怕是毫厘之别，也能对成品菜肴的质量有很大影响："这些微妙而精细的要点无法在菜谱中用语言表达。我们建议您在烹饪时全面调动视觉、嗅觉和听觉，去感受和观察面前的菜肴。如果掌握了火候的精妙之处，您就在实践中餐烹饪艺术方面迈出了一大步。"[7]

清朝诗人和食谱作家袁枚曾写过"火候须知"："熟物之法，最重火候。有须武火者，煎炒是也，火弱则物疲矣。有须文火者，煨煮是也，火猛则物枯矣。有先用武火而后用文火者，收汤之物是也；性急则皮焦而里不熟矣。有愈煮愈嫩者，腰子、鸡蛋之类是也。有略煮即不嫩者，鲜鱼、蚶蛤之类是也。肉起迟则红色变黑，鱼起迟则活肉变死。屡开锅盖，则多沫而少香。火熄再烧，则走油而味失。道人以丹成九转为仙，儒家以无过、不及为中。司厨者，能知火候而谨伺之，则几于道矣。"[8]

而关于中餐烹饪整体的精妙，有段非常优美的描述，出自公元前三世纪商人吕不韦编纂的《吕氏春秋》，言者为传奇厨师伊尹：

> 鼎中之变，精妙微纤，口弗能言，志弗能喻。若射御之微，阴阳之化，四时之数。[9]

尽管伊尹生活在中国历史上的青铜器时代，远在现代炒锅发明之前，这番话却完全可以用来形容巫术般奇妙的炒菜。"火候"一词起源于中国道家追求长生不老的炼丹术，而这位历史人物伊尹，不仅是位厨师，还有可能是个懂得巫术的萨满，两者似乎很是相通。[10]

如今，资深厨师们最大的苦恼之一，就是年轻人因为害怕吃苦，不愿意认真学习烹饪技艺。我认识一些成就极高的中餐厨师，要是在欧洲或美国，肯定会被希望拜师学艺的年轻人"围攻"，但他们在中国却收不到合适的徒弟。话说回来，很多资深厨师也不愿意自己的孩子步这个后尘，不希望他们跟着师父唯唯诺诺地度过艰苦甚至残酷的岁月，在后厨和灶台上卖苦力。

那么，炒菜技术将何去何从？你可能和我一样，已经注意到，不仅在中国，在世界各地的华人社区，提供火锅、面条和饺子的餐厅数量激增——我称之为中餐的"火锅化"。在伦敦唐人街，曾有一代人辛苦经营一家家粤菜馆，提供美味的传统炒菜，但现在大多让位于点心和亚洲快餐。在中国，火锅店和大型加盟连锁店也是成倍增加，那里的厨师们只需要做有限的菜肴，不用从原料到成菜地系统学习整体的中餐烹饪艺术。原因不难理解：要开一家火锅店，只需要有好的底汤，可以量产，按需加热即可；之后，只需要非技术工种来切切菜，煮食物的工作都可以交给客人自己完成！即便包点心这样的活，看上去可能像烹饪小鱼一样，需要细心和技术，但和清熘小河虾一比，还不是简单得像过家家。点心师傅稍微歇歇手，天也不会塌下来。要是炒菜师傅也这样，那可就是塌天大祸了！

找到一个好厨师，甚至是愿意学习的新一代厨师，越来越难了。也许正因如此，当代餐馆老板对炒菜机器兴趣浓厚。美国人沈恺伟（Christopher St. Cavish）为饮食网站"严肃饮食"（Serious Eats）撰文指出，炒菜机早就已经存在了，但真正崭露头角，还是在新冠疫情期间帮助北京冬奥会组委会尽可能地减少人与人的接触。沈恺伟写道，虽然炒菜机的设计各有不同，基础版的炒菜机器人"样子就是一个金属桶，以四十五度斜角安装在一个框架上，底部有个鳍状炒菜柄，可以慢慢旋转"。[11]这样一架机器，一次可以烹饪多达一百公斤的食物，工作原理是将配料和调味料放进滚筒，在加热元件上进行旋转和翻滚，"就像是用滚筒烘干机'炒'菜"。食物做好后，滚筒会向前倾斜，让做好的菜掉落到盘中。一家炒菜机器人生产公司的经理告诉沈恺伟，他预见未来的厨师们将只是"内容创造者"，负责生产精确的食谱，然后编程输入机器中。

两千多年过去了，机器人厨师的出现，是否预示着伊尹口中那古老的"鼎中之变"和精妙优美的火候技艺即将灭亡？我希望不是。观看一位技艺精湛的老师傅炒菜时，我眼前出现的是一位魔术师、一位奇迹创造者。厨师也许身经百战伤痕累累、也许喜欢一支接一支地抽烟、也许完全不善言谈，但他在炉灶前的动作一定优雅美丽，那非凡的头脑与身体都无比灵活，每每让我叹为观止。暂且不提武术的魅力，不提那些身披金光袈裟横空跃起的武僧，因为就在此处，在厨房的烟火缭绕与锅碗瓢盆的奏鸣之中，真正的功夫正在上演。

在苏州那个小厨房里，孙、陆两位大厨以惊人的速度快马加鞭地创作着这一顿盛宴。九道开胃冷盘之后是八道热菜和三道点心。河虾和塘鳢之后是爆炒下水，配清淡酱汁的鱼肚，浸润在红肉汁中的肉块，枸杞芽垫底的炒鸡丝、火腿炒竹笋，完美的糖醋汁松鼠鱼，炒芥菜配蘑菇，还有在砂锅里小火煨了一整天的浓汤。整顿饭在四十五分钟之内完成并上桌。两位师傅可谓身怀绝技、举重若轻。我看着他们在狭小的厨房中变魔术一般地烹制出一道又一道菜肴，一时仿佛有"伊尹之光"加身——这是燃烧了两千多年，依然熊熊如初的火光。接着，一切都戛然而止。最后一道菜端出去了，他们放下十八般厨房兵器，点燃香烟，用朴实的苏州方言你来我往地开起玩笑，又变回了两个凡人。

千词万法：锅煽豆腐

顶级厨师颜景祥，年届八旬，坐在山东济南家中的沙发上，穿着传统的红色锦缎唐装，戴着玳瑁眼镜。颜老是资深的传统鲁菜大厨，而鲁菜又是中国的四大菜系之一（山东简称"鲁"，就是过去的鲁国，孔子的诞生地）。鲁菜厨师以对炒锅的高超把控而闻名，我盼星星盼月亮地想向颜老讨教一些厨艺上的细节。他欣然答应，满面笑容地开了口，几乎没歇气地一下子说出四十来种不同烹饪方法的名称。说完看着我："当然，这些只是最基本的。"

我倒是一点也不惊讶。在四川烹专学习时，我们一共学了五十六种不同的烹饪方法，那之后我又接触到很多别的。蒸和炒，两种典型的中餐烹饪法，都有着许多变体。而就这两大类，也只是无数方法中的两种而已。有些方法是历史上沿袭下来的，有些是当代新生的，有些比较普遍，也有些具有相当的地域性。在学校，我们学到，蒸不仅仅只是蒸，具体到各种情况，还有不同的表达方法。比如，食材裹上米屑蒸，叫"粉蒸"；不添加什么东西地蒸，叫"清蒸"；在密封容器中蒸食材，叫"旱蒸"；食物烧了再蒸，就是"烧蒸"；先炸再蒸或先蒸再炸，都叫"炸蒸"；蒸制糊状或布丁状的食物，叫"膏蒸"；蒸制填了馅儿的整块食材，叫"瓤蒸"；还有个词叫"扣"，做法是将食材装入碗中，蒸熟后倒扣在盘子上。

要抓住任何文化的重点，研究其中的专业词汇都是个好的切入点，词汇有着丰富的缝隙孔洞，能够细致入微地区分其他文化知识粗略关注的主题，体现自身文化的细枝末节。比如，因纽特人就有很多词汇来形容不同类型的冰雪，这是世所闻名的；而阿根廷的牧场主则对不同颜色的牛皮有无微不至的区分。具体来说，衡量某个菜系是否精致，标准之一就是相关词汇是否丰富。比如，法国菜就拥有高度专业化的一套语言来区分不同的烹饪方法、调味酱汁、酥皮糕点类型和其他烹饪准备工作。所以，在厨艺上不那么精致讲究的英国人，大部分的烹饪相关词汇都借自法语（从"厨师 chef"、"餐馆 restaurant"和"菜单 menu"等基础词汇，到更复杂和更具体的"蛋黄酱 mayonnaise""荷兰酱 hollandaise""炒 sauté"和"肉冻 terrine"等等）。

西方世界很少能欣赏中餐烹饪复杂精妙的技艺，原因之一可能是语言上的困难。许多中餐烹饪术语无法翻译，在英语甚或其他任何语言中都找不到能直接对应的词。即便是在会汉语的人群中，专业厨师圈子以外的人也不熟悉那些毫末细节的烹饪词汇。我住在成都时，有个川大历史学研究生的朋友对我烹饪学校教科书中的大部分术语都不熟悉。西方厨师无论对中餐烹饪多么感兴趣，都必须不仅会说中文，还得深入研究中文的书面语言，否则很难掌握烹饪技术上的各种微妙区别。

仅举一例便知。那天下午，颜老提到了一个烹饪术语叫"㸆"，这是专属于鲁菜的烹饪方法，出了山东几乎无人知晓。单说这个字，也是很少用到的生僻字，甚至大多数字典都没有收录。根本没法用一个英文单词来概括"㸆"的含义：将宽大扁平的食物挂上一层薄薄的鸡蛋面糊，在炒锅或平底锅的表面贴一层进行煎制，之后再加调好的酱汁。这种方法最著名的例子，就是经典地方鲁菜：锅㸆豆腐（Shandong guota tofu）。做法是将白豆腐切成九片长方形厚片，每片都裹上打散的鸡蛋液，然后像铺瓦片一样在锅底摆成长方形。有鸡蛋液做黏合剂，豆腐片在锅上像煎饼一样煎到两面金黄，然后加入香料（大葱、蒜和生姜），之后是调味高汤，让豆腐逐渐吸收汤汁，同时变软。成菜软嫩多汁、美味可口，豆腐和金黄蛋糊的质感形成了柔和舒适的对比。同样的方法也可以用于烹饪其他食材，比如一整条鱼去骨后平铺，再进行"㸆"的过程。

"锅㸆"只是"㸆"这种烹饪法的变体之一。我收藏的一本鲁菜谱还介绍了另外四种"㸆",其中之一是"滑㸆":主料切薄片,挂糊或不挂糊均可,用温油滑熟后加入汤汁;还有"松㸆":将原料切片,挂蛋糊或发粉糊,之后撒上一层松子仁之类的坚果仁。

类似地,其他很多中式烹饪术语也表达了十分繁复的过程,无法简明扼要地用英语概括。

要不干脆直接把这些中文专业词汇借到英文中好了?英语本来也从中文借了不少词了,比如"wok"(炒锅)和"wonton"(云吞)。不过,英语从法语借用烹饪词汇倒是简单直接,借用中文却存在特殊的问题。汉语讲究声调,很多词在口语中可以加以区分,但到了英语中听起来就一样了。比如,"好",四声就是"喜欢",三声就是"不错",看你怎么发音了。此外,还有无数的汉语词汇,即便在汉语中听起来也一模一样,只能通过上下文和不同写法的书面汉字来区分。我有本汉语词典中列出了一百四十多个不同的汉字,发音都是"ji"。即便只是在烹饪词汇的领域,也有各种重合,比如两种完全不同的方法,音译成英语都是"kao"。从中文里借用那么一两个词是完全可行的,但完整挪用全部的烹饪词汇则太不实际了。

还有更麻烦的呢:同样的烹饪术语,在不同的地区,用法也不同。比如"燉①"这个字吧,在川菜里就是"小火煨";到了粤菜里面,就是在密封的锅里蒸的意思。我第一次去绍兴的时候,惊讶地发现当地有一整套独一无二的烹饪词汇。

中餐种类繁多的原因驳杂,烹饪方法的多样性就是其中之一。一份精心设计的菜单上可能会有一两道凉拌菜、一道砂锅炖菜、一道蒸菜、一道熏菜、一道炒菜和一道汤。当然也有一些餐馆以某种特定的烹饪方法做招牌:几年前,我在杭州一家新开的网红餐馆用餐,这家就只卖蒸菜,从汤、炖菜到整鱼、饺子,应蒸尽蒸。

---

① 同"炖"。

中餐最令人惊叹的地方在于，简简单单的装备就能创造出复杂、非凡而广博的技艺。即便是专业厨房，大部分食物的制作也不过是用一把菜刀（要砍骨头的话会用更重的菜刀）、一块砧板、一口锅、一把大勺、一个漏勺和一个蒸笼。每种工具都有多种用途：例如，大勺可以用来舀油或汁水、炒菜、搅拌酱汁；在本帮菜里，还能做模具煎小蛋饼，以便之后用作蛋饺皮。这与法式烹饪形成了鲜明对比，后者可谓"重装部队"，包括多种刀具、模具和锅具。住在巴黎的中国漫画家曹思予用一幅名为"我的厨房用刀"（My Kitchen Knives）的漫画准确地概括了这一区别：左边的画下方写着"在北京"，刀架上只有一把中式菜刀；右边的画下方写着"在巴黎"，刀架上有不同形状大小的六把刀。[1]

以下列出一些古今中餐烹饪方法的相关术语，并不详尽，只供您一窥中餐烹饪的精妙与复杂。您会注意到，其中很多带有表示"火"的偏旁（"火"和"灬"）；而与腌制和浸泡有关的方法则常常出现代表"水"的偏旁（氵）。用颜师傅的话说，这些也只是基本术语而已，还有无数的旁支小类，我根本无从一一列举和解释。列出的大部分术语都是单个汉字，省略了所有的变体。制作某些菜肴时，可能需要依次用到好几种方法。[①]

烤 kao—roast（通常要用到烤炉）
燔 fan—明火烤大块的肉或整只小型动物（古语）
炙 zhi—肉穿成串，在炭火上烤，类似土耳其等地的烤肉串
炮 pao—用叶子或陶土包起来，放入火焰的余烬中直接烘烤
烧 shao—烧烤/在汁水中炖煮
焗 ju—bake

① 这个部分的翻译处理参见"关于口感的简短、古怪且不详尽的汉语词汇表"的脚注说明。

烙 lao—平底锅干煎

煮 zhu—boil

蒸 zheng—steam

焐 wu—食物直接铺在米上蒸制

㶴 hing—碗中装食物，放在米饭上蒸制（绍兴地方术语）

扣 kou—在碗中蒸食物，倒扣盘中成菜

熬 ao—simmer, decoct 或 infuse（当代）；干煎，烤干（古代）

汆 cuan—开水速煮易熟的食物

濯 zhuo—poach

涮 shuan—scald 或 rinse

焯 chao—在开水中略漂

炖 dun—stew 或 double-boil

烩 hui—在汁水中烹制（通常有多种切好的食物）

卤 lu—在加香料调味的汤汁或油中烹制

炊 chui—"烹饪"的一种通用说法

熻 du—在酱汁中文火煨（拟声的川菜专用术语）

塌 ta—将食物裹上鸡蛋液，铺在锅底煎，过程中不挪动，一直到两面金黄，再加酱汁（鲁菜专用术语）

熇 kao—炖煮到酱汁浓稠

炆 wen—微火煮（粤菜专用术语）

焖 men—在液体中闷烧，通常要盖锅盖

煨 wei—用很小的火烹制，很多时候用阴火

扒 pa—将食材在酱汁中慢炖后装盘，或是蒸制后淋上酱汁

瓤 rang/釀 niang—烹饪前先将食物填上另一种食材做成的馅儿，或是用一种食材包裹另一种

炒 chao—stir-fry（以炒锅中移动的方式来烹饪食物，加盐和油，有时也以木炭做烹饪介质）

煸 bian—"炒"的另一种说法

爆 bao—快速炒

熘 liu—食材先过油或水，再与酱汁结合

煎 jian—不搅动的 pan-fry

炸 zha—deep-fry

淋 lin／油淋 youlin—将热油倒在食材上，达到烹饪效果

烹 peng—"烹饪"的一种通用说法；也指将液体倒入一锅炸过
的食材，制出有一定黏稠度的酱汁

炝 qiang—用煳辣椒和花椒炒（川菜专用术语，在其他地区有不
同的含义）

贴 tie—stick 或 pot-stick，在锅上单面煎

糖粘 tangzhan—sugar-frost

拔丝 basi—coat in toffee with trailing threads of spun sugar（包裹
一层能牵扯出丝状的糖酱）

酱 jiang—用酱油或浓酱进行烹饪或腌制

熏 xun—smoke

糟 zao—用发酵糯米增添风味

拌 ban—toss（比如沙拉和凉菜）

醉 zui—"make drunken" by sousing in alcohol（用酒腌制，令食
材"喝醉"）

腌 yan—salt-cure 或 marinate

泡 pao—soak or steep in pickling brine（浸入腌制盐水）

渍 zi—steep

浸 jin—steep

面团"变形记":刀削面

在大同"小南街"刀削面馆的厨房里,厨师像拉小提琴一样,把菜板顶在肩上,上面放着一块光滑结实的面团。大锅中水正微沸,蒸汽升腾如云如雾,他站在锅前开始了表演。他的右手仿佛拉弓一般,举起一块闪亮的金属平片,那顶部有磨得很尖利的钩刀。只见他顺着面团往下一拉,削下一条长面,任其在空中飞舞,最后潜跃入锅。我目不转睛地呆呆看着他重复这个动作,一次又一次,每一根面条都有着独特的曲线和坡形截边,倏忽划破蒸汽云雾,鳗鱼一般蹿入冒着气泡的滚水中。

他用漏勺把面捞到碗里,递给服务员。后者往里舀了一大勺炖肉、一个卤鸡蛋、一块豆腐干和一两个肉丸子,撒上香菜,再把热气腾腾的面碗递给我。汤头鲜美,面条丝滑又筋道,大小粗细不一,成为唇舌间的愉悦享受。刀削面(knife-scraped noodles),大同的骄傲。

我一到山西大同,厨师杜文利和王宏武就坚持要带我去参观城外的几个佛教石窟。我从没计划过要去参观这些石窟,只能有点不情愿地跟在两位接待者的后面,做一个尽职尽责的游客。真是惭愧啊!无知的我当时根本不知道,云冈石窟是世界奇观之一,是联合国教科文组织认定的世界文化遗产,以公元五六世纪的佛教艺术品而闻名于世。接下来的几个小时,我跟着杜师傅和王师傅穿行在石窟当中,探寻隐藏在砂岩峭壁中色彩绚丽、雕刻精巧的高耸佛教造像,震撼于那种神圣之美。

不过,按我自己的计划,来大同是要探索这里的另一个世界奇观:山西省的面食艺术。

西方人一提到"面",首先想到的一定是意大利,那里的人们把面粉和鸡蛋玩出了多种花样。提到中国，人们可能也会想到面食，但相对而言，很少有中国面食蜚声国际的。日本拉面比任何中国汤面都更广为人知，尽管它其实起源于中国。西方大多数中国超市都有干面和新鲜面条售卖，但种类很少。中餐走出国门的早期，"中式面条"通常指的是炒面，由金黄色的鸡蛋面条与豆芽等其他切碎的配料混合而成。炒面一直深受外国人喜爱，但压根儿不能代表中国的面食文化。这其中部分原因是炒面属于南方的粤菜，而中国的面食之乡主要在北方；还有部分原因是虽然中国也有炒面，但中国人，尤其是北方人，通常更喜欢吃酱面或汤面。

近年来，中国北方的一小群"先锋"面食制作者逐渐在西方各大城市引起注意，主打的招牌面食是西安的手扯 biángbiáng 面和长长的手工兰州拉面。两者的制作方法都是用手将有延展性的小麦面团举高拉长，直到拉成扁平的丝带状面片（前者）或线条状面条（后者）。这些特色面固然让人们得以一窥中国面条制作在技术上的独创性，却也只是中国众多面食中的两种而已，还有很多完全不为国门外的人们所知。从东部沿海到西部边陲，中国北方的广大地区几乎都以面条为主食。虽然每个地区都有自己的特色面食，但中国境内最负盛名的面食艺术之乡，还要数山西省。

我发现大同有种奇特的魅力。不久前，这座城市的中心地带还是一座古城，小街小巷阡陌交通，串联起一座座被围在高高土墙内的传统四合院。但是，就像现代中国的常态一样，一位热心市长干劲太足，决定对这里进行改造翻新：用崭新的灰砖重砌了城墙，每隔一段就建起一座漂亮的瞭望塔；老街被拆除了，想必之前住在这里的所有人也都被重新安置了。除了一座古老的鼓楼和辽代鼎盛时期建造的华严寺那令人叹为观止的遗迹外，这里的建筑已经看不出什么过去的痕迹了。冬天接近尾声，阳光明媚，天空湛蓝，这座簇新的古城仿佛荒凉的电影场景，但当地人对我这个外国游客相当友好，整个大同以意想不到的魅力吸引着我。

大同曾是处于帝国边境的战略重镇，汉人在这里与游牧民族毗邻而居，战事常常一触即发，后者时不时会前来袭击劫掠。向北驱车不到一个小时，穿过崎岖的山丘和沙尘漫天的村庄，经过驴车和洞穴般的土坯房，蜿蜒的道路将会把你引向一个历经风吹日晒的岬角，那里可以眺望古长城的残垣断壁以及其间不断被风沙侵蚀的夯土碉堡。长城沿着山脊曲折绵延，直到消失在视线尽头。另一头，就是内蒙古。

云冈石窟融合了印度与华夏艺术，极其华丽绚烂，是后来被称为"丝绸之路"的沙漠古道上贸易与文化流动往来的遗产之一。数个世纪以来，在明朝海上贸易占据主导地位之前，驼队一直往来于中国和西域之间，出口丝绸、茶叶等中国产品，也把西方的思想、技术和食品带回中土，其中一些对中国的文化和饮食产生了深远影响。然而，要说对中国人的生活与幸福感产生最大影响的外来物，很少有什么能比得上两千多年前从中亚传入的面粉加工技术。[1]

在中国最初的王朝，主食谷物（主要是黍稷，但也有大米、大豆和小麦）大多数蒸熟或煮熟后整粒食用，如今吃大米的地区依然如此。但到了汉朝（公元前 206 年至公元 220 年），中国人从西域邻国引进了手推石磨：两块圆形磨石夹在一起，能将顽固的小麦磨成柔滑的面粉。[2]（后来，中国人也是用这样的石磨将豆子磨碎，做成豆腐。）汉代权贵的随葬品中逐渐有了小小的陶土石磨模型，与仆人、农畜和厨房炉灶的陶俑一起，保证墓主来世生活依旧富足。大约在这一时期，汉语中出现了一个常用的新词"餠"，由食物的"食"与合并的"并"组合而成。这个词不仅指面条，还指各种用小麦粉和水混合成的面团制作的食物。[3]

中国之"餠"（以下写为简体中文"饼"），确切起源并不清楚。2005 年，《自然》（Nature）杂志刊登了一篇广受关注的文章，报道中国考古学家在西北青海省一处距今四千年的新石器时代遗址中发现了一碗小米面条，据称是用一块面团抻出来的，和今天的手工拉面一样。[4]这项所谓"发现"的错误已经被完全揭穿：全世界研究中国面食最重要的专家之一、法国汉学家萨班指出，小米缺乏麸质构成的面筋，没那么有延展性，所以根本无法将小米做成可以拉伸的面团。不仅如此，在相应的考古遗址中也没有发现将谷物磨成面粉所需的工具。在新石器时代，小麦还并非中国的主要农作物。其他学者也一致认为，中国要到那之后很晚，才开始制作此类食物。[5]

中国典籍中最早记载的面食之一是撒有芝麻的"胡饼"，因来自中亚的胡人而得名。胡人，以及更西边的人们，会把烤饼作为主食，但中国人越来越被蒸饺子、煮饺子和汤面吸引。也许是因为中国人自古以来就喜欢用筷子从沸腾的大锅中夹起切成适合入口大小的热食，这种习惯那时已经根深蒂固。将面团分成小块，扔进咕嘟咕嘟的汤水中，一定已经成为中国北方人民的天性和本能。

中国人很早就开始意识到面团存在各种各样令人兴奋的可能性。大约在公元200年，一本字典就列出了七种面食，包括"汤饼"，那是汤面的早期雏形之一。汉朝宫廷有专门的"汤官"，负责做"饼"，即盛在汤中的面食。[6]公元三世纪文学家束皙作诗《饼赋》，提到有的面食像"豚耳狗舌"，还用热情洋溢的口吻描述了用雪花一般的面粉做饺子的场景。束皙写的饼，是一种不久前才出现的事物，里面提到了十多种饼，其中一些显然起源于粗鄙偏僻之处，因为它们的名字"生于里巷"；[7]又有一些的制作方法，"出乎殊俗"（来自异域）。

束皙写道，不同的季节适合吃不同的面食。蒸的馒头最适宜早春时节，而

> 玄冬猛寒，清晨之会，涕冻鼻中，霜凝口外，充虚解战，汤饼为最。[8]

同时代的文学家傅玄为汤汁中长长的面条写下了优美的诗篇《七谟》：

乃有三牲之和羹，蕤宾之时面，

忽游水而长引，进飞羽之薄衍，

细如蜀茧之绪，靡如鲁缟之线。[9]

　　萨班将"饼"定义为有特定形状的食物，通常由小麦粉和水制成，不像粥那样是松散的形态。[10]中国最早明确提到"饼"的食谱出现在贾思勰的里程碑式农学著作《齐民要术》中，里面介绍了三种不同小麦面食的制作方法，[11]其中两种是将面团在水中拉长，把最终的长条煮熟。作者写道，熟后"非直光白可爱，亦自滑美殊常"（看上去光白可爱，入口异常滑溜美味）。[12]另一种面食是将长棍形的面弄成小段，进行蒸制。

　　最早的"饼"是权贵阶级在两餐间隙享用的精致小点，但随着时间的推移，饼变成基本而普遍的吃食。[13]到唐朝末年，面食种类繁多，"饼"这个词越来越多地只被用作称形状扁平的面食；而越来越多的面食则从面粉中取名，被称为"面"，一直沿用至今。[14]当时，食用小麦面团制成的食品已经成了中国"北方人"的标志性特色习惯之一，和吃羊肉与乳制品并列。[15]在之后的朝代中，面食逐渐在整个中国流行开来，但它们在南方人的饮食里永远占据不了在北方那样的重要地位。

　　如今，在古老的北方面食腹地，一个个面团做成的食物依然是饮食生活的核心。就在不远的过去，还有很多人每天都会在家从头开始自制面食。我曾去朋友刘耀春家小住，那是西北甘肃省一个偏远的小村庄，厨房中最重要的储藏就是一袋袋的面粉。村里没有商店、餐馆和任何现代化的便利设施，人们家中只有一块木砧板、几根擀面杖和一把刀。每天，刘耀春的妈妈和姐姐都要把那细细的白色粉末揉成面团，接着做成面条、煮成饺子、蒸成馒头、炸成麻花。相比之下，南方人很少在家自己揉面。包括面条、饺子和馒头包子在内的面食，被南方人视作补充性的主食，通常都是从专门的制作者那里购买，或在日常餐馆中享用。用大米蒸饭或熬粥才是南方人首选的日常主食。

游览云冈石窟后，王师傅邀请我去他的餐厅"西贝莜面村"品尝一些当地特色美食。他手下的厨师冯艳青站在开放式厨房的料理台后面，用沸水烫莜麦粉和成腻子色的面团。她用食指和中指夹住一块，这样大部分的面团都贴在手背上，仿佛戒指上巨大的宝石。接着，她将手掌那边突出的面团在木板上抹成一条薄薄的面舌，再用另一只手揪下面舌，卷成管状，竖直放在蒸笼里。不一会儿，整个蒸笼里就摆满了直立的面管，排成蜂窝一样的队形。

接着冯师傅做了更不可思议的事情。三个小小的圆筒形面团，每个大约鸽子蛋大小，排成一排。她的两手之下，一边一组，手掌平放，在面团上来回搓动。很快，双手的侧边就各钻出三条"老鼠尾巴"。搓完后，她把六条一米多长、吸管一样细的面条放进了蒸笼。

刀削面的制作过程堪称精彩表演，引人入胜，这可能也是大同在烹饪界最著名的发明。但山西的厨师们也用所谓的"粗粮"创造了奇观，尤其是燕麦（即"莜麦"），很适宜生长在当地干燥的气候与崎岖的地形中。燕麦等粗粮都缺乏面筋，做成的面团不如小麦面团那样有延展性，没法进行类似的揉搓和拉伸，但当地人不以为畏，举重若轻地发明了其他办法，将它们制成面食。

后厨还有很多女师傅在用面团与面糊各显神通：将莜面团擀成薄片，包住蔬菜丝，像淳朴版的意面卷饼；或是擀成圆片，捏成饺子。一位厨师将豌豆粉和小麦粉混合，调成柔软的面糊，又在微沸的锅上摆了一个带粗孔的金属擦子，将面糊从擦子中挤压而过，在水中凝结成蠕动的小面虫（即"抿豆面"）。还有将土豆擦碎，与莜面粉混合，做成一种严格意义上可能不算面食，但肯定属于中国"面粉食品"大类的菜肴：块垒，将蓬松的土豆面粉屑用亚麻籽油（也是中亚舶来品）炒熟。

随后，我们坐下来，享受了一场当地美食的盛宴：蒸笼里热气腾腾的筒状莜面（俗称"栲栳栳"或"莜面窝窝"），裹着羊肉、土豆和番茄做成的浇头；还有其他各种蒸制的莜面、饺子、包子和面屑；以及用炖煮的蔬菜做浇头，加咸菜和醋提味的抿豆面。整餐的各种风味中，有山西著名的醋，用高粱和其他谷物酿造而成；还有香喷喷的亚麻籽油，搭配野生沙棘汁，别有风味。

接下来的几天里，我和王师傅，还有他的朋友杜文利，品尝了用干豌豆挤压做成的滑溜溜的豌豆粉、用巨大的刀从面片上切下的细长的小麦面条、两端尖尖的手搓短莜面、滑溜溜的凉拌土豆粉以及大同人最喜欢的早餐：羊杂土豆粉。羊杂汤滚烫，土豆粉滑溜，更不用说各种包子饺子，有蒸的、有煎的（其中还有清凉香甜的黏糯小米蒸糕，仿佛回到了面粉还未出现、吃整粒谷物的古时候）。

我从大同往南，去到山西省会太原，也是从以莜面为主食的晋北来到小麦为主食的南部。我去太原的餐馆"山西会馆"，像去了趟戏园子。一进门就能看到为传统宴席及祭祀制作和蒸好的"面塑"，非常奇幻：吉祥的龙凤、莲花与佛手柑，都是由面团做成，涂上了鲜艳的颜色。在室内的开放式工作台上，厨师们正施展"魔法"，制作各种菜肴，其中最叫人兴奋的，要数面条。

如果说大同以莜面和刀削面闻名，那么太原的招牌面食就是"剔尖"。一位年轻厨师向我展示了制作过程：一个浅碗，装了湿度很大的小麦面团，用一根仿佛削尖筷子的工具，从碗边挑起一小条面，剔入一锅滚水中。动作非常快，面条从碗入锅的过程几乎无法用肉眼捕捉。接着，他用一把厚重的剪子，从更为紧实坚硬的面团上剪下窄面片（即"剪刀面"），又从长长的带状面团上扯下小方块，将这些"揪面"直接放入锅中。

厨师们各就各位、各司其职。有的用大拇指在木板上把小方块面团压成"猫耳朵"，相当于太原版"意大利耳朵通心粉"；有的在煮用木质压面机做的黏糯荞麦面（即"饸饹"）；还有切出来的"包皮红面"：用小麦白面夹住粉红色的高粱面，形成好看的条纹；以及最简单的面食，"疙瘩"，泡在汤中的小面团——说不定就是中国面食起始之时的"汤饼"。餐厅有经典山西面食套餐：要么是小麦面条，要么是粗粮面条。许多面条都是典型的山西豪迈之风，用又大又深的瓷碗盛着，丰盛的热情扑面而来。

和中国北方其他地区一样，山西的面食制作过程也存在性别分化。女性专事需要耐心、比较安静的工作，比如手擀面皮、包饺子包子或是将软面团过面床压入滚水中。而男性的工作场景更富戏剧性：把面团架在身上，像拉小提琴一样，将一串串面团拉扯成千丝万缕的面条；将面团揪扯成方形或片状，挥到空中，弹射入锅。

我专心致志地吃了好几天面条，品尝了无数的种类，但显然只触碰到了山西面食的冰山一角。当地的面食谱详细介绍了用小麦、莜麦或混合面粉做成的特色美食，面团有干的、紧实的、软的、流动的或液体面糊状的。面食制作方法五花八门，比如用煮熟的蔬菜蘸流动的面糊；用手指捏拿软面团，或者把紧实的面团在木搓板上搓成毛毛虫一样的长卷。做好的面食通常是煮熟，但也可以蒸、炒或加盖焖在其他煨着的食物上。有时候就是简单的煮熟、沥水，配上一大碗类似炖煮的肉菜浇头即可食用。

和南方相比，山西的新鲜食材要匮乏一些，于是这里的人们发挥了天马行空的想象力，将小麦、土豆、莜面、玉米、小米、高粱和豆子做成的面粉玩儿出了各种花样。你能想到的所有面团处理方法，山西厨师都一定尝试过：削、刨、剪、磨、擀、抹、切、摁、挤、捏、滴、撕、拉、搓。他们有相应的专用刀具、棍子、板床和擦子，但大多数面食的塑形"工具"，就是一双巧手。许多类型的面食传统上都是在家从头开始制作，而更复杂的就留给专业人士。一本介绍当地的百科全书式著作提到了八百九十种不同的面食，包括面条、饺子和饼包。[16]

当然，山西也只是个面积相当于意大利一半大小的小省份，包括它在内的中国北方众省都拥有自己的特色面食。去甘肃兰州，就能在黄河岸边的吾穆勒清真牛肉面馆或市中心的马子禄牛肉面馆吃到最美味的手工拉面配浓香的牛肉汤；去西安，就尽情吸溜筋道十足、丝带一般的 Biángbiáng 面吧，泼上滋滋冒着蒜香的热油，香得很呢；也有凉爽滑糯的芥末酱荞麦面，任君选择。找一家维吾尔族餐厅，你就能品尝到惊人美味的手工拉条子，配上肉菜浇头，几乎让人以为在吃意大利菜；还有剪下的小面块，在锅中炒制而成。到了大西北，随便找家回族面馆，便可以就着热气腾腾的羊肉汤大快朵颐面片。从东海岸的天津去到与吉尔吉斯斯坦接壤的柯尔克孜族聚居区边境，你可以吃一路的面条——之后的路上基本就是面包饼子和饺子了，还能继续吃到意大利。

历史走到第二个千年，面条在中国南方越来越流行。不过，那里的人们几乎从不在家制作面条，在面食形状上也趋于保守。北方人制作和食用的面食多种多样，南方人通常只是从专业面条制作者那里购买长面条，区别只有粗细而已。当然，他们做面条和吃面条的方式也各具地方特色。在有"鱼米之乡"美称的江南水乡，配面的黄花鱼汤丝滑醇厚，再撒上雪菜，美味无比；秋天还有清汤面，撒上大闸蟹肉，鲜腴非常。苏州著名的朱鸿兴面馆用浓郁的清汤配细面，加入五花肉片、炒河虾或黑亮的响油鳝丝；上海人喜欢用香喷喷的葱油和虾米拌面吃；四川人则喜欢用辣椒和花椒为面条赋予刺激的节拍，来一番热舞。

在中国的某些地区，用大米制作的"面食"很受欢迎，尤其是做早餐。在湖南省会长沙，人们常用清汤米粉（形似意大利扁面条）做早餐，浇头是各种炖菜，还要加辣椒和咸菜。云南有著名的"过桥米线"，在加入米线之前，要先将薄如纸片的生肉连蔬菜和豆腐倒入滚烫的鸡汤中烫熟。云南人也会做饵块和饵丝，原料是黏糯筋道的大米面团，吃法类似面条，要么就着汤吃，要么用酱汁烧着吃。在毗邻老挝和缅甸的西双版纳，傣族人常用炖菜、腌菜和鲜嫩的香草搭配清新爽口的汤米粉，开始新的一天。然而，无论南方和西南部的米粉多么美味，没有面筋赋予的延展弹性，它们在多样性方面确实无法和北方的面食相媲美。

山西厨师天才的创造力也许主要体现在面食上，但一脉相承的烹饪创造力几乎遍布中国的每个角落。中国厨师总在自问："怎么才能把这做成能吃的东西？"他们将这种"灵魂拷问"应用到了猪的所有部位、硬硬的黄豆和几乎所有动植物食材上。

就说这面团，他们不仅将其做成面包、蛋糕和饼干放在烤箱里烘焙，还尝试了煮、蒸、煎、烤等方法做成各种可以想象的形状，甚至还进行解构。这种解构至少在十一世纪就已经出现：将小麦面团放在水中揉搓，冲洗掉大部分的淀粉，只留下泛黄的面团，大部分都是麸质，即中国人所说的"面筋"。[17]从那时起，中国厨师就乐此不疲地用这两种成分进行各种发挥：将洗下来的淀粉蒸成薄薄的一层，做成滑溜溜的凉皮，或者用来做饺子皮。富含蛋白质的面筋，则可以煮、炸、填入馅料，做成各种美味佳肴，其中包括素食中的仿荤菜。

萨班曾写道，早期的中国文人们写到面食时，对味道的着墨少得惊人，似乎都执迷于它们的形状和制作工艺。她写道："小麦面粉被视作原材料，用小麦粉揉成的面团被用作某种建筑材料，是人造工艺品的理想材料。"自古以来，中餐烹饪一直强调发现食材潜力，进行各种变幻。对中国人来说，具有无限可塑性和无尽可变性的面团，也许就是最理想的食材。

1990年代，加泰罗尼亚厨师费兰·阿德里亚因其餐厅"斗牛犬"的全新创意烹饪而声名鹊起。他将一位法国厨师的教导"创意不是照抄"奉为座右铭，并全心全意地投入每一季菜单的完全重新配置中。阿德里亚设计了非常新颖的烹饪方法，包括液体的"球化技术"，并痴迷于将食材转化成各种可能的形式。2005年，我去巴塞罗那参观了他的实验工作坊，看到了一个活页夹，里面记录着南瓜等食材的物理特性。后来，2006年和2009年，我终于真正吃上了"斗牛犬"，看到菜单上很多菜都是对每种食材进行技术和感官研究而变化出的美味佳肴。其中一道菜是用南瓜、芳香南瓜子油、南瓜沫和烤南瓜籽做馅儿的意大利饺；另一道是用十五种不同的海草做的杂烩；还有一道菜，食材包括天然形态的开心果、烤开心果和其他几种处理方法的开心果做成的小小"珠宝"，比如开心果泥、果冻和冰淇淋。

在我看来，这一切都是非常中式的烹饪方法，让我想起充分利用鸭子的每个部位做成的烤鸭席；想起中国厨师将鱼肉捣碎敲打，做成半透明的饺子皮和以假乱真的牡丹花瓣；或者搅打鱼肉，让其如云似雾，变成鱼丸、鱼羹甚至面条；把绿豆淀粉变成细丝状的仿鱼翅。正好，阿德里亚也是为数不多公开认可中餐技术极其复杂精细的西方厨师之一。

他在接受一名英国记者采访时说，他认为过去半个世纪，烹饪相关的最重要政治人物是毛泽东："每个人都想知道，当今哪个国家的食物最好。有人说是西班牙，有人说是法国、意大利或加州。但这些地方之所以能来争这个第一，是因为毛泽东把中国的厨师派到田间地头和工厂里劳作，削弱了中餐烹饪的绝对优势地位。要是他没有这么做，那么所有其他国家和其他厨师，包括我自己，如今都还只能唯中国'龙'首是瞻。"[18]

中国面食是否应该像意大利面食那样征服全世界？也许吧。但这不太可能发生，主要因为中国面条的原料是变干后就不好吃的软质小麦，并非硬粒小麦。中国最好的面条几乎都是由食客现点，熟练的匠人拿一块面团在你眼前现做的。在西方各个城市，手工制作的中国面条依然少之又少。（即便在山西，手工面条的制作手艺也日渐式微。比如，在美丽的古城平遥，许多所谓的"刀削面"馆都缺乏熟练工，只能由临时工来做。他们用某种塑料的土豆削皮器懒懒地把面团削来削去，把面食老饕们看得目瞪口呆、惊恐万分。）在山西面食大师们赏光来我们这些西方城市献艺或大量收徒传技之前，我们只能在梦中欣赏他们做出的精美面食，或者也许在互联网上看看制作过程。如果说意大利干面就像 CD 或数字下载的内容一样便于运输和复制，那么中国面条就像歌剧：必须亲临现场，才能体会得淋漓尽致。

那趟山西之旅的最后一晚，我在省会太原与几个朋友共度。连续不断地吃了几天面食后，餐馆老板王志刚向我介绍了他正在开发的一个概念——"土豆宴"。近年来，考虑到中国人口众多，土地和水资源有限，中国政府一直在投资发展马铃薯产业，并试图将马铃薯作为替代主食推广。英国人类学家和饮食研究专家雅各布·克莱因（Jakob Klein）曾写道，马铃薯能在各种生态条件下茁壮成长，抵御干旱和霜冻，还能让农民节省水、化肥、农药和劳动力，因此备受推崇，"被誉为实现国家粮食保障的（重要）手段"。[19]中国人历来认为，农民在饥荒时才不得已将土豆作为主食。在这样的背景下，宣传推广土豆是非常艰巨的任务。但在这里，就在面条之乡的中心腹地，王先生正努力将已经发挥在面团上的创造力用到不起眼的土豆身上。新政策已经摆在这里了，事在人为。

对我讲述土豆宴时，他和自己的厨师团队已经设计了一百零八种土豆食谱，还制作了印有其中五十二种菜品的照片与食谱的光面扑克牌。遗憾的是，因为餐桌上只有十个人，我们没能尝遍所有菜品，但那至少是个开始。我是个拥有英国和爱尔兰混血血统的人，自认这次"土豆宴"是个挑战。席间我也想要整理出一份欧洲和美国马铃薯食谱的清单，但即便在推特上求助，我也只想出了大约五十种。我可是来自一个自诩为"马铃薯专家"的地区呢，却当场被提醒在烹饪想象力方面，中国人每次都能拔得头筹，这多少叫我面子上有些挂不住了。

点燃我心：小笼包

　　光线充足的房间里，有十几位厨师围坐在两张长桌旁，大部分都是女性。她们身边的竹制蒸笼像高塔一样堆叠着，高度不一，泛着微微的金光。到处都摆放着堆满了猪肉末馅儿的盘子，其中还能看到肥肉、葱花和姜末的身影。每位厨师都身着白色厨师服，头戴一顶松软的白色厨师帽，安静而专注地包着包子，手速快得惊人。其中一位将工作台上的白色小面团子用手掌根压平，拿起圆面片，用一双筷子挑了一团馅料放在中间。接着，她左手转动包子皮，右手拇指和食指的指尖一次次捏在一起，以快速的单音节奏在面片边缘打褶，直到猪肉馅儿被完全包住，包子的顶部被捏出一个小小的褶子旋涡。放下这个，再做另一个。这些女士们速度很快，声称一小时就能用四百个包子装满二十个蒸笼，每个包子都要打十二个小褶子。

　　隔壁就是餐厅，这里是上海远郊南翔镇的古猗园。今天的第一批客人已经到了，正纷纷就坐等待用午餐。这是个老式的大厅，顶着起伏的瓦屋顶，安了美丽的花格窗，旁边就是餐厅得以命名的古典园林。现在这里已经成了公共公园，亭台楼阁、青草池塘和人行步道错落有致。我和几个食客拼了一张圆桌，为自己点了一笼包子和一碗汤。小笼包（steamed "soup" dumplings）在蒸腾的热气中放松下来，在蒸笼里铺着的草垫子上慵懒地互相倚靠着。我用筷子夹起一个，包子底部因为里面汤汁的重量而坠胀下来。我拿包子蘸了蘸桌上茶壶中倒出的米醋，用瓷勺托举起来，举到嘴边。咬开松软的饺子皮，鲜美的汤汁便流溢而出，汇集在勺子里。接着我吃掉了整个包子，又喝了剩下的汤汁，将包子的所有部分往肚里送了个干净。

让"汤包/小笼包"变得全球瞩目的，也许是台湾餐饮连锁店鼎泰丰，但它其实是最著名的上海特色美食。据说，小笼包起源于南翔，当地厨师将江南各地的汤包进行改良，做出自己的版本：生肉馅中加入凝固的高汤，加热后就会重新液化，达到鲜美多汁的效果。通常的馅料都是猪肉，但秋天也会稍微奢侈一些，加入大闸蟹肉和蟹黄（统称"蟹粉"），赋予馅料和汤汁一抹金黄。二十世纪初，一位南翔人在上海市中心的城隍庙附近开了一家小吃店，专做这种家乡最著名的美食，传奇就此诞生。

因为鼎泰丰，这种饱满多汁的小吃在英语世界里无人不知，大家都叫它"小笼包"：小笼就是"小蒸笼"，"包"则是各种包子的统称（包，字面意思就是"包裹"，可以做动词，也可以做名词）。但在南翔和江南其他地区，这些小汤包都被称为"馒头"，准确一点说，是"小笼馒头"。"馒头"这个名字蕴含了一个精彩的故事，串联起丝绸之路贸易路线、王朝动荡更迭、文化和烹饪交流以及现在被称为"点心"的精致小吃的整个历史。

说来也奇怪，"馒头"这个汉字组合，倒也讲不出什么实际的意义：只是能辨字读音，说明这是某种可食用的东西（第二个字"头"，单独讲可以是动物的头部，但无论和代表什么物件的汉字组合，也是个没有意义的后缀）。如今，只有江南地区的人们采用"馒头"一词来指代有馅儿的蒸包子；其他地区的人们口中的"馒头"，则是没有馅儿的白"面包"。但在历史上，和今天有馅儿包子类似的小吃，在全中国各地都被称为"馒头"。

中国人通过一个古老的传说来解释这个词的起源。故事里说，公元三世纪，伟大的政治家和战略家诸葛亮正在对蜀国南部边缘的蛮族部落发动军事行动，部队在渡河时遇到困难。有人建议他用蛮人的头（即"蛮头"）来祭祀当地的神灵，祈求保佑顺利渡河。诸葛亮不愿无节制地杀戮，就用面团包上肉馅代替人头，"骗"过了神灵。之后，人们便继续用面团和肉馅制作所谓的"蛮头"了。但随着时间的推移，他们把这个原本有些血腥气的词变得无害而友好，将原本的"蛮"字用一个无意义的同音字代替了。[1]

故事很精彩，但细究起来很难站得住脚，因为它最早出现在宋代的中国文学作品中，比故事中诸葛亮在南方行军历险的年代晚了数百年，也比"馒头"一词在中文中的出现晚了几个世纪。首次提到这个词的文学作品，是三世纪文学家束皙所作的《饼赋》，建议春天吃馒头（类似于现在的蒸包子）。当时，中国的权贵阶级正逐渐喜好起日益多样化的面食，在当时统称为"饼"。那时候，北方草原和西域文化交流频繁，中国人的橱柜与厨房里满是曾经被视为"异域来客"的食材和菜肴。

在束皙写下这文采飞扬的文赋之前的几个世纪里，很多新的食材与佳肴都被冠上了与它们的异域起源有关的中文名称，比如"胡椒"和"胡饼"。还有一些新食品的名称在中文里没有明确的含义，一般认为是外来语的中文音译，正如束皙在文中称为"安乾"和"粔籹"的面食。[2]（到了现代中国，一些外来词的中文译法往往也是找与原名读音尽量相近的汉字来音译，没有兼顾表意：例如 coffee 就是"咖啡"，sandwich 就是"三明治"，pudding 就是"布丁"。[3]）

所有的中国面食，以及制作面食所需的面粉，包括小麦本身，最初的起源都是和中亚文化的联系——而馒头，不管是名字还是面团包裹馅料的外形，一直以来都是跨文化的产物。从语言上看，"馒头"很有可能来源于某种古老的突厥语，因为这个汉语词汇与亚洲大陆各地的与馅饼有关的词汇非常相似[4]。在新疆，属于突厥语系的维吾尔人把羊肉和洋葱馅儿的蒸包子称为"mantı"，乌兹别克人也会吃类似mantı 的蒸包子，哈萨克人喜欢吃名叫"manty"的包子；而土耳其人则会吃多种多样的带馅面食，从浇了酸奶、融化黄油和辣椒面的小饺子，到尺寸较大、类似中国饺子的"鞑靼"饺子，全部统称为"mantı"。

在使用石磨之前，中国人使用整粒和捣碎的小米与大米制作糕点，比如屈原诗作《招魂》中提到的"粔籹蜜饵"（蜂蜜米糕）和马王堆汉墓出土的小米糕点。但等他们学会了用小麦高效磨粉并筛细之后，一个属于糕点和饺子包子、充满可能性的全新世界就这样诞生了。这其中就包括充满延展性的光洁小麦面团，有发面的，也有不发面的。束皙为"饼"写下的那首"狂想曲"中，让他无比喜爱、最是称道的，是一种蒸制的填馅包子，名曰"牢丸"——看文字描述，和今天的小笼包惊人相似（但内馅儿不含汤）。他写了该面食的制作过程，要先把面粉过筛两遍，外皮雪白、筋道、柔软：

> 尔乃重箩之麸，尘飞雪白；胶黏筋韧，膈漾柔泽。[5]

之后他继续描述牢丸的馅儿，要用剁得像小虫子的头一样细的羊肉和猪肉，加姜、葱、肉桂、花椒、香兰、盐和豆豉：

> 肉则羊膀豕肋，脂肤相半，脔如蜿首，珠连砾散。姜株葱本，蓬切瓜判，辛桂剉末，椒兰是畔，和盐漉豉，揽和樛乱。

接下来再详细描述"牢丸"的制作和蒸制过程，在众人垂涎的壮观场面中达到高潮：

> 于是火盛汤涌，猛气蒸作，攘衣振掌，握搦拊搏。面弥离于指端，手萦回而交错。纷纷驳驳，星分霡落。笼无进肉，饼无流面，姝媮咧敷，薄而不绽，曫曫和和，醲色外见，弱如春绵，白如秋练。气勃郁以扬布，香飞散而远遍。行人失涎于下风，童仆空嚼而斜眄。
>
> 擎器者呧唇，立侍者干咽。尔乃濯以玄醯，钞以象箸。伸要

虎丈，叩膝偏据。槃案财投而辄尽，庖人参潭而促遽。①⁶

　　这篇对中国点心的生动描述写于公元三世纪，其中体现的品位与激情，同今天香港点心酒家中那些粤菜老饕如出一辙。束晳并非当时唯一迷恋面食点心的人。与他时代相近的一位士大夫名叫何曾，因其奢侈享乐的生活方式而受后世诟病，其中一个典型表现就是他"蒸饼上不坼作十字不食"，即蒸馒头必须要膨胀到十字开花才愿意夹起来，因为这样的馒头才达到了完美状态。⁷

　　这些都只是点心文化最初的微光。到了唐代，现代中国的其他几种最具特色的小吃已经出现，其中包括馄饨、饺子和春饼，后来春饼还被包上馅料成为"春卷"。在 1950 年代，考古学家在今新疆境内吐鲁番附近的阿斯塔那古墓群挖掘唐代坟墓时，发现了一些已经完全失水的馄饨和一碗干瘪的月牙形饺子，后者的样子基本上与今天在中国北方随处可见的水煮饺子没什么区别。公元八世纪的一本典籍中列出了敬献给皇帝的珍馐中有二十四种馄饨。⁸在同一时代，中国饮茶之风日盛，还出现了边啜饮香茶，边品尝小点心的新习俗。⁹

　　也是在唐朝，"点心"一词首次出现了。最初，这是个动词，意思是在两餐之间"吃点东西"。唐朝的一份典籍描述三位娘子点燃灯火，摆上一些新做的烧饼，接着就"与客点心"②。又有一文，记述了这样一则轶事：一位娘子说自己梳洗未毕，没时间吃正餐，所以吃

────────────

① 英文采纳的是汉学家康达维（David R. Knechtges）优美的翻译，此处按英文尽量直译出来，权作古诗现汉译文：厨师抓按拍捶/指尖沾满面粉/双手不停旋转，来回交叉/包子纷纷散落，如星星，如冰雹/肉馅在蒸笼中没有爆开/包子上也没有散落的面粉/可爱悦目，令人垂涎/皮虽薄，却没有破裂/馅儿中蕴含着丰富的滋味/外表看上去饱满丰腴，嫩如春絮，白如秋丝/热汽袅袅蒸腾/香味迅速远播/经过的人们顺风流口水/年轻的仆人咀嚼着空气，不时侧目/拿着餐具的人们舔着嘴唇/站在一旁的随侍人员吞咽着口水/之后他们就把包子蘸入黑色肉酱中，用象牙筷子夹起/屈膝跪下，姿势仿佛老虎/他们并膝而坐，身体偏向一侧/盘子一上来就被一扫而空，厨师们忙得不可开交。
② 出自唐代文学家薛渔思所作志怪传奇《板桥三娘子》。

点点心就行了（"治妆未结，我未及餐，尔且可点心"①）。[10]就字面意思而言，"点心"这个词的意思可以很活泛：点，可以是"小圆点"或动词"轻轻按压"的意思；心，可以是"心灵"，也能指"心理"；所以，有些人把"点心"翻译成"touch the heart"（点中人心）或是"dot the heart"（在心上留下一点）。第一个字还可以解释为"点火"或"点燃"，所以，如果翻译得更有表现力，可以说是"kindle the spirits"（点燃人心）——几个美味可爱的饺子就能做到这一点。美食学者王子辉认为，用"点心"这样一个新词来称呼方便入口的食物，反映了中国美食进入全新的时代，人们越来越不再把饮食作为维持生计的途径，不再把追求口腹愉悦作为次要目标。很多时候，大家吃喝是为了消遣享受，就像精致的小吃点心，不仅要填饱肚子，还要满足人们的感官之乐。[11]

到了宋朝，点心已经和今天一样，被作为名词使用，形容各种精美的小吃。点心成为城市饮食中不可或缺且备受喜爱的一部分。公元1127年，北宋都城被外族攻陷；过了数十年，孟元老写成怀旧之作《东京梦华录》，在其中事无巨细地记载了旧都的社会与美食生活。他为餐馆与夜市上的佳肴列出了长长的清单，令人垂涎欲滴，其中很多美食至今已不可考，弄得人心痒痒却无可奈何。但当中也有多种多样当时已经在中国流行了上千年的包子、馒头和胡饼。[12]

北都陷落后，朝廷残余势力仓皇南逃，在杭州（当时称为"临安"）建立了新的都城。此举最为鲜明地标志了中国南方作为经济和文化中心地位的上升。杭州和其他南方都市以其富庶丰饶、生活精致、商业活动活跃以及食物精美丰盛而闻名。尤其是杭州，当地人与思乡的北方游民混杂而居，成为各种文化与饮食元素的大熔炉。很多人用北方的厨艺与风味来烹饪南方的食材，宋嫂鱼羹就是其中一例。

今天的人们常常哀叹于饮食不再"正宗"，而曾为临安城写下详

---

① 出自南宋文学家吴曾的百科笔记《能改斋漫录》。

细回忆录的宋代文人吴自牧也曾用类似的语气写道："饮食混淆，无南北之分矣。"[13]但各种烹饪元素的融合，加之商业繁荣和当地丰富的优质食材，促进了餐饮业的发展，可谓异彩纷呈。在十二和十三世纪的临安，茶馆里摆满了时令鲜花和名家字画，走进去，您就可以品尝到名贵的好茶。酒肆之中会用银杯和银勺盛放清冽的梅花酒。[14]一些餐馆为了迎合年轻顾客的口味，推出了煎豆腐、煨田螺和蛤蜊肉等菜品；而另一些食肆则仿照御膳房，做得气派奢华。吴自牧一气列出了用无数食材与烹饪方法做出的美味佳肴：北边的羊蹄，南方的蟹；各种面食与烤肉；老式的羹汤炖菜与新式的炒菜。[15]

吴自牧历数杭城人的极尽奢侈。他写道，在食肆就座后，他们点菜可谓花样百出，"杭人侈甚，百端呼索取覆，或热、或冷、或温、或绝冷，精浇烧，呼客随意索唤。……讫行菜，行菜诣灶头托盘前去，从头散下，尽合诸客呼索，指挥不致错误"。[16]（值得一提的是，这一切都比十八世纪巴黎出现最早的"餐馆"要早上五百多年。）

中国的点心文化在这个时代蓬勃发展，"市食点心，四时皆有，任便索唤，不误主顾"。吴自牧如是写道。[17]接着便列举了临安市集上的一百多种小吃，有包子、馒头、糕点和油炸饼，令人无比惊异又垂涎不止。有些似乎是用当地特产食材制作的古老北方小吃的"南方版"，比如杂色煎花馒头、糖肉馒头、太学馒头、笋肉馒头、蟹肉馒头、假肉馒头和多种多样的"包儿"。有好几种点心至今仍未失传，比如月饼、重阳糕和栗糕。

此外还有很多今天看来比较陌生，但又特别让人好奇、特别讨喜的名字：笑靥儿、骆驼蹄、子母龟、甘露饼、鹅眉夹儿等等等等。[18]在书中别处，吴自牧提到专做包子的"酒店"，售卖多种小吃，其中一种很可能就是小笼包的祖先：灌浆馒头。[19]（有趣的是，如今北宋古都开封的特色包子也有一个相似的名字：灌汤包。）

十二和十三世纪杭州的点心为中国点心的未来奠定了基础，南方厨师将北方古老的烹饪主题融入其中，并发挥灵动自由的创意，不仅用小麦，还用大米和许多其他淀粉制作出更轻盈、更活泼的点心。北方小吃通常以羊肉、韭菜和茴香做馅；南方则以蟹、虾、竹笋和蔬菜为馅。来自中亚的古老"胡饼"最终演变成精致的江南"蟹壳黄"，同样会撒上芝麻，但除此之外风格和特色大相径庭。过去的"馒头"则演变成小巧玲珑、顶着褶皱旋涡的蒸包子。

去苏杭两市寻欢作乐之人会租赁游船，到湖上泛舟野餐，也进行其他娱乐活动。苏州尤以精美的"船点"而闻名，糯米团子被雕刻上色，做成栩栩如生的动物、蔬菜和水果。时至今日，北方的馒头与包饺仍然通常是丰盛、扎实的主食，比如水煮饺子和大包子——后者单吃一个就能当一餐，算是中国版的英式三明治或康沃尔菜肉馅饼。与此同时，它们的南方"亲戚"往往更小、更精致，通常不作为日常主食，而是吃个乐趣消遣。最终，从元宵节的汤圆到中秋节的月饼，每个节日、每种价格层次，都有了应景应时的点心。

江南更南，来到广州，点心变得更为"空灵"：蒸饺的皮晶莹剔透，仿若薄纱；油炸芋饺轻若飞羽，仿佛随时可能飘走。广东人把早茶时吃点心的仪式叫做"饮茶"。当代广州就是点心天堂。不久前，我在那里待了几个星期，每天都忍不住诱惑，一定要吃点心。我把广州最著名的点心酒家吃了个遍，既吃了当地人最熟悉的饺子，也有其他从未品尝过的点心。有的餐馆带景观花园和多间餐厅，供应数十种不同小吃的老字号；有的则是偏居陋巷的小食肆，肠粉现点现做；还有珠江畔富丽堂皇的白天鹅宾馆，以高超的饺子制作工艺而闻名。上次去的时候，我坐在俯瞰珠江的宾馆餐厅，赞叹着虾饺和绿莹莹的沙虫韭菜饺子，不禁在想，如果束皙能奇迹般地转世投胎到此，又会为面前的美味写下怎样如痴如醉的狂想歌赋呢？

西方人，尤其是十八世纪以后的西方人，在描述中餐时总是语带轻蔑贬低，却似乎对点心的手艺略有青眼。十九世纪初，法国海军上校拉普拉斯在广州参加宴会时，觉得有些菜"令人生厌"，却对宴会尾声端上来的"糕点"感到非常满意，描述"它们形式多样而巧妙"。[20] 1793年英国首个访华使团成员之一的埃涅阿斯·安德森面对端到自己和同僚面前的中餐食物，也对很多感到惊愕失望，却被点心弄得目眩神迷："中国人拥有非常高超的点心技艺，无论是从口味上，还是从形式与颜色的多样性上来讲。他们的各类糕点制作精良，比我记忆中在英国或其他任何国家尝过的糕点都要美味可口。他们的酥皮糕点也和我在欧洲吃过的一样轻盈爽口，而且种类繁多。我相信，即便欧洲所有的糕点师一起努力，也做不到这么多、这么好。"[21] 他的使团同僚约翰·巴罗（John Barrow）也感叹："他们所有的糕点都异常轻盈、洁白如雪。"[22]

近代以来，广东版的点心征服了世界——确实，现在几乎所有说英语的人用的都是粤语的"dim sum"而非普通话的"dian xin"。过去的几十年里，非华人也渐渐迷上了有大型华人社区的西方城市里那些往往十分美味的粤式点心。再近一点，小笼包也骄傲地在全球舞台上精彩亮相，紧随其后（目前来说还在摸索阶段）的是另一种上海美食，生煎包，这是一种鲜美多汁的猪肉馅包子，通常由发酵面团制成，又蒸又煎，底部金黄酥脆。但所有这些美味小吃，都只不过是对点心王国最初步的探索。

周日早晨，扬州冶春茶社。这里有几栋古典风格的建筑，围绕着一片芳草萋萋的草坪。当地的老人们正拎着茶壶，观看露天民间戏曲表演。

我和朋友们围坐在一张镶嵌了大理石台面的深色木桌旁。这长长的用餐大堂坐落在运河边上，屋顶上盖了一些茅草，其他地方铺着瓦。这是一个温暖的春日，面向运河的所有窗户都敞开着，几盏红灯笼临水而挂。厅堂之中欢声笑语，很多食客是全家前来，聚在一起享用扬州最美味可爱的仪式之一——点心早餐（早茶）。

我已经拿起一壶绿茶，给每个人的茶杯都斟满了，面前的桌上摆满了盘子。广东人的点心菜单往往以饺子、粥和面条为主，偶尔有些叉烧之类的肉菜。扬州则有所不同，除这些之外还有一系列的冷盘和腌菜。我们点了烫干丝、腌仔姜、汁水充足的香菇白果、有着粉色内里和晶莹剔透的肉冻表层的著名肴肉、蜜枣和其他几样菜。接着，装在竹蒸笼里的点心陆续上桌了。

这里和南粤不同，所有的包子和饺子都是用发面或不发面的小麦面团做的，没有那些透明的澄粉做皮，也没有水汪汪的肠粉。扬州特色是各种各样的包子，大多是北方"亲戚"的微缩版，顶部捏了多个褶子，造型优雅。每种包子的"嘴"都有不同的收口方式，要么是"鲫鱼嘴"，要么是"龙眼"。我从没吃过那么美味可口的包子。有的包馅儿是多汁的白萝卜丝，加入猪油和高汤后相当甘美丰腴；有的加了柔软的豆奶皮；有的加了霉干菜，有马麦酱的咸香风味；有的包了青菜一类的新鲜蔬菜；还有的是甜蜜的红豆沙馅儿。还有一种巨型汤包，仿佛小笼包故意要耍噱头，膨胀到直径九厘米。这汤包太大了，筷子根本夹不起来，只能用吸管把汤汁吸出喝掉，再吃剩下的皮和馅儿。

另外，据说乾隆皇帝在十八世纪末期下扬州时最爱的"五丁包"，馅料是好几种美味的食材。根据当地的传说，这位老饕皇帝对负责为他准备早餐点心的厨师提出了最苛刻的要求，下令说要"滋养而不过补，美味而不过鲜，油香而不过腻，松脆而不过硬，细嫩而不过软"。故事中的厨师被这复杂的御令搞得惊慌失措，直到其中一人想出个主意，在包子里塞上了海参丁（滋养而不过补）、鸡丁（美味而不过鲜）、猪肉丁（油香而不过腻）、冬笋丁（松脆而不过硬）与河虾丁（细嫩而不过软）。皇帝吃过五丁包后，龙颜大悦、赞赏有加，不久这种包子就成为扬州富人们宴席上的必备菜品。

放眼整个现代中国，扬州也许是最能体现点心南下历史的地方。唐朝以后，随着连接江南与北方的大运河不断修建完善，扬州成为重要的交通枢纽和南方经济的心脏。新运河与从青藏高原一路东流入海的长江，就在扬州交汇。清朝时期，扬州商人从事利润丰厚的盐业贸易发家致富，一度贡献了占全中国总额四分之一的税收。盐商们建造宅院和园林，其中一些至今依然可以游览参观。他们还举办丰盛奢侈的晚宴款待朋友。有当地记录称①："宴会嬉游，殆无虚日；……骄奢淫逸，相习成风。"[23]

扬州城成为汲取南北文化影响的缩影。地理位置上，它地处长江北岸和江南地区的最北端，是麦乡与稻乡的交界处。从扬州往南，稻米就处于至高无上的地位，但扬州人也对小麦做的小吃有所偏爱，有一年一度的"年蒸"习俗，即做大量的包子饺子，"蒸蒸"日上地过年。

这个春日的早晨，在冶春茶楼的早餐桌上，装满包子的蒸笼就像是点心演变史上的一个中转站。包子馅儿是虾仁、蟹肉和竹笋等南方食材，包子皮却和束皙时代叫人垂涎并一抢而空的"饼"一样，是用小麦做的。包法和捏褶都是精致的南方情韵，却还没像粤式点心那样无比空灵轻盈。

我们的蒸笼里有一种包子，本身就浓缩了古往今来的历史故事：翡翠烧麦。这精致的小包子就像一个敞口小袋，口以下包了猪肉糜和绿叶蔬菜的馅料，隔着薄皮透出绿莹莹的颜色，顶部装饰上一小撮粉色火腿丁。和"馒头"一样，"烧麦"这个名字也解释不出来什么实际意义，说明有可能来自异域，而且在中国不同地区以不同的特色形式出现。这个名字最早出现在元朝蒙古人统治中国时朝鲜人对中国食物的描述中。[24]

在大同古长城附近，与内蒙古接壤的地方，我进行了一场面条追寻之旅。那里的烧麦用羊肉和洋葱做馅儿，用擀面杖把面皮边缘擀到极薄，拢起来便仿若花瓣。而在南边的旅途上，烧麦变得更小、更雅致，用蔬菜或糯米拌上酱油与猪肉做馅儿。再往南，在广州和香港，

---

① 此段引自（清）允禄《世宗宪皇帝上谕内阁·卷十》，出自雍正皇帝之手。

烧麦蜕变成金色蛋面皮包裹着紧实的猪肉糜与虾蓉馅儿。"烧麦"其实是一种思想，一种可能来源于异域、千变万化的形式。它跨越了整个华夏大地与千百年的岁月，一路不断变形，但总是以最典型的中国烹饪法进行蒸制。

午饭后，我们漫步至瘦西湖，这是扬州盐商为取悦皇帝而设计修建的游赏园林。下午，我们泛舟湖上，淡绿的柳枝慵懒地垂在水面上，阳光照出粼粼波光。我们经过乾隆皇帝曾经戏而垂钓的"钓鱼台"。岸边的花朵淡粉洋红、洁白金黄，争奇斗艳，竞相开放。

餐桌

食物与思想

甜而非"品"：鸭母捻

　　潮州古城一段修缮一新的城墙根旁，一位妇女翠绿色的三轮车斗中摆放了一个展示柜，里面是五颜六色的当地水果：青芒果条、芭乐条、草莓、蜜渍青酸杏和金橘蜜饯。在这温暖潮湿的东南，周围的田野里种满了甘蔗、香蕉和荔枝。当地方言佶屈复杂，外人一个字儿也听不懂，都说只有土生土长的人，才能学会。在中国近几十年来的狂飙突进中，这座城市依然保留了一些独特的魅力与个性。几条坐落着老院子的小巷没被拆除，一条历史文化大道两旁满布修复后的商铺和牌坊。隐藏在偏街小巷中的工匠们用竹篾条编织竹篮和鱼篓，或雕刻繁复精美的木雕。

　　最挑动我兴奋神经的是热闹的集市小摊和街头小贩。老城区的一条小巷里，我偶遇一个小市场，当地著名特色美食卤鹅整只整只地摆在木板上。在卤汁中煮过后，鹅皮被染成漂亮的棕红色，随时可以切成适合入口的小块。还有一筐筐各式各样的海鱼，已经蒸熟了，蘸上美味的酱汁即可食用。一个摊位上摞起高高的蒸笼，里面装满看上去十分美味的饺子，透明的米皮中能看到韭菜那碧莹莹的玉光。还有些摊位上有桃形土模，装着轻盈蓬松的钵仔糕；也有潮汕水粿，米糊做的"碗盘"上盛着美味的菜脯粒。处处有人坐在家门口或店铺外的凳子椅子上，用陶壶泡着乌龙茶，热气缭绕地倒进小小的瓷杯里，悠闲地啜饮。

　　过了一会儿，我走进牌坊街上一家著名的小吃店。"胡荣泉"是一百多年前一对兄弟创立的，店里的招牌小吃是鸭母捻（Chaozhou "mother duck" twists）：温香软玉的糯米团子漂浮在一碗浓浓的甜汤中，还要配上金黄的红薯块、薏米（英文"Job's tears"，直译为

"乔的眼泪")、莲子和银耳。糯米团子形似晃动在水上的鸭妈妈,因此得名——一个丸子的馅儿是红豆沙,另一个是绿豆沙,都甜滋滋的。

在西方人看来,鸭母捻有那么一点令人费解。味道是甜的,但并不是晚餐结束时吃的甜点,而是一种可以在两餐之间随时享用的小吃。整体形式是汤,不过是甜汤,在中国很流行,在西餐中却几乎不存在。西餐中的汤几乎总是咸的。而且,尽管汤是甜的,配料却是西方人眼中的蔬菜而非水果,因此不应该用在甜味菜肴中:根茎类蔬菜、豆类,甚至还有一种菌类。按照西方美食的标准,鸭母捻在分类学上很成问题。

总的说来,中国人不像大多数西方人那么爱吃甜食。英国人吃完饭,很可能问一句:"今天吃什么布丁(泛指甜品)?"但在中国,一餐终了,并不是一定要吃一块巧克力、一个甜挞或一碗冰淇淋。在中国的大部分地区,正餐饭菜基本都是咸味的,只偶尔加少量的糖作为一般调味品,跟酱油和醋是一样的,比如炖菜中用来"和味",或者加入糖醋味的酱汁中。在四川,附着在排骨和宫保鸡丁上的酱汁可能会用糖来调味,但晚餐的终曲大概率是汤、米饭和咸菜,也许再吃上几片梨之类的水果。只有在深受英国影响的香港,才更有可能在一餐最后品尝到单独的甜"品",就这也只是偶尔为之。

许多中餐食谱都没有单独的甜品章节。在袁枚于十八世纪末编写的著名的《随园食单》中,除了一个例外,所有的甜食都被归入"点心"大类,与鳗面、虾饼和肉饺等咸味点心混杂而列。我的烹饪学校教科书倒是给甜味菜肴(有些是用蘑菇和豆类做的)列了个小类,但夹在海鲜和蔬菜的大章之间,本身也不是日常用餐会遇到的那种,有些是非常雅致的婚礼甜菜,用糖来象征婚姻生活甜甜蜜蜜。但根据我的经验,没人会在家里做这样的菜,餐厅菜单上也很少出现。

西方大多数中餐馆都提供甜品,这跟中国传统关系不大,却与欧美人在吃完任何一餐饭之后都继续补充甜食的习惯有重大关系。所以山东的拔丝香蕉可能在西方的名气比在中国还要大；所以澳大利亚的中餐馆常常提供内包鲜奶油和新鲜芒果馅儿的班戟；所以老派英国中餐馆总是在套餐最后来一份罐头荔枝或甜豆沙班戟。有些中餐馆由于自身条件有限，没法为西方食客准备合适的甜品，就会用外包的冷冻布丁来代替。

如果你硬要把传统的中式甜食塞进餐后甜品的行列，西方食客很少能满意，强扭的"品"不甜。也许是因为中式甜食大多数缺乏西式甜品中常用的黄油、牛奶、奶油和巧克力构成的香浓感。虽然有些中式米布丁倒有点西式奶冻柔滑丝绵的意思，猪油也能提供些许黄油的油脂感，但两者都无法像大量使用黄油的法式酥点、巧克力或奶油蛋糕那样，将浓郁美味和丝滑口感充分结合。为西方朋友烹饪中餐时，我不会浪费时间去做不大可能撩动他们的中式"布丁"，而是买一些不错的巧克力或巴克拉瓦（西亚果仁千层酥），和水果及中国茶一起上桌。

很多中式甜食甚至并没有那么甜。成都著名街头小吃赖汤圆，馅儿是加糖的黑芝麻糊，但汤圆粉不加糖，盛在一碗白开水里吃。中国北方人吃的绿豆糕只会加很少量的糖。龙井草堂有时候会做鸡头米和桃胶熬的甜汤，非常美好梦幻，但只有幽微的甜味而已。

甜味最浓的中国食品，通常都源自异域，比如北京的糖耳朵就是包裹在一层糖浆之中。还有各种各样类似于哈瓦尔芝麻蜜饼的糕点，都是古代与西亚贸易往来的产物。满族甜食萨其马，是用条状油炸面糊混合糖浆压成糕饼状。许多最合西方人胃口的中国甜食都有着异域起源，比如香港的蛋挞和成都街头的蛋烘糕。

中式甜食多作为正餐之间的点心而非餐后甜品，比如鸭母捻和其他点心。有些甜食是特定节日的特定点心，比如中秋节的月饼，或是过年时在家招待客人用的果脯蜜饯和干果。在西安的回民街闲逛，可能会遇到用松散的米粉蒸制的"镜糕"，装饰着各色的糖和青红丝，穿在棍子上，好似棒棒糖；也有红豆沙馅儿的金黄柿饼。三五好友，在成都的茶馆闲坐，也许会从路过的小贩那里买点叮叮糖来尝尝。但这些小吃既有可能单独食用，也有可能和咸味食物混在一起：比如，一顿以成都小吃为主题的宴席上，你可能会在吃完汤汁猪肉馅儿抄手后，再吃一块甜蜜的红糖锅魁，接着再来一点麻辣担担面，把糖饼送下肚。

和欧美一样，中式甜食中也会加入水果。北京的大街小巷都能找到甜食店，专营深红色的酸甜山楂果实做成的果冻和果丹皮。一些宫廷甜食是用柿子干和其他蜜饯做成的。在中国北方，脆梨通常与枸杞、银耳和冰糖一起熬煮成温补甜汤，大枣则被裹上一层釉色糖浆，作为开胃小点食用。玫瑰花糖作为馅料包进糕饼之中，可蒸、可煎、可烘烤。还有一种甜蜜的风味，除了在中餐里，我无处可尝：桂花。江南和中国南方其他地区，处处可见桂花树。每到金秋，茂密的常绿树叶掩映着金黄或橙红的小粒花朵，让全城都笼罩在醉人的甜香之中。桂花可用于制作馅料、糖浆和甜汤。桂花香融汇了金银花与茉莉的香气，十分浓郁，独特至极。

欧美将蔬菜视为与水果截然不同的一大类食材，除了南瓜派和擦碎放进蛋糕里的胡萝卜之外，很少会用来做甜点。但中国人并不拘泥于这种"一刀切"的分类。在餐馆吃完一顿饭，常常会端上来一个果盘，西瓜、橘子的旁边放着甜甜的小番茄。我还记得在四川留学时，一位厨师朋友给我上的开胃菜是薄薄脆脆的炸土豆片，上面还撒了糖，叫我吃了一惊。南瓜和红薯可以捣成泥，加点糯米粉，做成甜馅儿包子，煎蒸均可。宁波和上海的甜食中广泛使用一种名叫"苔条"的绿藻，包括苔条米馒头和苔条酥饼。紫禁城的御品糕点中，有种果冻状的爽口小吃叫"豌豆黄"，用磨碎的豌豆粉等材料制成；还有芸豆磨粉做的芸豆糕。1990年代，我在中国的首次长住结束，回到英国，感觉对英国食物的分类陷入了混乱。有一次，我在生日蛋糕上不仅装饰了草莓，还装饰了黄瓜片，让英国朋友们十分震惊——我甚至想都没想过这有任何问题。

还有甜汤和甜酱，这是西方根本不存在的一大类液体/半流质小吃和滋补品。四川人不仅用银耳做甜汤，也做甜豆花，甚至各种坚果炒过糖色或蚕豆粉，都可以做成三合泥与八宝锅蒸这一类甜食。杭州人喜欢坐在西湖边品尝如玻璃般晶莹剔透的黏稠甜品，原料是莲藕淀粉，撒上果脯与坚果（藕粉）。当地宴席的最后一道菜常常会是一道甜汤。在粤地的仲夏，也许会有人为你端来清凉的绿豆糖水，里面可能加了味道比较浓烈的鲜芸香。广东人还很擅长用豆类和坚果做成柔滑的糊糊（最好是石磨）：柔滑光亮如兔毛的黑芝麻糊；透出一丝幽苦的甜杏仁糊白滑如瓷。在广州一家小吃店里，我尽兴地吃了马蹄沙，那是一种晶莹剔透、整体金黄色的"汤布丁"，里面有马蹄碎和胡萝卜丝。

古代中国人用蜂蜜和小麦芽等谷物制成的麦芽糖来为一些菜肴增加甜味。在诗人屈原的笔下，召唤亡灵回归的佳肴中，就有甜面饼和蜜糖米糕，还加上很多麦芽糖（"粔籹蜜饵，有餦餭些"）[1]；马王堆汉墓出土的随葬食品中，既有麦芽糖也有蜂蜜[2]。早在周朝时期，人们就已经研究出如何将谷物芽捣碎，混入煮熟的米饭等其他谷类饭中，引发酶反应，将淀粉群转化为含糖物，过滤后煮沸，制成琥珀色的糖浆；进一步煮沸的话，就能做成饴糖。[3]今天的成都，在制作"丁丁糖"时，仍然遵循同样的过程——通常是上了年纪的老爷爷，自己熬糖浆，扯成细腻的淡色软糖，背在竹筐子里出售。他走街串巷卖糖的时候，会用手上的金属敲出"丁丁丁"的脆响，叫卖着"丁丁糖，丁丁糖"。北京烤鸭外皮那层黑漆般的光亮，就来自麦芽糖。

从很遥远的古代起，中国南方人就爱上了甘蔗汁，但一直到唐代，他们才开始把它转化为冰糖。薛爱华认为，也是在这一时期，甜食开始流行。江南地区的人们仍然用蜂蜜制作姜汁蜂蜜笋片；还会吃一种甘蔗汁凝固后（通常会与牛奶混合）制成的塑形糖，称为"石蜜"。但在公元七世纪，来自印度东北部的新技术让扬州的制糖人生产出了颗粒状的黄糖，逐渐得到"砂糖"之名，一直沿用至今。后来，到了宋朝，中国人学会了如何去掉黄糖中的杂质，制成水晶一样的白糖，当时称为"糖霜"。[4]但是，据萨班所写，尽管中国比欧洲更早制出蔗糖，中国人却从未像欧洲人那样重视这种东西。从十六世纪就逐渐发展起来的精制糖业后来逐渐衰落，重心停留在手工生产非精制糖上。[5]

长期以来，中国人一直将糖作为食物防腐剂使用，尤其是保存水果。[6]比如我在潮州看到的街头小贩售卖的那些，还有曾从中国出口欧洲、深受喜爱的蜜姜。公元六世纪，贾思勰在《齐民要术》中收录了好几种用糖加蜂蜜和果汁来保存水果的方法。后来从宋朝开始，就越来越多地用到蔗糖。不过，在现代中国，糖渍的水果虽然基本都是用蔗糖来制作，但还是被叫做"蜜饯"。

中国的大部分地方菜系都以咸味为主，但某些地方的菜却以甜闻名，甚至甜到有些过分。苏州和无锡是本帮菜烹饪中那缕甜味的发源地，然而即便是在这两个城市，也没有西方意义上的"甜品"，你只是可能会发现开胃凉菜和主菜裹着糖浆和蘸着糖，像是小吃点心的样子。猪肉通常会加大量的糖炖煮，成菜甜得仿佛英式布丁，肉汁被红曲米染成艳粉，也可能会收汁成与焦糖质地颜色一般无二，仿佛盘底一层釉。在这个地区，人们喜欢一餐开头吃的冷盘咸肉和焯水后的拌菜可能会和糖渍橘皮与糯米馅儿蜜枣（有个好听的名字叫"心太软"）一起上桌。酥脆的炸鱼也常常会过一层糖浆。我在苏州吃过一道冷盘，是切碎的金华火腿和烤松子碎及粗粒白砂糖混合做成的。这里有些菜实在太甜了，常常让中国其他地方的人发腻。有位来自湖南的年轻朋友带着惊骇的语气对我说："在苏州吃东西，就像捧着一碗糖直接吃。"

潮州地处历史上甘蔗之乡的中心地带，那里的人们也喜欢吃很多含糖食品。几年前，我到潮州的第一晚，就吃到了油炸干鱿鱼糕和芋泥酿海参，都是蘸桔子油。还有糖浆煮的热板栗、红薯和红枣，都与干贝烧黑芝麻豆腐、牛肉丸汤和菜脯炒粿条这些咸味菜肴一起上桌。

我慢慢探索着这个城市，品尝到了鸭母捻这种显然属于甜菜的东西，以及大量咸甜混合、分类不明的菜肴，包括用猪肉、腐乳、糖和大蒜做馅儿烘焙的腐乳饼——这个组合美味到没有道理。最著名的潮州菜之一是紫色的"白果芋泥"，泛着猪油和糖浆赋予的光泽，上面点缀着白果。在老城的偏街小巷，我遇到有手艺人用花生糖原尺寸仿制鱼、猪头和鸡，作为祭祀用的"三牲"。

中餐中的一些甜食，工艺之精妙，能与顶级法国甜品媲美。比如，在杭州，运气够好的话，你就能品尝到正宗的吴山酥油饼：三角锥形的酥脆饼食，有着数不清的酥皮层，一碰就碎，上面撒了细砂糖，曾经是庙会上的紧俏商品。中式酥皮由猪油和面粉混合，层层叠加而成，烹制过程中会开成无数薄如纸的单层，可以塑造出变幻无穷的奇妙形状，填馅儿也是千变万化：比如，可以制作开酥的仿制花朵、水果或蔬菜，入口即酥。不过总的来说，我虽然觉得中餐在冷盘、汤品、面食、烤肉、炖菜、炒菜等大多数的烹饪门类都拔得头筹，但和欧洲烹饪相比，中国人在甜食方面还有欠缺，即便这仅仅是因为他们在乳制品领域探索精神不高，以及（在不久前还）对巧克力了解不深。

法国人当然是糖果和糕点大师。英国人会做可爱美味的蛋糕、饼干、软糖和布丁。在中国的时候，我要是发现自己不知不觉在想念法式杏仁挞、焦糖布蕾、巧克力布朗尼、切尔西果酱面包和冰淇淋，就感觉找回了一点作为欧洲人的自信昂扬。

在我看来，只有新加坡或马来西亚等地的土生华人女性，即"娘惹"，所做的甜食，才能与西方世界的传统甜品一较高下。她们厨房中的椰奶和棕榈糖为舌尖带来乳制品的丰腴之感，那种浓郁和细腻可以满足"欧洲舌头"对甜度的渴望。该地区的糕点有无数种，果冻、糕饼和馅饼……色彩丰富，如同彩虹，叫人垂涎欲滴。在新加坡和马来西亚，中国饮食传统与椰子碰撞、融合，创造出世界上最美味的甜点。

但中国本土的人们也在甜点这一块儿努力追赶西方。如今，中国的甜品师（其中一些去巴黎接受过培训）不仅能制作出精致美味的可颂和国王饼，还能利用地方食材和审美主题做出具有中国特色的美味甜食。在香港，人们很早就能吃到用榴莲或芋头制作的冰淇淋球，还有用咸蛋黄做馅儿的蒸包子，都是无比美味的融合甜点。在如今的中国大陆，巧克力也被包进汤圆，做标志农历新年过完的元宵节的吃食。我上次去北京，在一家甜品店喝茶，店里供应引人入胜的融合点心，比如桃子形状的奶油馅儿雪媚娘（桃子在中国传统中是长寿的象征），还有用巧克力复制的中国水墨画中连绵起伏的山峦。也许，中国的"甜品时代"终于到来了。

行千里，致广大：辣子鸡

带外国"吃货团"进行中国美食之旅时，我最喜欢的时刻就是从一个菜系突然来到另一个截然不同的菜系。我们从北京开始，参观故宫、长城和天坛，品尝北京烤鸭、炸酱面、涮羊肉和其他当地美食；之后，我们前往西安，参观兵马俑和回民街，吃羊肉泡馍与各种令人着迷的街头小吃；再然后，我们搭乘火车前往成都，吃几天麻辣的川菜；最后去上海和杭州，领略江南风味。

北方城市北京和西安的食物好歹有些共同点，有大量的羊肉和小麦主食。但从西安到成都，从成都到上海，从饮食角度来说，都属于极端的大跳跃，仿佛飞到了另一个国度。离开西安前往成都，我们告别了小麦之乡，进入稻米的国度，不再领略深浓香醋与生蒜的霸主风采，过山车般地转向香辣与微甜、辣椒与花椒的狂野四川风味。我们离开干燥的北方，来到潮湿的南方，沉浸在完全不同的方言与生活当中。接着，我们又来到上海，抖落一身辣椒的炙热与花椒的酥麻，发现自己置身于一个讲究细腻风味与精制烹饪的世界。鱼米之乡，样样吃食都是水灵灵的。

每逢这样的转变时刻，"中餐"这个整体概念就会受到挑战。有时，这个词的可笑程度堪比中国人口中的"西餐"——他们用这么个词大而化之地泛指西方世界多种多样的烹饪传统，从奥斯陆到巴勒莫、从莫斯科到纽约。当然，中餐有一些共性：使用筷子、把食物切成小块、注重发酵豆类和豆腐、缺乏奶制品、蒸和炒的普遍使用、一餐由饭和菜组成的传统概念。但除了这些普遍性之外，中餐的地方与区域传统繁复多样，根本下不了统一的定义。

中国本身也在千百年来的历史更迭中时而膨胀、时而萎缩、时而分裂、时而统一，时而合并周边小国和外围领土，时而被游牧民族入侵者合并。像南粤地区这样如今已完全融合并在烹饪上占据极高地位的地区，曾经是中原人眼中的蛮荒之地，处处是沼泽荒野和吃蛇虫鼠蚁的野蛮人。清朝以来，中国就已将西藏和新疆纳入版图，这些广袤地区的饮食文化与汉族一直以来统治的地区完全不同。在云南，傣族和其他少数民族的菜肴与邻国的越南、老挝和缅甸多有重合。还有新加坡和马来西亚的娘惹华人（也称"海峡华人"）的"流散"风格饮食，以中餐为根，嫁接了泰国和马来的烹饪传统——更不用说还有美式中餐这个大类别。

中国有好些省份，在面积和地位上可与一个欧洲国家相当。中国幅员辽阔，与其说是个国度，不如说是个大陆。清朝以后的中国境内，地形多样、气候各异：北边有西伯利亚森林，也有沙漠和绿洲、盐沼地、草原、黄土高原和吐鲁番盆地（全世界负海拔区中最低的地方之一）；西部耸立着喜马拉雅山脉和青藏高原；南边有巨大的冲积平原，江河、溪流与运河纵横交错；再往南则是热带雨林。从地理角度看，西南部的云南省几乎自成一个世界：一个个紧密的小气候带风云变幻，从西北部的高原藏区，落差到西双版纳的热带雨林，那里至今还有一些野象在游荡。

千变万化的地形与气候交织，为生物多样性提供了丰沃的土壤，使中餐的"食品柜"丰富多样。在西北，你可以吃到当地出产的哈密瓜、沙葱、石榴和骆驼肉；在东北能吃到核桃、山楂和来自西伯利亚林蛙的雪蛤——这些都只是沧海一粟。往南去到江南，河虾河蟹、竹笋、菱角、鸡头米与其他水生蔬菜任君品尝。在云南的不同地区，可以吃到新鲜的松茸与无数其他野生菌菇，还有直接从树上采摘的新鲜香蕉和木瓜，更有牦牛肉、烤青稞和酥油茶。

很早以前，中国人就懂得欣赏多样风土带来的无限美食潜力，并为之欣喜激动。厨师鼻祖伊尹曾用不同地区的顶级食材来为君王描绘未来的帝国版图。后来，朝贡制度筛选了全国各地最优质的特产送到朝廷。不过，将特定地区与特定菜系联系起来，则是之后很久的事情。

早在现代意义上的地方菜系概念形成之前，人们就已经将特定地方与当地居民的饮食偏好联系起来。《礼记》有云：

> 凡居民材，必因天地寒暖、燥湿，广谷、大川异制。民生其间者异俗，刚柔轻重，迟速异齐，五味异和，器械异制，衣服异宜。修其教，不易其俗；齐其政，不易其宜。[1]

成书于汉朝的《黄帝内经》认为，东方人喜欢吃鱼和盐，西方人偏爱脂肥肉食，北方人爱吃乳制品，南方人嗜好酸食和发酵食品，中央腹地的人们则倾向于杂食。[2]公元四世纪，历史学家常璩为爱好麻辣鲜香等大胆风味的四川人民下了一句著名的评语："好辛香，尚滋味。"（出自常璩的《华阳国志》，写于辣椒为川人所知的一千多年前，他所说的辛香滋味，应该来自生姜、黑胡椒和花椒等食材。）

大约两千年前，南北方口味之间就已经产生了分化的鸿沟。有典籍指出，南方人喜欢吃鱼，而北方人偏爱肉食，形成了鲜明对比。一本关于治国之道的书籍则写道，南方人喜欢酸甜口味的菜肴，嗜好蛇肉的风味。[3]有人从一个地区搬迁到另一个地区，有时会发现难以接受饮食习惯上的改变。据说，六世纪有一位官员名曰王肃，本是南方人，叛逃去北魏做官后仍然不改"饭稻羹鱼"的饮食习惯，不和周围的人一样吃羊肉和乳制品。他对北方饮食很反感，而身边的北方人对他奇怪的南方饮食习惯也颇为不满，多有嘲笑，两者形成了有趣的镜像。[4]唐朝时，北方人觉得南方人吃的奇特食材（尤其是青蛙）非常怪异，有时非常厌恶。[5]

到了宋朝，地方烹饪风格的概念渐渐深入人心。在北宋都城开封的各类食肆中，有专营"南食"和"川饭"的餐厅，以飨远道进京的客人。[6] 目前还不清楚这些菜系在食材选择、烹饪方法偏好或主要口味上有多大差异：当时的文献资料除了一些零星的评论外几乎没有提供其他细节，比如一位作家说南方人喜咸，而北方人嗜甜。不过，南北区别还是足够明显的，所以文学家吴自牧才能注意到朝廷南迁杭州后南北风格的混杂。[7]

"地方菜系"作为现代概念的形成始于二十世纪初，当时江南的人们开始谈论某些地区的"帮口"菜。来自同一地方的老乡们在大城市聚集，互相扶持奋斗，形成"帮口"。餐饮业内，老乡厨师与餐馆老板们为了提高市场上的竞争力，会将自己的本土烹饪风格作为营销宣传策略。[8] 这种地区"帮口"的观念至今仍存在于江南，上海人仍将自己的地方美食称为"本帮菜"，杭州的厨师则以"杭帮菜"著称。

现在，无论中国内外，人们随口就能说出中餐"四大菜系"和"八大菜系"，似乎这已经是根深蒂固和不言而喻的常识。"四大菜系"大致代表了东、西、南、北，包括北边的鲁菜（即孔子故乡山东的菜）、西边的川菜、东边的淮扬菜（江南地区的菜肴）和南边的粤菜。"八大菜系"则有鲁菜、徽菜、川菜、闽菜、粤菜、浙江菜、江苏菜和湘菜。但这两种说法都是最近才有的，而且还存在很大争议。

据说，"菜系"一词最早由时任商务部长的姚依林在 1950 和 1960 年代向外宾介绍四大地方烹饪风格时提出——在那个年代，"帮口"一词被认为带有资本主义习气，因此被弃之不用。[9] 新中国成立后，官方对中餐进行系统记录和分类的工作大约就是从这个时候开始的。1950 年代末和 1960 年代初，轻工业出版社出版了一套题为《中国名菜谱》的系列平装食谱，共十二册，分册收录了北京、上海、山东、四川等地的菜谱，集册收录了云南、贵州、广西等省的菜谱。

到了 1980 年代，以研究和展示国家与地区代表性菜肴为使命的烹饪协会相继成立。关于各省菜系的系列丛书以及特定烹饪风格的单行本相继出版，例如曲阜孔府的厨师们曾经烹制的"孔府菜"，那里是孔子的后裔一直居住到二十世纪中叶的地方。但是，所有这些单行本和丛书对中餐进行地域风格划分时，方法不一。通常认为，四川是个专门的烹饪区域；但江南地区究竟是该用古称"淮扬"（分为江苏和浙江两省）来命名，还是用"苏"（江苏）或"沪"（该地区的现代大都市）来命名，却无法达成一致意见。另外，北方的主要菜系应该以孕育了绚烂饮食传统的孔子出生地山东命名，还是以现代首都北京命名？

如今，"八大菜系"这一概念常常被很严肃地提出来，作为划分地域烹饪风格的标准。它居然是 1980 年才定下来的，确实令人吃惊。这一说法似乎最早出现在当年 6 月 20 日官方报纸《人民日报》汪绍铨撰文的专栏中，题为《我国的八大菜系》。[10]文章明确列出了八种地方烹饪风格，即今天人们还在使用和谈论的分类。这个"八大菜系"的概念存在很大问题，其中所强调的地区集中在华中和华东的较发达地区，将中国大部分地区排除在外，甚至忽视了西北和云南的重要烹饪传统。另外，这个分类实在是精英色彩浓厚，只关注当时已经登上所谓"大雅之堂"的烹饪文化，完全忽视了中国生机勃勃的民间烹饪传统。但这不过是吹响开战的号角，这场争议大战一直激烈地进行到了今天，焦点往往都是哪些地区的烹饪风格值得单独认定。争论很少能公平公正地进行，因为要是某地区、某省或某市能成功地夺得某重要地方菜系的所有权，就会获得巨大的商业利益。

二十一世纪，川菜作为中国最受欢迎和"走出去"最成功的地方菜系崭露头角。然而，即便是川菜，也很难下一个斩钉截铁的简单定义。一些川菜拥趸紧抓四世纪历史学家常璩对川菜风味的断语，认为该地区自古以来就有滋味丰富、崇尚辛辣的烹饪传统，并绵延至今。但今天我们所熟知的川菜系统，其实是近代才逐渐形成的，它反映了中国各地人口迁徙的悠久历史，最重要的一次是在十八世纪初。

当时，本来沃野千里的巴蜀大地，因为连年战乱和王朝动荡而饱受摧残，清政府鼓励外来人口在此定居。川菜中许多最著名的产出都是外来者的杰作，比如"辣豆瓣"（豆瓣酱，由福建移民发明）和保宁醋（由山西人士首创）。当然还有辣椒——如今已经与产于四川本土的花椒一起成为川菜的绝对标志——最早也是墨西哥的舶来品，几百年前才定居巴蜀。

九月的一天，我和三位重庆本地厨师一起，前往市郊歌乐山著名的"林中乐"饭店"朝圣"。长江边鳞次栉比的摩天大楼渐渐退远，车子驶上一条绿树成荫、爬山虎苍茂的蜿蜒山路，闲暇上山的人们已经排起了长队。和光顾餐馆的其他人一样，我们也是来吃招牌菜"辣子鸡"（Chongqing chicken in a pile of chilies）的。餐厅的主厨房在楼下，但楼上有个属于辣子鸡的专门厨房，门外堆放着十个巨大的袋子，里面都是干辣椒——老板娘夏军的头发也染成了煳辣椒色，她告诉我，一天就能用完这么多。

厨房里，四名厨师正在紧锣密鼓地制作辣子鸡，其中两人是墩子，负责木砧板，将一只又一只的鸡切成一口大小的块状。我目不转睛地看着另外一男一女两名厨师坐镇炒锅。他们把一桶桶辣椒倒入大油锅，再加入一把把花椒。随着香料嗞嗞作响，他们在火辣辣的热气中不停翻炒，然后放入鸡肉，再淋上酱油，又撒上味精。接着，他们把整锅东西都舀到一个卫星天线"锅盖"大小的盘子里，撒上一些芝麻，再从头把刚才的过程重演一遍。

辣子鸡上桌，我和朋友们狼吞虎咽，一边用筷子在一堆辣椒里寻找干香扑鼻的肉块，一边拿纸巾擦去额头的汗水，大口喝着冰啤酒，把骨头吐在一次性桌布上。在围攻鸡肉的间隙，我们也从旁边的大汤碗中捞出滑溜溜的鱼片，汤面上覆盖着满满的青花椒，呈放射之势。我们还会嗦一嗦用大量辣椒和花椒干煸的鳝段，并品尝干椒炒丝瓜以及辣拌藕块。时不时地，我们会喝上一口漂着鸡血和时令绿色蔬菜的清淡汤品，清清口，放松片刻。

这顿饭是典型的重庆风格，也是近年来非常流行的"江湖菜"风格。江湖菜是丰盛热烈的民间烹饪，大量使用辣椒和花椒，通常以大盘盛装，供应的餐厅也常常人声鼎沸，食客们纵情饕餮，毫无顾忌。

1990 年代初，我初到四川，重庆市及其周边地区还隶属于四川省。但到 1997 年，它已经获得了与上海、北京同等的直辖地位——新成立的直辖市重庆面积与奥地利相当。渝地向来特色鲜明，个性十足。先说四川省会成都，地处盆地的黄金地带，土壤和气候极其有利农业发展，有"天府之国"的美誉。大家都说，成都人不用辛苦工作就能过上好日子，所以他们大部分时间都在茶馆里吃喝闲聊。而重庆则是个艰苦的山城，在特定的季节，气候无比闷热潮湿，令人难以忍受，被称为"火炉"。这里是长江上的大港口，形成了著名的"棒棒军"，都是些卖力气的苦命人，用肩上一根粗粗的竹"棒棒"挑起货物，爬坡上坎地讨生活。

两座城市社会和地理上的差异，在美食上也有生动体现。成都菜也有辣的一面，但通常辣得悠扬从容，常有幽微的甜味浮现，很少叫人唇舌麻木、汗流浃背。而重庆菜则不负川菜在外的"辣"名。除了辣子鸡，还有著名的麻辣毛肚火锅和毛血旺，两道菜都是在香辛料中找菜吃；更有甚者，即使是简单的蔬菜，也往往掺杂着大把的辣椒和花椒。当地人一以贯之地坚持以大量辣椒和花椒来消解严苛气候的影响。

我去"林中乐"吃辣子鸡，主要是为了对二十年前出版的川菜食谱进行修订，出个新版。数年来，为了加深对四川的了解，我探索了这片土地的各个角落：去北边的阆中探寻保宁醋；在南充吃凉粉；去宜宾找芽菜、"猪儿粑"①、燃面和小炒；在李庄品尝配辣蘸水的白肉；到自贡大啖冷吃兔；在乐山体验一顿十几道菜的"西坝豆腐

---

① 即前文提到的"叶儿粑"，不同地方叫法不同。

宴"。川南的菜肴中悄然弥漫着木姜子油带柠檬香气的味道，像是在对邻省贵州的风味点头示意。我走访的每个小县城都有自己的特色：手工腌渍物、菜肴、炖锅、小吃和甜食。重庆成功争取到直辖市的行政地位后，就开始推广独具特色的"渝菜"。现在，四川省管辖的很多地区也在努力为自己的地方菜肴争取认可，其中就有自贡，这里自汉代以来就是著名的井盐产地，如今大力宣传的是"盐帮菜"。

我突然想起，多年前，伦敦有六家出版商都拒绝了我的第一本四川食谱的选题，他们给出的理由是"主题太窄"。我不由自主地冷笑一声，这主题怎么会窄，明明是个取之不尽的源泉！我意识到，光是研究川菜，我就可以再花上二十年的时间。即便已经花了四分之一个世纪在这上面，从某种意义上说，我仍然才刚开了个头。

而这仅仅是一个省。

中国有二十多个省、四个直辖市和五个自治区以及香港和澳门两个特别行政区，所有这些地区都有各自迷人的饮食文化。即使在地区内部，由于地方和社会阶层的不同，烹饪风格也有很大差异。此外，还有跨地区的烹饪风格，如清真、佛教素食和客家菜，以及五十五个官方承认的少数民族的烹饪传统。总之，这个国家的菜系丰富多彩、深不可测，互相交融分化，不断发展变幻，令人叹为观止。南北食材与烹饪风格在宋代杭州的融合只不过是沧海一粟的例子而已。再比如北京烤鸭，就是明初首都南京的一道古老菜肴与新都北京满族口味的结合。云南的一些区域至今还在制作奶酪，据说是约七百年前忽必烈那支所向披靡的蒙古军队留下的传统。[11]

要是认真给中国的地方菜肴分类，我会头疼的。即便是在全中国上下旅行、旅行、再旅行，每天仍然能品尝到新的食物，这几乎就是我过去三十年来一直在做的事情。即便已经这么久了，我仍然常常发现自己处于最初的惊奇与困惑当中。中餐烹饪仿佛无限分形图案，越深入观察，就越发现其复杂深奥，无穷无尽。我知道得越多，就愈发觉得自己无知。在中餐研究的道路上，我越来越觉得自己就是一只不起眼的小虫，艰难地攀登着一座人类智慧的大山。

这很矛盾，因为从很多方面来看，现代中国都越来越趋同。全国有着千篇一律的现代建筑、相同的品牌、相同的服装。但正如大热纪录片《舌尖上的中国》（第一季和第二季）导演陈晓卿曾对我说过的，虽然中国服饰、手工艺品、建筑、民乐甚至方言的地域多样性正日益弱化，这种多样性却在美食之中生生不息、充满活力，形成闪亮绚烂的万花筒。全国各地，钢筋水泥的石头森林中隐藏着不起眼的小餐馆，店内瓷砖剥落、墙漆斑驳、装潢陈旧，装裱过的精美书法作品显得格格不入。人们就安坐在这一隅，品尝着地方特色鲜明的美味。往深了说，这就是中国表达自我的方式，从古至今、从现在到永远。

在1990年代，我撰写自己的第一本川菜食谱时，大部分西方人对"中餐"的理解还很单一。近几十年来，这种情况发生了巨大变化。如今，在伦敦或纽约，你能品尝到的正宗特色美食不仅有来自广东的粤菜，还有来自四川、湖南、上海和西安各地的特色菜肴。不同地方美食之间的对比，无疑能让人一窥中国烹饪的丰富多彩，也纠正了中餐是单一菜系的一贯偏见。然而，如果不亲身走遍中国各地，就无法充分领略中国美食令人惊叹的多样性。

我的朋友、餐饮从业者阿戴曾对我说过，外人对中餐的评价就像印度古老宗教寓言中的"盲人摸象"。故事有很多版本，但主要是说一群盲人通过用手触摸大象的各个部位来推测大象的真面目。一个盲人摸到大象的鼻子，认为它像蛇；另一个盲人摸遍大象的一侧身子，认为它像一堵墙；还有一个盲人抓住了象牙，认定它像一根长矛，如此种种。当然，没有一个盲人知道大象的整体面貌。

这个故事原本用来寓意印度宗教信徒对神之本质的笨拙摸索，但也同样适用于中国美食。四川的辣子鸡、上海的小笼包、西安的Biángbiáng面……花样繁多、各具特色，但仍然只是大象的躯干、身侧和象牙。即使在中国国内，要想看清大象的整体面貌也并非易事，除非你准备一辈子都奉献给旅行和美食——即便如此（我本人可以证明），这也是一项艰巨的挑战。那么，如果真要冒险尝试，又该如何对中餐进行分类呢？

我个人比较倾向于"四大菜系"。这个分类从大处着眼，能让人感受到地理距离遥远的地区之间的显著差异：北方烹饪以小麦打底，南方菜系以稻米奠基；北方菜实诚丰盛，江南菜雅致细腻；川菜辛辣芳烈，粤菜清淡可口。这种分类法没有把人们带入一个摸不着头脑的风味迷宫，而是为进一步思考中国地方菜系这个棘手的问题开辟了道路。

至少，它让人初步感受到了大象的四个不同部位。

无荤之食：干煸"鳝鱼"

四川新都宝光寺的一个院子里，几位游客正点燃一把把粉色的香，虔诚敬拜并喃喃祈祷，再把香插进巨大的青铜香炉里满铺的灰烬之中。巍峨的寺庙大殿前香烟袅袅，瓦屋顶挑着四面的檐梁飞角，木柱上刻有金色的吉祥佛语。不远处，人们钉在铁架上的红烛火光闪烁、烛泪欲滴。几棵盆景姿态优雅，两旁摆着五颜六色的花朵。四川的天气大抵如是，潮湿而阴沉，弥漫的灰光模糊了建筑物和树木的轮廓（这里的晴天少得可怜，所以有"蜀犬吠日"的说法）。过了一会儿，我们漫步到茶馆，一个高树掩映的大庭院，人们三五成群坐在竹椅上，打牌、喝茶、吃零食、抽烟，用四川方言有一搭没一搭地彼此打趣。

很快，午饭点儿到了。

我们在隔壁院子远端的柱廊里找了张桌子，我去其中一个小窗口点菜。头顶上用钉子钉了几块木板，菜名以竖排的形式刻在上面。下面有块黑板，用粉笔写着今日特色。我点了一份冷盘、鱼香肉丝、干煸鳝鱼（dry-fried eels）、豉汁排骨、豆瓣鱼、圆子汤和炒青菜。不一会儿，我们桌上就摆满了菜肴。一切看起来都像是一餐典型的成都饭，色泽鲜丽，还点缀着辣豆瓣特有的红色油光，令人食欲大增。不过，表象虽如此，所有的食物其实都是素的。"鳝鱼"是裹了面糊油炸的香菇条，与青椒一起在炒锅中翻炒而成；"排骨"是藕条穿的炸面筋；"鱼"则是金色豆腐皮包裹的土豆泥。肉丝、圆子、凉拌鸡和香肠都是用各种豆类和块茎蔬菜烹调而成的。这些食物不仅外表能以素乱荤，大部分吃起来也相当令人信服。这些菜的目标不仅要"错视"（trompe l'œil），还要"错味"。

近年来，在西方国家，越来越多的人信服少吃或完全不吃肉类、鱼类和乳制品的说法，于是素食类食品的需求量突然激增。动物所产生的甲烷对气候危机推波助澜、为生产牛饲料而对热带雨林造成破坏、大型养殖场导致的污染和虐待动物行为以及巨型拖网渔船对海洋的掠夺，所有这些都使食用动物越来越成为前所未有的道德雷区。曾经被视为怪癖的素食和纯素食越来越成为普遍现象。许多人尽管依旧杂食，但也努力尝试至少在某些时候不吃肉。超市里不含动物成分的即食食品越来越多，餐馆也逐渐有了素食菜单的选择。科技公司掀起了研发以假乱真的"仿荤肉"的浪潮，弄潮儿包括"不可能食品公司"（Impossible Foods，他们制造的汉堡，中间的"肉饼"能像牛肉一样"流血"）和欧米尼食品公司（Omni Foods，用豌豆、大豆、蘑菇和大米制造猪肉替代品）等。

西方食品制造商正把新运动搞得如火如荼，却似乎很少有西方人意识到，中国人利用素食模仿肉类的各种做法已经有一千多年的历史了。我们在宝光寺的素食午餐就能略微体现这一至少从唐代就已发源的传统。当时，笃信佛教的官员崔安潜举办了一场宴会，端上了非常逼真的猪肩肉、羊腿肉等各种"以素托荤"的菜品。[1]

中国的食素历史还可以追溯到更早。其实，在中国历史上的大部分时间里，许多人基本上都算是素食者。在中国古代，能尽情品尝养殖牲畜和狩猎野味的权贵阶级被称为"肉食者"，而平头老百姓们主要以谷物和炖煮蔬菜为生，偶尔来点鱼（尤其是南方）和极少量的肉类和家禽，后者只有逢年过节才能敞开打打牙祭。完全、刻意地不吃肉只是偶尔为之的宗教信仰行为，在特定时间遵守特定的斋戒禁欲规定。《礼记》概述了服丧者斋戒的不同阶段①：头三天不吃任何食

---

① 《礼记》原文：斩衰，三日不食；齐衰，二日不食；大功，三不食；小功缌麻，再不食；士与敛焉，则壹不食。故父母之丧，既殡食粥，朝一溢米，莫一溢米；齐衰之丧，疏食水饮，不食菜果；大功之丧，不食醯酱；小功缌麻，不饮醴酒。此哀之发于饮食者也。

物，之后逐渐吃一点稀粥，再来逐渐恢复粗粮、水果和蔬菜；服丧要满整两年才能吃肉。[2]古籍《庄子》中说，人们在参加祭祀之前，应避免饮酒、吃肉和葱、蒜、韭菜等味道浓烈的蔬菜（"不茹荤"），以洁净身心（形容这些重味蔬菜的"荤"字后来也用来描述动物性食物）。[3]

"素食者"一词中的"素"字，古汉语中最初是指未加工的白绸布（"缟素"）；后来，任何朴实无华的事物都可以形容为"素"。[4]如果放在饮食的语境下，"素"先是指未经烹煮的食物或吃野菜的饮食习惯，后来指任何简单、粗糙和未精加工的食物，与以肉食为主的奢华膳食形成鲜明对比。[5]最终，它的意思演变为只吃植物性食物。现代汉语中，无肉之食被称为"素食"，素食者就是"吃素"的人。任何以蔬菜为主的菜肴都可以形容为"素"。好的厨师在制定一餐的菜单时，总会确保素菜和肉菜比例得当，也就是人们常说的"荤素搭配"。

在古代中国，吃素不仅是虔诚修行的表现，也是节俭的行为。过量食肉意味着奢靡堕落，商朝末代纣王臭名昭著的"酒池肉林"就是例证。在某种程度上，现在的人们也秉持着如此的心态。有一次，我到中国来玩儿，大吃特吃了一段时间后，打电话给一位身在欧洲的中国朋友，对他讲了最近的各种精彩宴饮。他引经据典地谴责我："朱门酒肉臭，路有冻死骨。"在中国，以蔬菜为主食一直被视为对骄奢淫逸的抵制。饥荒和困难时期，统治者要不吃肉，才能当得起人们眼中的明君；要是在这些非常时期过度放纵口腹之欲，会被视为道德腐化和统治无能的标志。[6]

公元一世纪，佛教从印度传入中国，从那以后，素食渐渐由偶然的仪式行为和某些人的实际需要，转变为一种更符合如今定义上道德伦理的生活方式选择。佛教徒认为，不沾荤腥，能培养慈悲心肠，也避免杀生带来的因果报应。最早翻译成中文的佛教典籍并没有严格坚持素食，而是说施主往化缘钵里放了什么，佛教僧侣就应该吃什么；

只要没有看到、听到或怀疑动物是专门为了他们而被杀害的，就可以吃肉。佛教传入中国后，一些地方的皈依者一开始也被这种比较灵活的饮食教义影响，并继续这种方式，和有些地方的佛教徒一样——比如，到今天，藏族的佛教僧侣仍然会吃肉，只是不亲手杀生和屠宰动物。但六世纪以后，汉族佛教徒走上了一条不同的道路，将严格茹素作为僧侣生活的重要内容。[7]

随着越来越多的印度佛教典籍被翻译成中文，一些信徒反对食荤的立场更为强硬。一些经文认为，佛陀本人也主张完全吃素，因为肉类沾染了"杀气"；另一些经文则声称，如果你吃了被宰杀的动物的肉，它可能就是你的亲人转世。[8]这些经文，再加上一些可怕的民间传说渲染吃肉的风险，中国一些狂热的俗家佛教弟子逐渐坚持信徒们要严格实行无肉饮食。[9]不过，真正确保肉类永远禁入汉族佛教机构厨房的，是一位积极倡导素食的中国统治者——梁武帝。

梁武帝于公元 502 到 549 年在位，都城在南京附近，即位之初就虔诚地皈依了佛教。他宣布自己不吃任何的肉类和鱼类，禁止皇室寺庙中使用动物祭祀，并禁止都城附近的一些地区进行狩猎活动。他甚至撰写了《断酒肉文》，并安排法事集会，探讨佛教和素食的奥义。在他的影响下，素食之风在江南地区的寺院中日益盛行，并最终成为全国各地佛教群体的规范。[10]佛教机构之外的一些俗家弟子也完全放弃了荤腥，而其他许多人则选择部分素食的生活方式，在入寺烧香拜佛时或某些特定的日子不吃肉类和鱼类，直到今天仍有很多人这样做。

与穆斯林忌食猪肉一样，中国佛教徒忌食肉类一直是反主流文化的行为，因为对这个国家的大多数人来说，肉类代表着财富、邻里友好和喜庆。"家"字本身就是"屋顶下有一头猪"。从医学角度来说，完全不吃肉也会导致体力不足。俗家佛教徒坚持素食会遇到社会阻力，因为日常工作交际就得赴宴吃喝。[11]汉学家柯嘉豪（John Kieschnick）写道，虽然没人介意僧侣不吃肉，"工作社交场合不吃肉的话，就会被认为古怪和不合时宜"。[12]

　　人们普遍认为，无论道德标准如何，想吃肉是人之常情。很多佛教僧侣偷偷吃肉的故事广为流传，就体现了这种想法。据说扬州有名的"扒烧整猪头"就是当地法海寺僧人的拿手菜，只为信赖的熟人而做——其他人若想品尝，会发现寺庙大门紧闭，僧人们带着讽刺语气来一句"阿弥陀佛！"打发他们快走。无锡名菜"肉骨头"，相传起源于南宋时期，当时一位云游僧人将他的秘方交给了当地的一位店主。这位僧人将排骨放在寺庙的香炉中慢火炖上一夜，引得寺里年轻的和尚们垂涎欲滴。当然，还有福建的宴席名菜"佛跳墙"，用海参、鲍鱼、鱼翅等奢侈珍馐烹制，无比丰腴浓郁，据说香味令人难以抗拒，能诱使本来虔诚的僧侣破戒食荤。

　　尽管这许多的故事说得有鼻子有眼，但汉族的僧尼确实有强烈的吃素倾向。在宝光寺等寺庙中，修行的人们都是以谷物、豆腐和蔬菜为食的，这种饮食习惯完全符合古代将素食与节俭联系在一起的传统。他们也会避免食用味道刺激辛辣的"荤"菜（例如姜、蒜）。自古以来，在宗教斋戒期间，佛教徒通常都对这些东西避而远之。最初，他们认为这些蔬菜气味刺鼻，是不洁之物，会影响参禅打坐所需的宁静。后来，有人声称，这类食物会刺激肉欲。（佛教倒是从来没对辣椒和花椒产生过什么意见，四川僧尼们还算幸运。）佛教徒普遍认为可以接受蛋清或是未受精的鸡蛋，但这往往不会出现在许多寺庙的菜肴中。乳制品也是可以接受的，但它们本来就在中餐中甚少出现，所以在佛教素食中也很少使用。佛教素食并不一定都是现代西方意义上的纯素，但也基本相近。

　　佛教僧尼自己倒是光吃简单的素食就能满足，但他们还得为前来寺庙的香客与施主们提供饮食，这其中有很多人在日常生活中是吃肉的。佛教俗家弟子也可能奉行素食，但仍有义务参加与朋友、家人和职业相关的饭局。同样地，在当代中国，人们和朋友家人一起去佛寺游玩，可能目的是烧香拜佛、表达心愿，但也很想就在寺里吃一顿像样的餐饭，也是对出行的纪念。那么，在中国，要是没有肉，又该如何表达欢聚宴饮之乐或热情好客呢？宴会上的菜品，需要寓意喜庆、尊重，显示参与者的地位，比如全鱼、海鲜和丰盛的肉类。要是盘子里只有豆腐和白菜，端到家里的晚餐桌上，美味和营养可能都够了，但难以担纲宴会大菜。这么说来，那些从道德上认为吃真正的肉和鱼是在造"业"，因此坚决反对的人，如果能享用绿豆粉丝做成的"鱼翅"、魔芋做的"鲍鱼"和冬瓜做的"五花肉"，又何乐而不为呢？

在这样的逻辑下，全中国大大小小的寺庙内外，逐渐发展起无比巧妙的仿荤菜，尤其是自佛教深入中国人生活的宋代以降。[13]吴自牧写道，十三世纪，南宋都城杭州（临安）的餐饮业兼容并包、广纳四海，其中一个特色就是有一类专卖素食、"不误斋戒"的食肆，提供"油炸假河豚"、"鼎煮羊麸"和"白鱼辣羹饭"，推测均由植物性原料制成；此外还有"假炙鸭"、"煎假乌鱼"和"假煎白肠"。[14]杭城的其他地方，还有小吃店出售"假肉馒头"。[15]后来，到了清朝，朱彝尊在食谱《食宪鸿秘》中列举了一道创意十足的佛教素食菜"素鳖"①，以面筋拆碎代替鳖肉，珍珠般的栗子煮熟代替鳖蛋。[16]

当然，要做无肉食物，中国有好几点"可食用"的优势，比如发酵的酱、（各种形式的）豆腐和麦麸（面筋）。这三种东西，加上蘑菇和竹笋，一直以来都是素食烹饪的"主力军"。发酵的豆类和谷物，尤其是大豆，提供了咸鲜浓郁的风味，让植物性食品也能提供肉类的丰腴满足之感。豆腐和麦麸都含有丰富的蛋白质，在技艺精湛的厨师手里，随时可以千变万化，完成华丽转身。未加工的新鲜豆腐呈丝滑或碎屑状，而经过脱脂、压榨或油炸的豆腐皮/腐竹则会具有嚼劲、延展性和松软多孔的海绵质感，那种丰盛的分量和肉类一般无

---

① 整个"素鳖"菜谱："以面筋拆碎，代鳖肉；以珠果煮熟，代鳖蛋；以墨水调真粉，代鳖裙；以芫荽代葱、蒜，烧炒用。"

二。面筋也有着类似的韧劲儿。生面筋经过油炸后，会膨胀起来，仿佛金黄色的泡芙，过滚水后，会像小肠一样筋道。现代工业创造出了模仿肉类质感的新型植物蛋白，但早在几个世纪前，中国的厨艺匠人们就已经在用豆类和小麦做同样的事情了。

现代中国各地，宋朝杭州厨师的后继者们（其中一些是修行的僧人）都在以魔术一般的妙手烹制地方菜肴的素食版。四川人用香菇秆做"麻辣牛肉干"；在南方的潮州，有仿荤"鱼翅汤"和素炸云吞配包裹着甜酱的菠萝块。江南曾是梁武帝统治的领地，也恰如其分地诞生了最精彩的佛教素食。在这一地区，仿荤菜不仅寺庙的餐厅里有，还会和真正的肉菜一起出现在餐厅菜单和家常厨房中。上海淮海路的熟食店里，既能买到正宗的糖醋排骨和炸熏鱼，还能买到腐皮卷成的素鸭和素鸡。当地有很多餐馆都会提供一些寺庙菜肴。我有位上海朋友的母亲，常用筷子缠绕自制面筋，做成可以以假乱真的"素肠"，烹制后和真正的红烧肉、炒虾仁一起上桌。

上海做仿荤菜最有名的餐厅是"功德林"。1922年，俗家佛教弟子赵云韶开了这家餐厅，现在已经是老字号。该店的招牌菜之一是素火腿，制作方法是将卤过后颜色变深的豆皮压入火腿形状的模具，定型切片后的"火腿"无论纹理嚼劲，都几可乱真。另一种仿的是著名秋季时鲜大闸蟹，名为"功德素蟹粉"，用土豆泥和胡萝卜泥做成，仿制得异常精确。"蟹肉"中点缀着缕缕蛋白和香菇，模仿蟹肉那层薄膜；胡萝卜泛着油光，让人联想起泛金的蟹黄；整道菜充满了生姜和米醋的香，和真蟹粉没什么两样。

如今，除了餐馆，中国的工业制造商们也在生产大量的仿荤肉和海鲜，从用模具做出的粉色"大虾"和滑溜溜的"鱿鱼"，到肥瘦分明的"五花肉"、"鸡爪"和"肉丸子"，所有这些都是用魔芋、大豆、面筋和其他植物原料制成的。你想吃的任何中国美食，几乎都能找到素食（通常是纯素）版本。有一次，龙井草堂的总厨董金木制作了一道素食版"佛跳墙"，也就是前文那用香气诱使素食者破戒的福建宴席佳肴。素食版的这道菜更具有双重的深意。董师傅用的还是传统的瓦罐，但用料就不是各种干海鲜了，而是香菇、猴头菇、鸡腿菇、竹荪、杏鲍菇和金针菇等干鲜菌类混合在一起炖煮，模仿了传统佛跳墙的颜色和口感。

这样的菜完全由植物原料制成，从这个意义上来讲当然是素食，但显然跟朴素节俭不沾边。在中国古代，出于宗教原因远离荤腥也许是一种自我节制，但重点是，仿荤菜是那样巧妙和美味，根本就很难和原版荤菜区别开来。

十六世纪小说《金瓶梅》中，一位坚持素食的女性坚信面前餐桌上的"烧骨朵"是真荤菜，不敢下筷，要求撤盘，引得众人大笑。另一位女性名唤月娘的道："奶奶，这个是头里庙上送来的，托荤咸食，您老人家只顾用，不妨事。"杨姑娘道："既是素的，等老身吃。老身乾净眼花了，只当做荤的来！"[17]

1992年，我第一次去北京，也有过类似的经历。一天傍晚，我骑车经过天安门广场，找到一家旅游指南上说的素食餐馆吃晚饭，结果发现菜单上全是用猪肉、鸡肉和鱼肉做的菜。我到底吃的什么啊？当时我还一句中文都不会说，整个都是糊里糊涂的，把店员也弄得很烦闷。

中国的仿荤菜能做得如此精妙，部分原因是佛教徒需要融入社会，做出世俗意义上的"大餐"。但这也正表现了中餐烹饪文化崇尚机智与别出心裁的传统。喜欢"调戏"食客感官，极尽创意进行调味的，不仅是佛教徒。英国大厨赫斯顿·布鲁门撒尔曾做过一款吃起来很像英式培根鸡蛋早餐的冰淇淋，还用沃尔多夫沙拉的配料做了一款棒棒糖，供食客们一笑。把成菜做得看起来和本来的配料相去甚远，是中餐更为普遍的传统，无论是川菜大厨喻波做的"毛笔酥"，还是川菜宴席中历史悠久而豪华的"鸡豆花"。后者看上去就像便宜的街头素食小吃，但其实是用鸡胸肉敲成泥，再凝固成"豆花"，浸润在奢侈的高汤中。同类菜肴至少可以追溯到宋朝，那时无论北都南都，都流行"托荤菜"。[18]

大厨朱引锋用猪蹄做的"赛熊掌"属于一个大类，都是"赛"字辈儿的巧妙仿制菜。还有"赛牛乳"——用蛋清和生姜制成的奶冻状食物，不含乳制品；用姜和醋炒鸡蛋制成"赛螃蟹"——鸡蛋不经打散就放入锅中，轻轻翻搅，白色和黄色如大理石般丝缕交织，模仿了炒蟹粉的颜色。"赛"字辈儿中有素菜，也有荤菜。这些菜肴的目标不仅是美味营养，还要让食客带着惊奇与愉悦大笑。对仿荤菜最热衷的食客通常不是全素食者，而是平时习惯杂食的人，偶尔去庙里吃一顿，也是对中餐丰富多彩的一种体验。

讽刺的是，正是因为中餐悠久的佛教素食传统，如今，严格的素食主义者要在中国的普通餐馆就餐，可能比在伦敦或纽约等西方大城市更困难。在中国，"素食"这个概念已经很普遍了，却有很多人觉得不必恪守。有些人还会将中国的"素食"和西方的"素食主义"加以区分，认为前者比较灵活和讲求实际；后者更具有意识形态色彩，是一种强硬的原则。很多俗家弟子只在特定的日子不吃肉，或是在有肉的菜中吃"锅边素"就够了。我曾遇到过一位年长的和尚，他通常是吃素的，却告诉我感觉身体虚弱时就会吃肉。在中国的西方素食主义者常常苦恼于遇到所谓的"素"菜，却加了肉汤、猪油、虾干、甚至还有猪肉糜。我有位中国好友信仰佛教，是严格的素食主义者。每次外出时他都要向服务员仔仔细细地解释，说他要的素食，就是不含任何动物性产品的食物。他通常要把每一种忌口成分都说清楚，才能确保服务员明白他的意思。

现代生活中与饮食相关的健康问题层出不穷，受药物和化学物质污染的肉类和海鲜引起的食品恐慌也屡见不鲜。素食作为一种西方意义上的健康生活方式，在中国的吸引力与日俱增。最近一次去宝光寺，我和一群男性朋友在餐厅边吃午饭边聊天，他们没人是全素食者。其中一位生意人说："改革开放之前，大家连饭都吃不饱，所以在肉好买了之后，我们当然想大鱼大肉地吃啦。但是，大吃大喝的时代过了，中国的文化和发展达到了新水平。人们希望吃得更健康，希望更长寿，因此素食越来越受欢迎。"

在上海，我见了一位朋友的朋友，王海峰，四十多岁的艺术策展人，说话轻声细语的。在一家时髦的西式素食餐吧里，她一边吃着南瓜沙拉，一边向我解释自己越来越不想吃肉的原因。"我不是吃全素的，"她说，"在家，如果是我一个人吃饭，做的主要是素菜，但可能会加一点鸡汤，也用鸡肉或猪肉熬滋补汤品。"她告诉我，开始吃更多素食主要是受了一位朋友的影响，当时她也开始练习瑜伽和冥想。王海峰说，她的动机跟信佛关系不大，而是向往一种以天然有机食品为重心的健康生活方式："这样就能减轻现代生活的纷扰繁复，让人回归某种简单。"

在中国的一些大城市，迎合城市知识分子阶层素食理念的餐厅正以浪潮之势涌现。它们的目标客人和王海峰一样，逐渐倾向于素食的原因既关乎传统，也是当代新潮。成都有家颇受欢迎的素食火锅连锁店，藏式装潢，提供各种药汤锅底，给客人提供的菜品选择多种多样，比如素五花肉、素鲜虾仁和素丸子。不过，也许是因为全社会对素食越来越接受和认可，有些餐馆也在摒弃"以素托荤"的观念。位于上海旧租界的"福和慧"时尚雅致，外面车流熙攘，里面就像一个宁静的港湾。这是第一家入选"亚洲五十强"餐厅榜单并获得米其林一星的素食餐厅。老板方元是佛教徒，原本想对传统的寺庙菜进行改良，但最终和行政总厨卢怿明一同商定，完全放弃复刻以素托荤的传统宴席菜谱。

"我们决定了，完全没必要费心费力把所有食物都做得和肉一样，"卢怿明说，"比如，不用把皮、肥肉、瘦肉每一层都完备的一块猪肉仿制出来。我们想做点不一样的。"卢怿明觉得中餐素食烹饪比较滞后，失望之余设计了西式品尝菜单，每道菜单独摆盘，借鉴了中式、日式和法式烹饪的理念，偶尔使用乳制品，几乎不涉及肉类和鱼类。我第一次光顾那家餐厅时，吃了很多喜欢的菜，有"鳄梨脆卷"，脆筒用江南地区的海草增添风味，里面装了牛油果、芒果和西红柿小丁；加了龙眼和木瓜的核桃仁汤，相当有趣；茄脆卷，就是茄子煎过后卷起，浇上亮闪闪的照烧酱，撒上芝麻；紫薯泥和山药泥组合成阴阳太极的图案；一块方方正正的绿色豆腐搭配黑松露和牛蒡，佐以柔滑的奶油南瓜汤；还有一道极赞的荠菜烩饭，充满了松露香气和浓郁的奶香。

一切都很精致美味，与传统的寺庙素食截然不同。卢怿明告诉我，他们相信客人能尊重素食，用更严肃的态度对待这件事。"我们想告诉大家，吃素不一定只是因为宗教信仰，减少肉类摄入还有其他很多理由，"他说，"越来越多的人在实践这种生活方式，比如每周过一个'绿色之日'。所以，我们的餐厅里不摆佛像，因为不想让那些不信佛的潜在客人望而却步。"卢怿明和他的老板希望能吸引比寺庙斋堂的客群更年轻、更多样的人，还有那些通常都会吃肉的人（卢怿明没有在乎佛教一贯以来对辛辣重味蔬菜的禁忌，也使用了奶制品，这是其中一个原因）。

另一家重塑中餐素食的连锁餐厅叫"大蔬无界"，老板宋渊博二十五年前从佛教素食业兴盛的台湾移居上海。2011 年，他在上海过去的法租界开了第一家餐厅，而在外滩那家最漂亮的分店也获得了米其林一星的殊荣。宋渊博本人是虔诚的佛教徒，也是全素食主义者。"二十年前，我母亲患了癌症，从那时起我就不吃肉了，为她行善积德，"他告诉我，"作为佛教徒，我尊重一切有情众生的生命。"

大蔬无界的菜品摆盘绝妙，风味十足。宋先生说，这样做的目的是告诉大家，素食不一定非得清淡朴素，不吃肉可以是一种积极、时尚的生活选择，而不是因为贫穷所迫。外滩分店的菜单上有几道仿荤菜，比如经典名川菜"夫妻肺片"，红油光亮润泽，用杏鲍菇和榆耳完美再现了原菜中牛肚和牛肉的外观和口感。另一道菜用鲜嫩多汁的猴头菇，佐以黑椒汁，模仿一道主料为牛肉的粤菜，口感风味都很到位。不过，宋先生没有遵循佛家仿荤菜的命名传统，大蔬无界的菜单上没有提到任何肉类：比如，前面那道菜名叫"巴蜀夫妻"，后者则叫"天之骄子"。（"如果菜真的好吃，根本不必假装是肉。"他告诉我。）大蔬无界一方面进行着艺术性的"以素托荤"实践，颇具宋朝古韵；一方面又积极倡导当代植物性食物，承接了二十一世纪的风尚。

　　无论是宝光寺那种比较传统的斋饭，还是福和慧与大蔬无界等当代餐馆以植物食材为基础的创造性全新烹饪方式，中餐素食都可以为西方（纯）素食主义者提供一份参考，帮助他们重新思考自身的烹饪传统，追求更可持续的未来。然而，迄今为止，无论西方厨师还是食客，都对中餐素食关注甚少。有迹象表明，西方世界可能正逐渐意识到中餐对于那些希望少吃肉的人有什么意义。在伦敦内城的伊斯灵顿（Islington），一家名叫"豆腐素食"（Tofu Vegan）的新餐馆推出了一系列仿荤菜，有助于将这一古老的烹饪传统推向主流市场。英语出版商也开始寻求出版有关植物性中餐食品的书籍。然而，具有讽刺意味的是，就在西方厨师和食品生产商纷纷加入仿荤"围城"的同时，走在中国餐饮业前沿的人们也正在探索跳出围城的可能。

诗意田园：炒红薯尖

阿戴站在土地上，连说带比画。他穿着用黑色棉布手工缝制的千层底布鞋、黑色棉布裤子和传统的无领盘扣白衫。他身后是一块油菜田，黄灿灿的油菜花正开得肆意烂漫。再往后，梯田里的水稻绿意萌发，以和缓的坡度一直延伸到湖边，树木稀疏的山丘陡峭地耸立于村子之上。我们其余的人就站在一旁听他讲，有龙井庄园的几个员工、阿戴的助理、一位年轻的厨师和一位当地政府官员。我们身处浙南的偏远地区，这里暂时幸免于高速城市化和工业发展最严重的副作用。空气依旧清新，农田虽然有点荒芜之意，却没有打任何农药。而阿戴，有个计划。

他站在田里，说自己想建立一个有机农场和某种意义上的度假乡村，为这个山谷小村注入新的活力。与中国各地的村庄一样，这里几乎所有的适龄劳动力都进城务工了，变成一座只有幼小孩童和老人的"空村"。过去，在社会主义计划经济体制下，政府会通过村采购站向这里的农民收购农产品，也收草药。但现在，随着市场经济的发展，采购站已被废弃，单靠土地已经无法过上体面的生活。村里的主要建筑、成片的土坯房全都摇摇欲坠，村民也都慵懒低落。"但发展不仅仅是科技进步，"阿戴说，"还关系到环境保护。这里的人们不了解他们拥有的东西有多高的价值。"

昨晚，我们从杭州驱车南下，前往最近的县城遂昌，一路上花了三个多小时。今天上午，我们沿着河谷蜿蜒前行，两边的山坡上种满了一排排低矮的茶树和茶花树，还有一片片油菜田，油菜花遍野鲜黄。山坡上，翠竹轻盈摇曳。布满断茬的荒野上点缀了一捆捆去岁留下的干草，道路两旁种满了高大的樟树。偶有几座土坯房悄然隐入这一片天地之间。河对岸，一座古老的佛塔在树影中若隐若现。这种景象让人联想到法国或意大利的乡村，只是换了中国的动植物，美丽而淳朴。过了一会儿，我们沿着一条小路来到湖边，那里有一条船在等着我们。很快，船行至湖对岸，仿佛进入了另一个世界。

我们离船上岸，步行进村，到一户农民家里吃午饭。正厅里摆了两张圆桌，桌那头的神位上堆满了暖水瓶，往上贴了民间神灵关公和寿星的俗丽海报，还有一张毛主席年轻时的肖像。桌子上摆着热气腾腾的菜肴，有自制咸肉、新鲜的绿叶菜、自制咸菜配野笋、野水芹、马兰头，还有一种碱水米糕。这种年糕颜色泛黄，能吃出淡淡的碱味。然后，主人家端来一个小陶炉，里面装满了从火堆里刨出的阴火，还在泛着红光。陶炉被放在餐桌上，上面放着热气腾腾的炖鸡。最后，还有一条蒸鳜鱼，就是从下面的湖里捕来的。我们吃的所有东西都是当地人为或自然的产出。环境田园悠哉，气氛欢快轻松。

这一切都很容易让人想起公元五世纪诗人陶渊明（又名陶潜）写的那个著名的故事《桃花源记》。[1] 生活在风雨飘摇的动荡社会，"五柳先生"讲述了这样一个故事：一名渔夫沿着一条两岸桃花芬芳盛开的小溪驾船而行，直到来到溪水的发源地，遇到一座小山，山前有个小洞口，像在招呼他进去。他穿过一个隧道般的阴暗洞穴，重见天日后发现来到了一个田园牧歌之乡。那里良田之中屋舍俨然，人们怡然自乐，并"设酒杀鸡"招待这位渔夫，还告诉他，他们是动乱时期逃出来的，从此与外界隔绝，而那个王朝也早已消逝。在这些人中间盘桓几日后，渔夫回家讲述了这段经历。但无论是他，还是别人，都没能再找到那个地方。

这个故事与阿戴的乡村田园之梦如此相似，这绝非巧合。陶渊明憧憬了一个远离社会腐朽崩坏的乌托邦世界，一代又一代中国知识分子对此心向往之，这也是阿戴的追求之一。他生活在一个生活紧张、环境恶化的时代，也渴望"天人合一"的世界，回归过去的美好，有清新的空气、健康的食物，人们纯真朴实、不沾世俗恶习。他的探索始于杭州一家园林餐厅，并在浙江各地与农民和手工匠人建立了联系，延续着这一追求。现在又因此深入了乡村。在寻找土鸡供应商的过程中，他偶然发现了这方寸化外之地，现在一心只想和农民们住在一处，亲手种植水稻和蔬菜，恢复与大自然的交流。

阿戴的渴望呼应了中国饮食文化中一个反复出现的古老主题。至少从宋代开始，著名的美食家们就开始向往返璞归真的理想乡村生活，并把"自然"饮食当做实现这一目标的途径之一。即便在那之前，简单朴素的饮食也早被视为自我修养和智慧的体现。孔子有句名言："饭疏食，饮水，曲肱而枕之，乐亦在其中矣。"[2]他所处的时代，和古希腊的鼎盛时期一样，各种智识、灵性与思想百花齐放，核心信仰是人可以达到完美的修养，而成为圣贤的必要条件之一，就是饮食得宜、懂得养生之道。夏德安写道，到公元前三世纪，厨师伊尹对主君发表那番关于美食与政治的著名见解被提及时，"人们已经能清楚地区分贪婪放纵的饕餮和精美雅致的食之道，区分无知者粗俗的饮食习惯和某些智者的高雅饮食"。[3]

即便在古代，许多典籍也会描述人们吃喝有节的理想过去，而对当代生活的腐朽进行尖锐的批判。公元前五至前四世纪的贤哲墨子抨击当时的统治阶级①："今……厚作敛于百姓，以为美食刍豢、蒸炙鱼鳖，大国累百器……目不能遍视，手不能遍操，口不能遍味。"[4]同时，中国文学作品中将用猪草炖煮的羹这种贫民饮食的缩影，与节俭的美德联系在一起。[5]据说贤君尧吃的是粗粮饭，喝的是野菜汤，食器是粗糙的土锅，水器是土罐。[6]从中国古代直至今日，文人雅士的饮食方式都被视为其价值观的体现。正如几个世纪后法国美食家萨瓦兰（Jean Anthelme Brillat-Savarin）的名言："告诉我你吃什么，我就能

---

① 英文回译："如今……对百姓征收重税，来提供珍馐美味、蒸烤鱼鳖。大国烹制的菜肴成百上千，分布在广袤的土地上……所以眼睛看不完，手摸不完，嘴尝不完。"

知道你是什么样的人。"

在宋代，人们渐渐产生了对天然食品和想象中健康农村生活的新执念，而且与现代思想有着惊人的相似之处。宋朝时期，中国的城市化和商业化不断发展。从著名绘画长卷《清明上河图》可以看出，北宋都城开封是一座繁华的城市，居民安居乐业，有很多酒馆、茶肆、小吃摊与小贩、热闹熙攘的大街和装饰华丽的餐馆。[7]1126 年，游牧民族入侵，宋朝皇室痛失开封和中国北方大片领土，残余势力迁往杭州。到十三世纪末，这座南宋都城已经有超过一百万人口，是世界上最大、最富裕的城市，有着"重商、享乐和腐败"的文化。[8]

在许多方面，十三世纪杭州的社会和生活都与我们所处的当代世界如出一辙。这座城市人口稠密，主要街道都铺设了路面，都有好几层的楼房。稻米经济和繁荣的贸易造就了很多富人，他们有钱购买美食和奢侈的娱乐。商船将外国的奢侈品从东南亚、印度和中东运到中国。这一时期的中国"有着十分惊人的现代风格"，法国汉学家谢和耐（Jacques Gernet）写道："拥有绝无仅有的货币经济、纸币、流通票据，高度发达的茶叶和盐业企业、对外贸易（丝绸和瓷器）的重要性以及地区产品的专业化……在社会生活、艺术、娱乐、制度和技术领域，中国无疑是当时最先进的国家。"[9]

烹饪文化蓬勃发展："炒"这种新的烹饪方法成为厨中主宰，液体酱油逐渐代替酱；人们可以品尝到来源广博的各种食材，有的属于中国，有的来自国门之外；厨师们融合南北方技艺，创意融合菜品与小吃层出不穷；各类餐厅纷纷登场，迅速迭代。有越来越多的文人墨客在记录着食谱，写下对美食的思考。如果能穿越到历史上的任何地方，我的首选无疑是十三世纪的杭州。

如今，伦敦和纽约那些养尊处优同时也过度劳累的都市人渴望有机蔬菜、乡村小屋，一边散步一遍信手摘得大自然的美味馈赠。同样的道理，在宋朝，财富与享乐主义的背后，就是反对它们的行动。包括一些理学家在内的受过教育的人们受到某种影响，不屑于城市生活方式，赞颂乡村生活的淳朴美德，尽管他们很少真正过这种生活。[10]一直以来，寻求滋养身心的均衡饮食被视为自我修养的关键。宋朝时，人们认为健康饮食的关键准则是节制和"自然"。美国食物历史学家迈克尔·弗里曼（Michael Freeman）认为，宋朝的"自然"食物概念比较复杂，涵盖了可使用的植物和地方食材，包括在山林中采集的蘑菇。这个理念强调朴素的烹饪，"不矫揉造作……反对通过掩盖食材的味道或外观来否认其基本性质"。[11]

文人雅士们不仅反对食用珍馐，还推崇朴素食材的美味，尤其是蔬菜。诗人苏东坡就曾热情洋溢地赞美白菜，诗句中常出现的是竹笋、韭菜、葵菜和日常的猪肉，而不是他那个时代城市食肆中精致的仿荤菜和其他珍馐。1098年，他记录了一道蔬菜羹汤的食谱，是在贬谪困顿期间妙心偶得①："不用鱼肉五味，有自然之甘。其法以菘若蔓菁、若芦菔、若荠，揉洗数过，去辛苦汁。先以生油少许涂釜……下菜沸汤中。入生米为糁，及少生姜。"[12]这道朴素的羹汤，赋予他灵感，写成了充满诗意的《菜羹赋》，下笔潇洒恣肆，说"露叶与琼根"在汤中煮，而"汤蒙蒙如松风"。[13]他又写道，虽然对那些传奇厨师高超的烹饪技艺不以为意，他的羹汤完全和最豪华的大鼎中那些珍奢汤品一样美味，能够清心安神。（"助生肥于玉池，与吾鼎其齐珍。鄙易牙之效技，超傅说而策勋。沮彭尸之爽惑，调灶鬼之嫌嗔。"）还有一位不知名的作者留下了二十个食谱，大部分都要用到香草蔬菜，名为《本心斋蔬食谱》。[14]

还有诗人林洪，他的食谱《山家清供》可能是这种体裁中的典范。现代人可能对他知之甚少，但他曾在十三世纪中叶的杭州西湖附近居住过数年，之后隐居浙江的山林之中，自称"山家"。他的食谱

---

① 英文回译：它既不用鱼，也不用肉，更不用香料，却有一种天然的甘甜美味。做法是将大白菜、芜菁、野萝卜和荠菜搓洗几遍，去掉辛辣或苦涩的汁液，然后在锅里抹上少许油……放入蔬菜煮沸。加入一些米和少许生姜。（这道菜被称为"东坡羹"。）

将普通蔬菜、稀奇的野菜、鱼类、贝类和野味的食谱与诗词歌赋、历史典故及文字游戏融为一体。[15]"山家三脆"是用嫩笋、香菇和枸杞嫩叶焯水调味做成。[16]他的很多菜名都诗意十足，比如"松黄饼""雪霞羹""山海兜""冰壶珍"。不过，虽然他的灵感来源是与自然的朝夕相处，这些菜谱只能说追寻了概念上的"简单"和"质朴"。正如萨班所写，他的烹饪方法细致精妙，虽然用的是隐居山林之人常用的野生食材，菜谱中的油和调料却表明他并没有完全脱离世俗世界。[17]从很多方面来说，他并不像真正的农民，反而更像现代北欧烹饪中"野外觅食"的厨师。

后来的中国文人也和林洪一样，表达了返璞归真、亲近自然的渴望。十七世纪，为应季螃蟹发狂的李渔也写过在树林边烹饪和食用竹笋的故事。他认为吃蔬菜能让人更接近自然的理想状态："吾谓饮食之道，脍不如肉，肉不如蔬，亦以其渐近自然也。"[18]弗里曼认为，某些知识分子提倡简单、朴素的饮食习惯，可能是想充分过好从官位隐退后的生活，或是应对因为仕途挫折而不得不在穷乡僻壤长期生活的命运，苏东坡就在此列。[19]中国人把美食烹饪视作让人向往的避风港，可以逃避世俗生活的苦难艰辛，让人忘记残酷的科举制度、循规蹈矩的压力以及当时可能突然让人从高处跌落、一蹶不振的晋升制度。十八世纪的美食家袁枚才智过人、学识渊博，但很早就退出仕途，隐居在南京附近一处乡宅中，在那里写作了大量诗歌，并收集食方，编写了中国最著名的食谱。现代中国的一些故事也有类似的古韵回响：上海复旦大学的一名化学家告诉作家潘翎（Lynn Pan），在事业受挫，无法开展工作的时候，他"通过烹饪来阻止自己消沉忧思——反正他也把下厨看作一种化学研究。为了进一步说明，他还给我详细讲解了做虾要如何控制温度"！[20]

文人雅士们对"简单"和"自然"菜肴的偏爱有助于解释中国美食文献中一种特别的倾向，尤其是宋代的文献。弗里曼写道，尽管我们也从中得知了宴席或食肆中的数百种菜名，但真正流传后世的菜谱往往带有一种刻意的乡野质朴之意，比如东坡羹和林洪的豆粥（红豆煮的粥）。[21] 林洪追求别致到了极点，甚至在书中收录了"石子羹"，说它是菜谱都很勉强："溪流清处取小石子，或带藓者一二十枚，汲泉煮之，味甘于螺，隐然有泉石之气。"[22] 可以推测，林洪的饮食之道之于他那个时代典型饮食习惯，就像诺玛餐厅或"潘尼斯之家"的菜单之于我们常见的菜单。弗里曼写道："对食物和烹饪的认真研究，并不集中于食肆或大户人家的厨房，而是在知识分子们与哲学和医学相联系的冥想式生活当中。而那些掌握复杂奢华烹饪技艺的厨师，大多没有能力将自己的秘方秘法写下传世。我们应该想到，宋朝很多美食文人，可能在享受无名厨师的精湛厨艺时，却作诗赋文赞美简单粗糙的食物。"[23]

节制饮食可能是一种姿态和知识优越感的表现，类似于现代英国贵族，住在寒冷的乡下，穿破旧的灯芯绒长裤，晚餐吃鱼肉馅饼，然后对在伦敦上流街区吃寿司的新贵足球运动员的妻子嗤之以鼻。中国雅士们经常对文化修养较低之人的粗俗逾矩行为表示反感。十七世纪的美食家高濂就曾轻蔑地写道："若彼烹炙生灵，椒馨珍味，自有大官之厨，为天人之供，非我山人所宜，悉屏不录。"[24]（值得一提的是，尽管高濂以"山人"自居，却住在杭州的豪华宅院里，有丰富的藏书、文物和单独的书房。[25]）

在 1792 年的《随园食单》中，袁枚将自己眼中粗俗的饮食习惯称为"耳餐"，进行了毫不留情的批评：

> 何谓耳餐？耳餐者，务名之谓也。贪贵物之名，夸敬客之意，是以耳餐，非口餐也。不知豆腐得味，远胜燕窝；海菜不佳，不如蔬笋。余尝谓鸡、猪、鱼、鸭豪杰之士也，各有本味，自成一家；海参、燕窝庸陋之人也，全无性情，寄人篱下。
>
> 尝见某太守宴客，大碗如缸，白煮燕窝四两，丝毫无味，人争夸之。余笑曰："我辈来吃燕窝，非来贩燕窝也。"可贩不可

吃，虽多奚为？若徒夸体面，不如碗中竟放明珠百粒，则价值万金矣。其如吃不得何？[26]

同样，他也非常鄙视"目餐"，即那种"多盘叠碗"的宴席。接着还以一则轶事彰显自己的（低调的）高品位："余尝过一商家，上菜三撤席，点心十六道，共算食品将至四十余种。主人自觉欣欣得意，而我散席还家，仍煮粥充饥，可想见其席之丰而不洁矣。"[27]

奢华与简朴、都市与乡村、贪婪与克制之间的矛盾，从古至今，依然存在于中国的美食与智识生活中。庸俗的富豪们可能沉湎于鱼翅海参，但有品位的雅士闺秀却像李渔一样，爱吃林中的新鲜竹笋、喝农家土鸡汤。这种文化差异鲜明地反映在人们对阿戴龙井草堂的看法上。一些客人认为，草堂的烹饪植根于当地风土，没有当代中国菜肴中常见的大油、成堆的辣椒和过于猛烈的味精提鲜，是一种至高的味觉享受。也有些人则觉得，区区一盘葱炒土鸡蛋和农家饭焐茄子，这家餐厅竟然开出这么高的价格，真是不敢相信。

在我的中国朋友和熟人中，向往乡村淳朴生活的不止阿戴一人。多年前，我在湖南度过了一个难忘的夜晚，好友刘伟之和三三带我去拜访他们认识的一位教授。他是一位隐遁的画家，放弃了城市生活，尝试过自给自足的乡村生活。月夜，我们驱车离开城市，霓虹灯和高楼大厦逐渐变成尘土飞扬的乡镇街道，然后出现了隐约可见的山丘和零星的农舍。我们把车停在一片空地上，沿着杂草丛生的小路拾级而上，周围黑漆漆的，却是蛙噪蝉鸣一片。最后，我们来到山脚下一座低矮的泥砖农舍，两旁是古老的樟树和茂密的灌木丛。主人出来和我们一起坐在院子里的木凳上，接着来了一位年轻的乐师，带着布包的古琴。我们把从附近汲取的泉水烧开，三三负责沏茶，用一把小陶壶泡了乌龙茶，再热气氤氲地倒入小小的茶碗里。琴师拨动琴弦，我们坐在一旁品茶。香茶、月光、有些悲伤又奇特的琴声和着虫鸣，构成了一个空灵可爱的夜晚。

阿戴说到做到，真的在浙南的那片土地上建起了自己的有机农场和度假村。荒芜的田野中，躬耕书院拔地而起，形成传统风格的建筑群，周围是一派中国风韵的田园风光图景。在已经规整并精心耕种的稻谷梯田间，昆虫嗡鸣、蝴蝶翩飞。溪水潺潺，水边有茂林修竹；塘水沉碧，池上有群鸭嬉戏。阿戴的私人厨师朱引锋打理了一块自己的菜园，采集时令蔬菜作日常膳食之用。这片土地上不使用任何化学物质或人工肥料，采用西方人称为"有机"的生活方式。但阿戴比较喜欢"原生态"这个说法，这一理念其实深深植根于中国农业传统。

住在那里的日子，我不仅觉得自己仿佛误入了《桃花源记》中那失落的山谷，也进入了林洪和袁枚那真实又充满理想的世界。白天，我和朱引锋一起在山谷里采集时蔬和野菜，或者在厨房里向他学两手，在笔记本上写写画画，同时沉醉于美景当中。晚上，我和阿戴以及其他客人一起吃饭。我从没吃过比那更完美的食物，从田间到箸上，都与土地有着深刻而直接的联系。当然，我也感到前所未有的滋养与抚慰。

多年来，我有过很多"不知羞耻"的时候，利用各种"特权"沉迷于奢侈铺张的美食，却在当时被中国乡村和简朴的饮食所深深吸引。说实话，我吃过的海参，足以让我到生命尽头都不再吃这种东西了。现在，我万分乐意以荠菜粥、清炒竹笋和野生的湖虾饱腹。长久以来，传统的中国美食家都是这么过来的，我也步了他们的后尘，从过度到节制、从奢侈到低调、从奇珍肉类到朴实植蔬。

当然，这其中存在一个矛盾。这是个耕地相对较少的人口大国，在风景如画的农场里闲庭信步，吃着如上述生产出来的食物，比在西方国家更加奢侈。但阿戴不是奢靡的玛丽王后，书院不是他一时兴起的玩具，更不是什么"玩偶小屋"。阿戴的使命不仅仅是为追寻享乐的食客们提供梦寐以求的食物——虽然他确实充分地满足了这方面的要求——而是要保护传统的农业知识和古老的作物品种。他的目标还包括为农民提供体面的工作，帮助他们的孩子接受教育，从而振兴濒临消亡的农村社区。而他也的确做到了。除了书院附近的地区，他还希望激励其他化外之地的守护者们保护自然环境，并学着将他们自己的农业产出作为面向城市消费者的优质绿色产品进行销售创收。他已经租下了农场所在的土地，并约定在三十年后将一个已经充分修复和完善、稳定且持续经营的企业交还给村民。

阿戴非常清楚，城市里那些所谓的高雅人士对农家菜的渴望是多么荒谬可笑。我们相识之初，就花了很多天时间去拜访他在农村的供应商，并与他们共进晚餐。有一次，在采集了一上午的野生猕猴桃后，我们与农民鲍来春一家在他们家中吃饭。那是一座位于壮观山谷边缘的土坯房。我们围坐在桌边，温暖的阳光透过敞开的房门浸润而入。鲍来春的女儿从厨房端出一盘盘菜肴。蔬菜都是自家种植或野外采摘的：用柴火灶炒的茭白，配了少许猪肉片，再来点料酒；芹菜豆腐干、野生芝麻菜、炒红薯尖（stirfried sweet potato leaves）和南瓜叶，各自配辣椒和大蒜炒制；丝瓜配猪肉和辣椒。最后配上一锅有金黄酥脆锅巴的米饭。

我兴高采烈，大声感谢、称赞主人家，问这是不是他们平时吃的食物。他们言之凿凿地说是，阿戴却听得嗤笑一声。

"胡说八道！"他对他们说。"我还不清楚吗，你们怎么可能主动吃炒红薯尖和南瓜叶？你们就是端上来哄我开心的。"

说完他又转向我："他们觉得这些都是喂牲口的东西！就是太客气了，不好意思承认把猪草端给了尊贵的外国客人而已。"他朝鲍家夫妇问道："我说得没错吧？"

夫妇俩不好意思地笑了，承认他说得对。大家都笑了起来。当天下午晚些时候，我们到了下一站，检视当周准备宰杀的一头猪。那家的女主人正好坐在厨房的地板上切红薯藤，为那命运已注定的动物准备晚餐。

洋为中用：罗宋汤

春光明媚，餐厅里顾客盈门。大部分人好像都在享用知名招牌套餐："传统俄式罗宋汤"（Russian soup），混杂着胡萝卜碎、香肠碎和豌豆的土豆沙拉，炸肉排和在烤架上烤得焦黄、配白酱的蟹肉。还有的客人正大快朵颐德式咸猪肉和香肠配腌黄瓜，或者奶酪葡烙鸡。在我眼中，这一系列的菜肴感觉都有点奇怪。但这就是老上海风格的"西餐"。它是当地传统的一部分，至少可以追溯到一个世纪以前。这样的西餐之于现代伦敦或巴黎人的餐食，恰如左宗棠鸡配炒面之于正宗的中餐餐食。

没过多久，我也落座了，服务员端来了我的饭菜。罗宋汤（"俄式红菜汤"的汉化版）里没有红菜头，而是浓稠香甜的番茄汤，上面漂浮着切成方片的卷心菜、胡萝卜片、土豆片和几小块牛肉。我的那份土豆沙拉，是当地人对经典俄式奥利维尔沙拉（Russian Olivier salad）的诠释，配了一片薄脆吐司。接下来是"炸猪排"，也是上海的"汉化版"，配了番茄酱和辣酱油——当地版本的英国伍斯特酱油，有明显的丁香气味。我的最后一道美味是烤螃蟹，在这里是用淡水蟹肉做成，表面有烤化的奶酪，装在蟹壳里上桌。餐厅的天花板用木头铺就，整体装潢是紫色的复古欧式风，而我周围则是喧闹的上海方言谈话。服务员穿着中国传统的淡粉色绸缎上衣，餐厅里却看不到一根筷子。除了我也找不到别的外国人。

德大西菜社是上海的一家老字号。上海二十世纪早期，所谓的"西餐"蓬勃发展，如今，德大是最后的幸存者之一。沿着历史追溯回去，德大创始之时，上海是个国际大都市——中国人与法国人、英国人、德国人、日本侨民、俄国白人和欧洲犹太人在外国管理下的租界中混居。餐厅由一位德国商人于 1897 年创办，最初是一家批发牛羊肉、提供牛肉菜肴和欧式咸肉的商店，楼上设有餐厅，供应丰盛的德国菜肴[1]。

"德大"这个名字，是"德式"和"大菜"（当时的西餐）的缩写。1910 年，创始人返回德国，店铺由当地人陈安生接手，最终肉类批发生意逐渐寥落，餐厅却蒸蒸日上，尤以厚实的牛扒而闻名。1946 年，陈安生在四川路开了一家分店，楼下是咖啡厅和面包房，楼上是可容纳两百人的餐厅，不仅供应德式、法式、意式和美式菜肴，还一度供应日式寿喜烧。新德大是上海最大的西餐厅，常来的主顾包括外国商人、蒋介石的儿子们、当时的上海首富维克多·沙逊（Elias Victor Sassoon）等名流。

新中国成立初期，百废待兴，餐厅也在 1950 年代不可避免地陷入萧条，但勉力存活了下来。后来一段时期，德大转而供应本地水煎包和面条，菜单上能见到昔日西餐遗存的只有牛肉汤。楼上的餐厅曾一度被工人占用，成了当地医院包装药片的地方。

1973 年，餐厅终于得以恢复西餐供应。1980 年代，中国开始对外开放，当地人选择德大来招待外国游客。2008 年，餐厅迁至南京西路的现址，保留了大部分设施和老式装潢。主餐厅仍在楼上，楼下是咖啡厅和出售西式蛋糕的面包房。每天早上，上海方言中的"老克勒"（简言之即"懂得享受生活的老先生"）们会纷纷来到餐厅楼下喝杯过滤式咖啡，聊聊闲天儿，其中有些已经是几十年的常客／"长"客。

作为真正的西方人，我觉得在德大吃饭实在是很奇特的体验。第一次去的时候，我以为这是一家陈旧的餐厅，供应的东西一点也不正宗，简直是骇人听闻的西式菜肴。但出乎意料的是，我被迷住了。餐厅里往来着络绎不绝的上海家庭，很多都是三代同桌，还有几群年轻的朋友在共进午餐。食物也新鲜美味，从任何意义上讲，都未有辱于西餐，只是根据中国人的口味对西方烹饪传统的一种致意，虽然不算正宗，却也欢快爽朗。菜单上的所有元素都源于真正的外国菜肴，但整体而言，它只可能存在于上海。这是一种遗迹，凝固了早期的文化邂逅，以某种方式打动了当地人的心和胃，并在二十一世纪天翻地覆的世界里顽强地存在着。

我后来又去德大品尝葡国鸡和德国咸肉配酸菜及土豆泥，与高级厨师赵豪烨聊了起来。他告诉我，所有的同事都是受过专业"西餐"培训的中国厨师。职业生涯早期，他做过中餐学徒，并在一些著名的上海餐馆工作过，但后来发现自己比较喜欢"西餐"烹饪，于是转而专攻。他已经在德大工作二十多年了。

德大并非"海派西餐"的唯一守护者。"红房子"也是其中之一，它曾是1940年代成名的上海作家张爱玲的最爱。红房子位于原法租界淮海路上的一幢红砖古建筑内，在这里可以品尝到法式洋葱汤，表面上小船一样地漂浮着微融的干酪吐司，"法式"牛扒配芥末酱，以及满是蒜蓉黄油加本地蛤蜊的"蜗牛锅"。二十世纪初，曾经的西方侨民可能会到德大或红房子品尝一些近似家乡味道的菜肴。但如今，外国人已经有了更多合理的选择，从意大利面到美式汉堡，再到保罗·派瑞特（Paul Pairet）和让·乔治·冯格里奇腾（Jean-Georges Vongerichten）等国际大厨的新潮创意。但无论德大还是红房子，都不是为了吸引西方顾客。相反，在上海租界历史这个背景下，它们的目标顾客恰好是上海人，后者也将这些海派西餐的风味视为上海传统的一部分，这一点也许令人吃惊。一位周日在这里用午餐的年轻女士对我说："人们来这里是为了怀旧。"

从十九世纪末开始，除开二战后几十年与世界隔绝的时期，上海一直是座"混聚"之城，是现代中国文化融合及"洋为中用"的先驱。上海菜本身就是兼收并蓄的混合体，受到邻省浙江和江苏的影响，融合了宁波精致的海鲜菜肴和苏州的甜味，以及少量的四川香料和大量的西式菜肴。当地熟食店出售宁波的苔条饼和金华火腿，也卖俄罗斯风味的香肠、月饼和法式"palmiers"，后者在中国有个美丽的名字——"蝴蝶酥"。即使不在欧式复古风的德大和红房子，日常的上海小吃店也经常会在小笼包和荠菜炒年糕旁边放上辣酱油猪排。

美国美食作家弗朗西斯·林（Francis Lam）不久前在推特上开玩笑说，他要用"泛西方"这个词来谈论美食。这是对西方"泛亚洲美食"概念的尖刻反驳：西方人用这个词大而化之地统称来自亚洲大陆、经过轻率改动的菜肴，而来自"原产国"的人们常会被这些菜弄得大为惊骇。弗朗西斯·林可能没有意识到，中国人其实早就有了相对的概念："西餐"。在中国，几乎任何人都能理直气壮地对"西餐"做出可笑的概括："你们只吃汉堡和三明治，是吧?"最近，一位出租车司机这样问我。除了老派的德大，中国还有很多现代"泛西方"餐厅，菜单毫无障碍地将意大利面与法国牛排（甚至还有一些东南亚风味）来了个"欢乐大融合"。但对于中国人，尤其是在上海长大的中国人来说，"西餐"是当地生活的一部分，正如售卖炸云吞和幸运饼干的"美式中餐"也是美国生活的一部分。西方人但凡光临其中一家餐馆，都能在被逗笑的同时得到提醒：要有怀疑精神，慎重对待我们自己的"一概而论"，要明白"文化挪用"是双向的。

人类爱在食物上做文章。我们会借鉴、会改动。没有纯粹的"中国菜"，就像没有纯粹的"英国菜"一样。殖民者或被殖民者、富人或穷人，不同的人来做"挪用"的主体，可能会产生不同的政治语境，但只要是人类，"挪用"就是不可避免的活动。十七世纪茶叶传入英国后，英国人形成了自己的饮茶传统，并逐渐演变成爱喝浓烈的印度"建筑工人茶"，还要加入少量的牛奶——爱喝纯净无杂质茶的中国人看了，怕是要惊骇非常。二十年前，没人预料到咖啡会迅速地占领全国上下都喝茶的中国。几年前，在川南一个做豆腐的小镇上，我品尝了一杯用新鲜咖啡豆研磨而成的完美意式浓缩，震惊不已。配咖啡的不是甜饼干，而是一小碟沾满辣椒面儿的萝卜干——对欧洲人来说，这简直是"舌尖上的天方夜谭"。现在，广东人自己也喜欢上"粤菜降级版"的咕噜肉，即用去骨肉做成的糖醋"排骨"，据说是十九世纪时广州人为了迎合外国人而创制的。

成都大厨兰桂均会在自己的传统川菜烹饪中任意融入外来影响，并为自己不在乎"正宗"的做法提供了完美的说辞。"我是四川人，我做的任何菜都是川菜，"他说，"今天的'发明'，到明天都会变成'传统'。我希望能充满生机地去做菜，不要像机器一样。"

再回到上海德大西菜社，我的套餐已经吃到最后一道巧克力布丁。我和一位老人聊了起来，他正与女儿和孙辈们共进午餐。他告诉我，从1970年代起，他就总来德大就餐。"我在家当然是吃中国菜，但也喜欢来这里吃西餐，吃牛排、喝罗宋汤。现在上海已经有很多西餐厅了，但这家很有名，有老上海特有的氛围。当然我也是冲着美食来的，这里的风味特别地道。"

食与心：慈母菜

在中国待了这么长时间，我经历了不少情感危机。也不记得具体是哪一次了，印象最深的是当时我亲如姑姨的李树蓉对我悉心照料，让我窝进她成都公寓的扶手椅里，给我端来绿茶，削皮切水果，一边准备她拿手的美味川菜，一边东扯西扯聊些有的没的。像许多中国人，尤其是老一辈，她对我表达爱的方式不是拥抱或恳切热烈的言语，而是食物和唠叨。

我花了一段时间才习惯这种爱的表达方式。起初，我觉得有点粗暴专横："吃稀饭！喝汤！多穿点儿！"但日子慢慢过去，我逐渐理解了包含其中的深情。现在，我总能觉察到一个中国人是不是开始喜欢我、在意我了，只要对方开始喋喋不休于我的生理需求，催促我吃东西、喝水、保暖、休息。要是一个厨师板着脸叫我早餐多吃点包子，或者李树蓉催促我再吃一口她做的红烧肉，我知道，他们正在给我口腹上的拥抱。

中国人赋予了食物很多含义：可以是对神灵和祖先的庄严祭祀，是连接我们与神灵世界的供品；也可以是等级和政治权威的象征，是治国之道的隐喻。食物是滋养身心、治疗疾病的良药。它体现了风土和时令、永不停歇的阴阳消长、我们与宇宙的联系。食物标志着地区和文化之间、文明世界和蛮夷荒野之间的界限。提供食物是统治者和国家的主要职责。

食物是艺术、是工艺、是魔法；是厨师刀下霜雪般飘落的鱼片、是升腾的锅气中舞动的肉丝、是在蒸笼中膨胀的小米/大米粒、是酱缸酒罐中训练有素的微生物大军、是小小厨房中百味的幻化、是原材料的七十二变。从鸭舌到柚子皮，万事万物都能变成食物，给人们带去愉悦。这是人类智慧的一大结晶。

最重要的是，食物将我们联系在一起，是人之所以成为人的关键。正如贤哲告子所说："食色，性也。"又如源自《礼记》的俗语所说："饮食男女，人之大欲。"我们都是动物，都有舌头、胃脏和性欲，都需要安慰和关爱。贤哲孟子认为，内心善良的本性，而"口之于味也"，人才为人。[1]对中国人来说，饮食既是生理需要，也是生而为人最值得探寻的乐趣之一。如果生活泛若不系之舟，食物可以成为锚，在遭遇幻灭时成为避难所，在承受压迫时提供自由与创造的方寸之地，成为人生的慰藉。致力于向西方读者解读中国文化的伟大学者林语堂，在1935年的著作《吾国与吾民》（*My Country and My People*）中写道："人世间倘有任何事情值得吾人的慎重行事者，那不是宗教，也不是学问，而是'吃'。吾们曾公开宣称'吃'为人生少数乐事之一。"[2]

中国人把食物作为人生的核心，因此总会从美食、哲学、道德和技术等不同角度来对其进行认真的思考。中餐充满深思熟虑和高雅品位，颇似法国菜，但地域范围更广，对饮食与身体健康之间关系的理解也更深刻。"法国人的吃是热烈地吃，而英国人的吃是歉疚地吃，"林语堂这样写道，[3]"中国人就其自谋口福而论，是天禀地倾向于法国人的态度的。"（之后他又有些残酷地写道："其实际是英国人不大理会肚皮。"）①

在中国，并不是只有富人才会在食物中寻找乐趣。虽然富人愿意重金购买珍馐异材，培养私厨，品尝要花上好几天慢工细活的菜肴，这的确促进了高级美食的发展，但中国的民间烹饪传统同样令人着迷。在绍兴，很多菜肴的起源故事，主角都是想从啬吝东家那里偷生的困难奴仆、一穷二白的文人或叫花子、流浪汉之流，他们在饥饿与走投无路之下，达成了烹饪方法的新发现。成都的街头货郎与北京的

---

① 几处引文均出自林语堂《吾国与吾民》，参考黄嘉德译文。

御膳厨房，都发明了很多诱人的小吃。山西的平民厨师们手中幻化出的面食种类，与意大利不相上下。在中国各地，无论贫富贵贱，人们都以当地的腌菜和酱料、小吃和菜肴为荣。人人都会充满热情地谈论美食与烹饪，陶醉于舌尖口腹之乐。

考古学家安德臣于1960年代前往香港新界，初衷是为了研究那里的宗族关系结构。但他说，去了之后很快就发现，无论谈什么话题，这些南粤人总要将话头转向食物，一说起来就滔滔不绝。[4] 遵循这一启示的指引，他改变了研究重点，后来成为英语世界研究中国饮食文化的顶尖专家之一。弗朗索瓦丝·萨班是"文革"后第一批来华留学的外国人之一，后来成为中国饮食研究领域的先驱。她说，在大学附近的小餐馆就餐时意识到，"要是我连一份菜单也解读不了"，就无法理解中国文化。[5] 我自己的美食研究，也将我带入许许多多中国的生活与文化领域，至大至广，我可是做梦都没想到。

龙井草堂的红烧肉，取名"慈母菜"（loving mother's red-braised pork）。据说，从前有位妇人，她的儿子去京城科考了。焦急等待儿子归来的她，准备了他爱吃的一道菜——文火慢焖的猪肉和鸡蛋。但路途遥远，一路上状况不断，儿子没有如期归家。于是她把炖锅从炉子上撤下，去睡觉了。第二天，她把炖肉热好，继续等着他，但还是没等到。第三天，儿子终于回家了，炖肉已经热了三次，肉质软烂油滑，酱汁深沉浓郁。

《礼记》中记载了通过食物对长辈尽孝的方式：儿媳应该侍奉自己父母与公婆的饮食，孝以"饘酏、酒醴、芼羹、菽麦、蕡稻、黍粱、秫唯所欲，枣、栗、饴、蜜以甘之"；[6]① 做儿子的，清晨要向父亲请安，奉上佳肴表示孝敬之心。在紫禁城寒冰般的宫墙之内，皇

---

① 参考译文：厚粥、稀粥、酒、甜酒、菜肉羹、豆子、麦子、大麻子、稻、黍、粱、秫，所有的这些食物随便选择。在烹煮的时候还应在放上枣子、栗子、糖稀、蜂蜜使其甘甜。

帝、皇后和嫔妃们都会从自己的私厨房中送出菜肴至某处，以示宠爱或情谊。[7]

　　亲朋好友做的菜也许有着一种独特的味道：据说有杭州人士，流亡多年后归来，尝到一种有甜味和醋味的西湖鱼菜，认出这是当年嫂嫂做的，才与失散的亲人相认，这便是名菜"西湖醋鱼"的传说。据《后汉书》记载，官吏陆续获罪入狱，一天吃到一道羹汤，便知道母亲来探望自己了，因为只有她才会这样做菜："母尝截肉，未尝不方，断葱以寸为度，是以知之。"[8]① 新冠疫情期间，我与中国的朋友们长期分离，就试着让食物跨越这重洋之距。封控在伦敦家中的时候，我比以往任何时候都更用心地惦记着中国农历的节气和节日。春天，我自制春卷；端午节，我包了粽子，也吃红苋菜和咸鸭蛋；春节前，也要自己做腊肉预备着过年。每一道菜都满载着回忆，吃一口就会想起我最初在某个地方尝到它的美好心情，想起我方子或教我其中秘诀的某个人。我给这些亲手制作的菜肴拍了照片，发给中国的朋友和老师，或者发在社交媒体上，想要传递这样的讯息："我还在，烹制着我们曾分享过的菜肴。我在想你们。"朋友们给我回信息，邀请我再"回国"去吃饭。"下次你来，我们就去开化吃白腊肉！""扶霞，我在广州的餐厅可等着你的！""来河南吧，很多新菜等着你尝呢！"这些讯息之中的情感，和两千多年前屈原写下的精彩招魂诗句如出一辙：

　　　　魂兮归来！何远为些？
　　　　室家遂宗，食多方些。
　　　　……
　　　　肥牛之腱，臑若芳些。
　　　　和酸若苦，陈吴羹些。

---

① 参考译文：我母亲调制肉羹，切肉无不方正，切葱以寸为度，所以我才知道。

腼鳖炮羔，有柘浆些。
鹄酸臇凫，煎鸿鸧些。
……9

　　也许，全世界的众多民族中，要数中国人最了解熟悉的美食带来的归属感，它们不断拨动最深处的心弦，带我们回家。四世纪时，是家乡的莼菜鲈鱼羹让张翰弃官不做，从北方回到江南。宋嫂鱼羹让一位皇帝回忆起失却的北都，沉痛不已。几十年后再回到杭州故乡，去龙井草堂用餐的美籍华人们，喝到温热的石磨豆浆和藕粉，无不喜极而泣。那是他们难忘的童年味道，穿越如许多年的时光，萦绕在舌尖。至于我，虽然中餐并非"祖传"，却是伴随我青春与成长岁月的事物，塑造了我的舌尖记忆和厨艺，其中充满了爱与情谊、回忆与憧憬。

　　有史以来，中国人一直很清楚，无节制地放纵口腹之欲，就和过度沉溺于人之另一大欲"色"一样，可能招致灾祸。一个人对饮食的态度，一直被视为其道德品质的反映，可以看出他是谨慎还是堕落、节俭还是骄奢、教养良好还是轻率粗鲁。从孔子时代直到今天，人们总是对饮食界限的划定争论不休，仿佛乱麻一般的丝线缠绕在历史的纹理当中。但无论多少人努力去否认吃喝的乐趣，最后都是徒劳无功。

　　作家陆文夫于1983年创作的中篇小说《美食家》，也许是最能反映上述永恒真理的当代寓言。故事辛酸又有趣，跨越了二十世纪好几十年的时间，着力表现资本家老饕朱自冶和其管家儿子高小庭的关系。朱自冶身在以美食著称的苏州，以出租房屋为生，想尽办法吃喝享受。他的每日生活，从早餐的头汤面到晚上的小吃，都要最好吃的："……按照他的吩咐，我到陆稿荐去买酱肉，到马咏斋去买野味，到五芳斋去买五香小排骨，到采芝斋去买虾子鲞鱼，到某某老头家去买糟鹅，到玄妙观里去买油氽臭豆腐干，到那些鬼才知道的地方去把鬼才知道的风味小吃寻觅……"10年轻的高小庭对朱自冶这种放纵奢侈的生活深为震惊，也痛恨社会不公，因为这位资本家大吃大喝的同时，餐馆外面就有"两排衣衫褴褛、满脸污垢、由叫花子组成的'仪仗队'。乞丐们双手向前平举，嘴中喊着老爷，枯树枝似的手臂在他的左右颤抖。"[11]

1949年新中国成立，高小庭有了政府公职，决心要将革命精神赋予苏州美食，强迫他管理的名菜馆不再做精致奢侈的菜肴，转而为人民大众提供廉价食物。但他的努力以失败告终，因为厨师们对他的干预深为不满，就连苏州的普通百姓也怀念过去的传统美食。与此同时，老饕朱自冶经历了风风雨雨，成了一名著名的专职"美食家"。最后，高小庭发现，自己竟要被迫聘请这个"像怪影似的在我的身边晃荡了四十年"的"好吃鬼"做专家顾问。

最终，自己也已经上了年纪的高小庭不得不承认，他这辈子注定和朱自冶冤家路窄、难解难分，而人类的憧憬是与美食和胃口分不开的。他意识到，高雅权贵之士开创了苏州菜中的另一个体系，"是高度的物质文明和文化素养的结晶"。不仅富人显贵，家境一般的平民百姓也想偶尔品尝一下虾之类的高级食材。后来，高小庭反对以食为乐的态度有所缓和，因为动乱流离多年之后，他回到苏州，遇到了很多老朋友。他说："我虽然反对好吃，可在这种情况之下并不反对请客。我也是人，也是有感情的，如果（我的朋友）丁大头还能来看我的话，得好好地请他吃三天！"[12]让高小庭彻底放弃压抑人性对美食渴望的，是他的小外孙——长得"又白又胖，会吃会笑"，自己把一条巧克力往嘴里送，吃得津津有味。高小庭说："我的头脑突然发炸，得了吧，长大了又是一个美食家！"[13]

陆文夫笔下这个故事，恰似一个生动的论证，说明若是想用完全剔除恶习和弱点的新个体来打造所谓的"完美社会"，结果往往会失败。同样，否认人的生理欲望也是徒劳的，因为我们不仅有思想，还有口腹。我们所有人都要吃、都要爱。归根结底，还是告子的那句话："食色，性也。"

宴后记

过去与未来：杂碎

　　2018 年，我和川菜大厨喻波以及他的妻子兼合作者戴双一起去了洛杉矶，参加在百老汇"百万美元剧院"（Million Dollar Theatre）举行的"川菜峰会"。这是一个美食节的一部分，其创始人和精神领袖是美食评论家乔纳森·戈尔德（Jonathan Gold，如今已故）。峰会上，喻波和戴双展示了他们的招牌冷盘"十六方碟"——十六道小菜，每一道都代表了不同的四川风味，令人叫绝，其中有莴笋打的如意结、莲藕切的薄片、韭菜编的玉簪……形态各异、色彩斑斓。我和戈尔德一边品尝，一边讨论着眼前的美食和更宽泛的川菜议题。

　　峰会结束，该休闲一下了。喻波、戴双和我来了一场城市漫游。用餐选择多种多样，有奇怪的非主流墨西哥快餐店、低调的寿司餐吧和选址标新立异的时尚仓库餐厅。有一天，我坚持要带他们去执行一项"特殊任务"。洛杉矶市中心的"大中央市场"（Grand Central Market）于 1917 年开业，素有"奇妙市场"的美名，号称"太平洋沿岸最大最好的公共市场"。[1] 近年来，无论是洛杉矶还是远道而来的美食爱好者，都爱到这里来逛一逛。市场里有很多摊位都是新的，但也有一些"老字号"在坚守阵地。

　　我带喻波和戴双穿过那些开业不久的"网红摊位"，来到我一直想去的"中国餐吧"（China Café）。当地人告诉我，这家美食中餐馆"从有记忆以来就一直开着"。从屋顶上垂挂下来一个霓虹灯招牌，从上到下写着"China Café"、"Chop suey"（杂碎）、"Chow mein"（炒面）。开放式厨房餐台的上方还有个巨大的招牌，用复古英文字体写着"China Café"，店名下方是菜名牌，写了很多经典老派美式中餐，包括各式各样的芙蓉蛋、炒面和杂碎。

我当机立断，点了一份特色杂碎，有些洋洋得意地摆在两位客人面前那张破旧的金属桌子上。市场大厅里熙来攘往，回声震耳。喻波，同辈川菜厨师中最顶尖的佼佼者，此前还从未见过或吃过杂碎。黑色塑料大碗中装着白米饭，一大勺杂碎被舀在上面，里面有大块的去骨鸡肉、叉烧、剥壳虾仁、白菜、口蘑片，浇上了浅棕色的肉汁。喻波皱着眉头认认真真地将碗中餐打量一番，才拿起一次性竹筷子，夹起一块鸡肉。

这是中餐，但不是他概念里的中餐。大块大块的蛋白质和淡味的万用酱汁，与出自他手笔的那些倾注了复杂刀工与丰富风味的精致菜肴相比，实在是天壤云泥。2004年，我第一次和喻波一起到加州，他毫不客气地直率评论了我们吃的每一样东西。也许洛杉矶之行让他变得温柔了，因为这次他态度谨慎，说话婉转。"还可以，"他说，"我觉得里头啥子都有，有肉、有米饭、有蔬菜，很均衡，而且分量足，价格实惠。"

"chop suey"是粤语"杂碎"的音译，顾名思义，就是把切片或切碎的配料"杂七杂八地混合起来"。[2]首次出现此词的中国文学作品是《西游记》：妖怪作乱，孙悟空扬言要把对方做成"杂碎"来吃。[3]过去，"杂碎"通常指动物下水做成的菜，类似大同等中国北方地区的人们早餐时喝的羊杂汤。[4]菜名听起来"下里巴人"，但杂碎菜倒是在宴会上能"独当一面"：十八世纪扬州著名的满汉全席上，除了小猪子和鸽子肉，还有猪杂什、羊杂什等多道肉和内脏杂碎菜式。[5]

但是，我们在洛杉矶吃的那碗杂碎，承袭自十九世纪末美国华裔厨师创造的一种菜肴，或者说一类主题。当时，对中国移民无端的恐慌正值抬头之势，外界夸张渲染唐人街的种种不堪，加深人们的恐惧。西方人假定中餐很怪异，对此纠结不已。然而，在这乱象之中，就有这么一种中国菜引起了西方食客的注意：一种先叫"chop soly"，再叫"chow-chop-sui"，后来叫"chop suey"的炖菜。美国第一份华文报纸《华洋新报》（*Chinese American*）的编辑王清福（Wong Chin

Foo）以反对反华种族主义而闻名。他为《布鲁克林鹰报》（*Brooklyn Eagle*）撰写专栏文章指出，"每个厨师都有自己的杂碎菜单"，但主要材料就是"猪肉、培根、鸡肉、蘑菇、竹笋、洋葱和甜椒"。他说："这可以名正言顺地被称为'中国国菜'。"[6]

中餐烹饪中倒也并非没有"杂碎"这个概念。除了上述历史谱系，粤菜厨师当然也会用各种精细切割的纷杂食材烹制炖菜和炒菜。安德鲁·柯伊（Andrew Coe）在《杂碎：美国中餐文化史》（*Chop Suey：A Cultural History of Chinese Food in the United States*）一书中阐述道，这道菜的美国版本，很可能起源于珠江三角洲台山附近的四邑地区，早期赴美的中国移民大多来自那里。[7]美国早期的杂碎显然更符合中国人的口味，会使用鱼干和内脏等配料，比如记者艾伦·福尔曼（Allan Forman）1886 年在纽约唐人街品尝到的那份："挺美味的一道炖菜，有豆芽、鸡胗和鸡肝、牛肚、从中国进口的豆腐鱼干、猪肉、鸡肉和其他我认不出来的多种配料。"[8]

1896 年，实际执掌中国外交大权的李鸿章访问纽约，掀起追捧一切中国事物的热潮。[9]据说访美期间，李鸿章很喜欢吃杂碎（这可能是讹传），所以将这道菜引入美国的事迹常被归功于他。几年不到，杂碎就风靡了全美。菜里不再加内脏或鱼干，却多了番茄酱、唥汁和土豆等配料。[10]纽约唐人街之外，一种名为"杂碎"的新型休闲餐厅大量涌现，其同名菜变成了"将容易辨认的肉类或海鲜与豆芽、竹笋、洋葱和荸荠等混合炖煮，所有配料都要煮到熟烂，调味清淡"。[11]不用说，美国人喜欢极了。杂碎本是一道质朴的台山菜在美国的"私生子"，在他们眼里却成了中餐的缩影。最终，拉莱（La Choy）公司应运而生，甚至造出了罐装杂碎。

本是无心插柳，却意外创造出如此受欢迎、商业上如此成功的菜肴，中餐厨师和餐馆老板们也就乐得顺应美国人对杂碎的热情。如果西方人就好这口，何乐而不为？如果这样能促使他们克服对中餐的偏见，难道不是好事一桩？杂碎成为全美中餐馆的主角，后来英国的情况也是如此。杂碎就像披萨，基础配方可以用不同方法和不同主料进行"定制"，本身也没什么技术含量：不用复杂精妙的刀工，不需要昂贵的原材料，备菜时间不长，对口感也没有苛刻的要求。

从某些方面来说，杂碎其实非常中国。它是将切成小块的肉和蔬菜混杂在一起，放在锅中烹制，用筷子夹着吃，有时候配饭，有时候配面。在某种程度上，这其实就是古时候的"羹"。但同时，杂碎也是一种过于粗糙和家常的烹饪方法，是广东人会用家里的零碎食材为家人烹制的一道普通菜，不用经过深思熟虑，更不是什么大菜。中餐是世界上最精妙和最富哲学意义的美食，"杂碎"是最不可能成为其代表菜的。但在将近一百年的时间里，英语文化圈的中餐代表，偏偏就是杂碎。

中国移民自己是不必吃杂碎的——他们当然也基本不吃，他们会欣赏和享用清蒸鱼、干海鲜、绿叶蔬菜和滋补草药汤品。西方顾客们则对着杂碎大快朵颐。"杂碎"现象在西方的中餐馆中造成所谓的"中餐"和真正中国美食之间的严重分化，直到如今才在逐渐消失。

二十世纪后半叶，杂碎的地位渐渐被宫保鸡丁和西兰花牛肉取代；到二十一世纪，又被川菜和其他中餐地方菜系强势地后来居上。现在，这道菜和它的名字，都给人一种老气横秋的古怪感，所以有些年轻的粤裔美国厨师正重拾杂碎，说这是一道怀旧的传统菜肴。杂碎无疑是美国华人叙事的重要组成部分。它代表了数代南粤移民在种族歧视和经济排斥下艰难求生的抗争，也代表了历史上美国白人对中餐的矛盾态度——既心向往之又嗤之以鼻，爱得不行又恨得牙痒痒。当时，外国人认为中餐廉价而低贱，杂碎则成为他们喜闻乐见的平价菜肴。尽管如今"杂碎"几乎已经是快要被时代淘汰的"假东西"，它所代表的对中餐的误解却从未完全消失。

很多像我一样有幸品尝过正宗中国菜的外国人都会为中餐倾倒，并得出没有其他美食能与之媲美的结论。十九世纪末漫游中国的旅行家伊莎贝拉·伯德（Isabella Bird）曾写道，"中国饮食种类繁多，烹饪技艺更有百般的变化"，并指出"（他们的）食物有益健康、烹饪精细、注重卫生……那些经常在中国旅行的外国人会发现中餐很可口"。[12] 爱沙尼亚哲学家赫尔曼·凯塞林伯爵（Count Hermann Keyserling）提到过美食餐厅"高雅的文化氛围"和"纯粹的烹饪理想主义"，这些特质"在巴黎很常见，在北京也同样典型"。[13] 还有其他深深被中国饮食文化折服的著名人士，包括 1930 年代在北京生活过的英国作家艾克敦（Harold Acton）和奥斯伯特·西特威尔（Osbert Sitwell）、美国作家诺拉·沃恩（Nora Waln）和记者项美丽（Emily Hahn，她出版了五十本著作，其中包括 1968 年的时代生活《世界美食》丛书"中国菜"卷）。这些年，我在自己组织的美食之旅中，乐于见证参与者命中注定地对中国美食产生更深刻的理解和欣赏：每次中国之行结束时，借用袁枚的话，大多数人都"舌本应接不暇，自觉心花顿开"。

很久以前，西方人认定杂碎就是中国菜的典型代表。自那以后，世界已经发生了翻天覆地的变化。中国日益增长的财富和实力，以及中国移民群体在西方形象的不断变化，逐渐改变了西方人对中国菜的看法，中餐的地位有所提高。备受争议的"味觉仲裁者"《米其林指南》，也终于把目光投向了中国的餐厅，并逐渐将它们纳入国际美食家的走访版图。在新冠疫情导致全球旅行大门关闭之前，有越来越多的中国公民旅行至西方国家，刺激了西方对更正宗中餐的需求，同时西方人也逐渐向多样的中国风味敞开口腹、敞开心扉。

中国在进一步开放和更深地融入全球文化，势头看似不可阻挡。然而，经济竞争和国际紧张局势有可能会阻碍这一进程。在这样的时代，美食提供了建立不同关系的一种可能性，也是了解中国文化的另一扇窗口。中餐，不仅是中国这个现代国家的食物，也是散居几乎全世界各地的华人的食物。它连接着过去与现在，既古老，也现代；既地方，也全球；既有着典型的中国韵致，也深刻地包容了多元的文化。中餐的工艺、理念、乐趣、智慧巧思和对养生的关注，都值得被奉为全球文化和文明的瑰宝。

也许，此刻正当时，让我们感谢杂碎为中餐发展事业做出的贡献，然后与之深情而决绝地吻别，让它和糖醋肉球一起永久地属于过去。在这些充满矛盾的美食之外，还有无穷无尽的中国风味世界等着我们呢。

不完全（且个人偏好强烈的）中餐烹饪简史

传说中的远古时期

燧人氏教会人们生火。人类开始烹饪并制作可食用的祭品，文明之路就此发端。

谷神后稷教民种黍。

黄帝（约公元前 3000 年左右）教民做陶，又教会他们以蒸煮之法烹饪主食谷物。

新石器时代
（公元前 10000—前 3500 年）

中国在全世界最早种植大米和小米。

烹饪用具中首次出现了蒸笼。

有证据显示，这一时期的人们可能开始使用筷子。

人们开始用谷物酿酒。

商
（约公元前 1600—前 1046 年）

约公元前 1600 年，厨师伊尹被商朝开国之君商汤封为宰相。

筷子被用于烹饪，也很可能已作为餐具用于进食。

炊具"鼎"成为阶级和权力的象征。

商朝末代君王"纣"（公元前 1105—前 1046 年）荒淫无度，沉溺于"酒池肉林"。

周、春秋和战国时期

（公元前 1046—前 221 年）

编纂于公元前 3 世纪的《周礼》记载，周朝早期宫廷中有一半以上宫人（两千多人）都归膳夫（王的膳食主管）统一管理，为日常餐饭和祭祀典礼准备饮食。龟鳖、贝类、野味肉类、冰、盐和腌渍菜……多个领域的营养师和专家济济一堂。

人人食羹（炖煮的菜肴/汤）。

约公元前 1000 年，可能出现了历史上最早的人工栽培大豆。

中国人开始制作发酵酱料，称为"醢"，即后来的"酱"，酱油的祖先。

在哲学理论百花齐放的黄金时期，圣贤们偏爱以饮食烹饪作喻，讲述重要的道理：

老子，《道德经》的作者，曾曰"治大国若烹小鲜"。

孔子（公元前 551—前 479 年），如果食物切得不方正或是不合节气时令，他就不吃。（"割不正，不食。""不时，不食。"）

孟子（公元前 4 世纪）曰"君子远庖厨"，并表示在鱼和熊掌之间，自己会"舍鱼而取熊掌者也"。

告子（约公元前 4 世纪）曰："食色，性也。"

庄子（约公元前 365—前 290 年）描述了庖丁解牛时出神入化的精湛刀工。

屈原（约公元前 340—前 278 年）写了两首诗，旨在召唤亡魂归来，其中对美食的描写令人垂涎三尺。

公元前 3 世纪，吕不韦（公元前 291—前 235 年）编纂《吕氏春秋》，中含"本味篇"，描述了厨师鼻祖伊尹关于美食烹饪的精彩言论。

秦
（公元前 221—前 206 年）

中国历史上第一位皇帝秦始皇（公元前 259—前 210 年），与他的"兵马俑"大军葬在一起。

汉
（公元前 206—公元 220 年）

借助源自中亚的石磨，能高效地将小麦磨成面粉。中国人发现了面食和包饺（那时统称为"饼"）的乐趣。

中国人牢牢养成了在烹饪和食用前将食物切成小块的习惯。

人们普遍认为，饮食和医学同源相生，不可分割。蕴含这一思想的《黄帝内经》约成书于公元前 300 年。

墓葬中的壁画和浮雕展现了庖厨之中的各种生动场景。

富人的陪葬品中，有时会包括做成微缩工艺品的农畜家禽、转磨和厨灶。

公元前 2 世纪，在今长沙郊区的马王堆，一个贵家望族的成员被埋葬在三座墓葬中。墓中有已知最早的中文食谱、医学手稿、烹饪方法的记录和大量食物，包括如今也能在中餐厨房中找到的豆豉。

据说，淮南（今安徽省）王刘安（约公元前 179—前 122 年）发明了豆腐。（但如果豆腐真的是这么早就被发明了，那确实等了很久才成为大众喜闻乐见的食物。）

太史公司马迁（约公元前 145—前 87 年）记载，江南地区的人们会吃米饭和鱼羹（"饭稻羹鱼"）。

很多"胡蛮子"的食材从中亚传入中国，如胡椒、胡瓜（黄瓜）、胡桃、胡麻（芝麻）等等，还有胡饼（馕）。这些食物的初始中文名中，"胡"字代表了"野蛮人"或"异邦人"（而胡椒到今天还叫胡椒，"蛮人之椒"）。

南方人逐渐爱上了糖醋味（酸甜口）的食物。

宫廷开辟了专门的温室，种植珍稀蔬菜。

公元 1 世纪，佛教始传入华夏。

魏、晋、南北朝
（220—589 年）

西晋时期（265—317 年），名士张翰因为思念江南家乡的鲈鱼脍和莼菜汤，就放弃了北方的官位，回到家乡。

束皙（约 263—302 年）写下了堪称"面食狂想曲"的《饼赋》，这是一封给面条和包子的情书。

公元 4 世纪，东晋历史学家常璩（291—361 年）提到四川地区的人们喜欢大胆辛辣的口味（"好辛香，尚滋味"）。

梁武帝（464—549 年）成为虔诚的佛教徒，主张全面素食。

公元 530 年至 540 年间，贾思勰撰写了开创性的农业科学技术巨作《齐民要术》，其中收录了各种食谱，如豆豉、米酒、醋、烤乳猪、乳制品和各种面食。

隋
（581—618 年）

谢讽撰写《食经》，但此书早已亡佚，仅有片段见载于后世著作中。

唐
（618—907 年）

在中国西北部（今吐鲁番附近）的阿斯塔那墓群中，死者与饺子、馄饨等面食一起入土为安。

8 世纪末，陆羽（约 733—804 年）撰写了《茶经》，这是世界上第一部关于茶的专著。

"点心"一词首次出现在一部汉语小说之中（最初是作动词使用）。

"丝绸之路"蓬勃发展，繁荣鼎盛。唐都长安（今西安附近）盛行异域美食。

比丘尼梵正用精心切割的食物拼制可食用风景拼盘。

公元9世纪，笃信佛教的官员崔安潜奉上了"以素托荤"的一桌宴席。

上流社会的达官显贵爱吃奶制品。

公元10世纪，陶谷（903—970年）的作品《清异录》中提到豆腐，这是已知最早出现豆腐的汉语文学作品。

公元10世纪，北京最古老的穆斯林礼拜中心牛街礼拜寺始建，周围的区域发展成清真美食中心。

唐朝的灭亡被部分归咎于杨贵妃的贪图享乐，有个鲜明的例子就是她坚持要骑兵接力，将南方新鲜的荔枝送到北方的都城。

宋
（960—1279 年）

大米成为百姓餐桌上常见的主食，江南也渐成富庶繁荣的"鱼米之乡"。

诗人苏东坡（1037—1101年）写了几句诗，发表关于烹饪猪肉的心得。宋朝时期，他和其他多位重要诗人都曾热情洋溢地写下关于食物的华美诗篇。

游牧民族入侵，开封陷落（1127 年），宋朝宫廷迁都杭州，那里逐渐形成融合南北特色的新菜系。

北宋都城开封（时称"汴梁"）和南宋都城杭州（时称"临安"）都见证了中餐食肆的黄金时代。

12 世纪末，宋嫂烹制的鱼羹让宋高宗赞不绝口。

人们逐渐习惯坐在桌边椅凳上，少坐地垫了。

最早的食谱书出现了，食材和主题都以乡村自然素食为主。13 世纪，诗人林洪隐居山林，写下了《山家清供》，里面的食谱以蔬菜和在山间觅得的食物为主材。现存的文字资料中，这本书首次提到了现代概念里的"酱油"和"炒"，还首次描述了"吃火锅"的行为。

豆腐大受欢迎。

在充满活力与商业化的南方城市，食物与烹饪方法实现了根本上的多样化与精细化。

灌汤小笼包在点心舞台上粉墨登场。

杭州出现佛教素食餐馆和仿荤菜。

元
（1279—1368 年）

1279 年，忽必烈统治下的蒙古军队征服了全中国，建立元朝。

13 世纪末，马可·波罗游历中国，杭州的农贸市集和高生活水准令他赞叹不已。

1330 年，太医忽思慧向元仁宗进献了自己编撰的《饮膳正要》。这是一本医学和营养手册，其中一章的食谱反映了来自中东、波斯和中亚的影响。

蒙古士兵可能将奶酪制作技术引入了云南。

明
（1368—1644 年）

16 世纪，伟大的小说《金瓶梅》中有千奇百怪、令人眼花缭乱的美食和性爱描写。在一个著名的情爱场景中，梅子是不可或缺的道具。

16 世纪末，李时珍编纂《本草纲目》，其中讲解了将近两千种食材的滋补功效。

16 世纪末，小说《西游记》中提到了食物"杂碎"。

16 世纪末，玉米、红薯和辣椒等来自美洲的新食材开始对中国人的饮食习惯进行彻底的重塑。

中国人逐渐爱上吃鱼翅。

清
（1644—1911 年）

1644 年，满洲清军入关，征服中国，也引入了一些新的饮食习惯，比如烤制和煮制大块肉类、食用奶制品等。宫廷饮食融合了满汉两族特色。贵族满人随身携带小刀和筷子作为餐具，以便同时食用具有两族特色的食物。

李渔（1611—1680 年）以极尽细致微妙的文字，写下自己对螃蟹和竹笋的热爱之情。

乾隆皇帝（1711—1799 年在世，1736—1796 年在位）数次南巡，对江南地区情有独钟，将一些厨师从苏州带回皇宫。乾隆很爱吃烤鸭。

从 17 世纪末开始，欧洲人和美国人在广州的小块外国"工厂"或仓库飞地建立贸易站。

1792 年，袁枚（1716—1798 年）撰写《随园食单》，里面收录了大量菜谱，也对食物和饮食理论做出了详细评判和阐述，内容丰富。

1793 年，史上第一个英国访华使节团抵达北京，觐见年迈的乾隆皇帝。英国代表团的成员觉得中国的烤肉和馒头吃起来很困难，对点心却相当赞赏。

1795 年，在名为《扬州画舫录》的书中，李斗（1749—1817 年）记录了一场扬州城举办的"满汉席"，共九十多道菜品，其中包含"鲫鱼舌烩熊掌"。

19 世纪中叶，中国人开始往美国移民。"杂碎"出现在美国餐馆的菜单上。

1876—1886 年，丁宝桢（"宫保鸡丁"即以他命名）担任四川总督。

19 世纪末，在成都开餐馆的平头老百姓陈麻婆创制了"麻婆豆腐"。1909 年，一本介绍成都的书出版，其中提到了她的餐馆。

1896 年，中国（事实上的）外交部长李鸿章访问美国，将杂碎引入美国的事迹被（错误地）归功于他。

1897 年，德大西菜社在上海开业。

慈禧太后（1835—1908 年）在不经意间为回族穆斯林名菜赐名"它似蜜"。

中华民国
（1912—1949 年）

废除帝制时代的国家祭祀活动。

上海的西餐厅繁荣发展。

1930 年代，英国汉学家蒲乐道在北京吃烤（牛）肉。

中华人民共和国
（1949—　 ）

1950 年代/1960 年代，据说时任商务部长的姚依林首次提到中国有四大"菜系"。

1950 年代末到 1960 年代初，轻工业出版社出版了《中国名菜谱》套系图书，分地区介绍中国菜，共十二册。

1980 年，汪绍铨在《人民日报》发表文章《我国的八大菜系》。

1983 年，苏州作家陆文夫出版中篇小说《美食家》，一个以美食为中心展开的政治寓言故事。

2008 年，《米其林指南——香港澳门 2009》首发。

2016 年，第一本中国大陆《米其林餐厅指南》出版，即《2017 上海米其林指南》。之后相继出版了《广州米其林指南》（2018）、《北京米其林指南》（2020）和《成都米其林指南》（2022）。

注　释

似是而非的中国菜

1. Benton and Gomez（2008），pp.114 – 15

2. Baker（1986），p.308

3. Price（2019），p.176

4. Price（2019），p.172；又见 Benton and Gomez（2008），pp.115 –26

5. Benton and Gomez（2008），pp.121 – 3；Price（2019），p.175；
   Baker（1986），p.309

6. http：//kenhom.com

7. Roberts（2002），p.203

8. Lee（2008），p.14

9. *Illustrated Catalogue*（1884），pp.134 – 6

10. Roberts（2002），p.141 and Price（2019），p.97

11. Holt（1992），p.24

12. Price（2019），p.97

13. Bowden（1975），pp.148 – 9；又见 Price（2019），p.168ff

14. Baker（1986），pp.307 – 8

15. Ibid.，p.308

16. Polo（1958），pp.214 – 15

17. Roberts（2002），pp.35 – 6

18. Ibid.，pp.41 – 5

19. https：//pressgazette.co.uk

20. https：//foreignpolicy.com

21. https：//www.nytimes.com

22. https：//news.colgate.edu

23. https：//www.theguardian.com；https：//www.theguardian.com

24. https：//www.nytimes.com

25. Gernet（1962），p.133；Freeman（1977）；pp.158－62，Lin（2015），pp.136－9

火与食之歌

1. Huang（2000），p.108

2. Ibid.，pp.85－6

3. Legge（1967），Volume 1，pp.468－9

4.《四川烹饪专科学校》（1992），p.1

5. Wrangham（2010）

6. Sterckx（2005），p.53

7. Ibid.

8. Ibid.

9. Sterckx（2006），p.4

10. Sterckx（2011），p.126

11. Sterckx（2005），p.37

12. Sabban（2012a），p.20

13. Chang（1977），p.11

14. Sabban（2012a），p.20

15. Cook（2005），p.20

16. Sterckx（2005），p.42

17. Wang（2015），p.19，citing Wang Renxiang

18. Yue（2018），pp.100－1；又见 Ho（1998），pp.76－7

19. Yuan Mei in Chen（2019），p.44（英文由作者翻译）

20. Ho（1998），pp.76－8

21. Yue（2018），pp.103－7

22. Ho（1998），pp.76－9

23. 据艾广福（2006）引用的宫廷记录

24. 从北京故宫一个展览中抄录，in Dunlop（2008），p.216

25. Ho（1998），pp.77－8

26. Anderson（1795），p.63

27. Ho（1998），p.77

28. Quoted in Wang（2015），p.168

谷粮天赐

1. Mintz and Nayak（1985），pp.194－9

2. Yuan Mei in Chen（2019），p.370（英文由作者翻译）

3. Hinton（2013），p.294

4. Zhao（2011），pp.S299, S304

5. https://www.statista.com

6. Nie Fengqiao（1998），上卷 p.342

7. Xiong Sizhi（1995），p.518

8. Huang（2000），p.384；Rath（2021），pp.30－3

9. Zhao（2011），pp.S300－2, S304

10. Wang（2015），pp.31－4

11. Bray et al.（2023），p.55；Cook（2005），p.17

12. As translated in Waley（1996），pp.246－7

13. Campany（2005），pp.101－2

14. Knoblock and Riegel（2000），p.310

15. Sterckx（2011），p.12, citing the Hanfeizi

16. Bray（1984），p.58

17. McGovern et al.（2004）

18. Huang（2000），pp.160－62

19. Huang（2000），p.18

20. 70%，根据 JL Buck's 的 1930 年代调查，引自 Bray（1984）

21. Bray（1984），p.1

22. Mo Zi（2010），p.20

23. Chang（1977），p.35

24. Legge（1967），Volume 1，p.229

25. Bray（1984），pp.5－6

26. Campany（2005），pp.104，115

27. Huang（2000），p.262

28. Freeman（1977），pp.146－7 and Bray（1984）

29. Wang（2015），p.38

30. Ibid.，p.100

31. Bray（1984），p.7

32. Wang（2015），p.97 and Anderson（1977），p.345

33. Bray（2018）中对动物在中国农业中所起作用的讨论

34. Anderson（1977）and King（2004）

35. Bray et al.（2023），pp.54－5

36. Ibid.，p.53，pp.243－4

37. Klein（2020）

38. Bray et al.（2023），p.55，p.242

羹调鱼顺

1. Legge（1967），Volume 1，p.464

2. Yü（1977），p.69

3. Ibid.，p.79

4. Legge（1967），Volume 1，p.460

5. Huang（2000），pp.83－4

6. Hawkes（1985），p.227

7. Sterckx（2011），p.15

8. Ibid.，p.17

9. Ibid.，p.41

10. Wu Zimu（1982），pp.132－5

11. Yue（2018），pp.103－5

12. Davis（1857），Volume 1，p.361

13. Ibid.，p.362

14. Sterckx（2011），pp.84－9

15. Wang（2015），pp.10, 35

16. Lin（1942），p.322

17. 引自 Roberts（2002），p.135

18. Anderson（1795），p.118

19. Davis（1857），Volume 1，p.364

20. https：//pressgazette.co.uk

21. Visser（1989），p.18

22. Davis（1857），Volume 2，p.371

23. Lau（1970），p.55

24. 见 Hinton（2013），p.100

25. 英文由 Roel Sterckx 翻译，in Sterckx（2019），p.420

26. https：//chinamediaproject.org

27. Sterckx（2011），p.63

生命在于滋养

1. Harper（1982），p.2

2. Veith（1982），p.109

3. Huang（2000），p.14

4. Anderson（1988），pp.59－60

5. Anderson（1988）讨论西方古代医学对中国的影响，pp.231－2,

234 - 5

6. In *Beiji qianjin yaofang* by Sun Simiao, translation by Vivienne Lo in Lo （2005）, p.172

7. Lo （2005）, pp.175 - 8

8. Li Shizhen,《本草纲目》, see "菜之三（菜类一十一种），苦瓜"

9. *Miscellaneous, including papers on China* （1884）, pp.257 - 8

10. Spang （2000）, p.34

11. Harper （1982）, p.39

12. Lo （2005）, pp.175 - 6

在田间，在箸间

1. Wang Liqi et al. （1983）p.9 - 10 （作者翻译）

2. Ibid., p.11 （作者翻译）

3. Schafer （1977）, p.140

4. Yü （1977）, p.76

5. Knechtges （1986）, p.55

6. Zhang （1998）, pp.67 - 8

7. Mote （1977）, pp.214 - 15

8. See Lau （1970）, p.82

9. Legge （1967）, Volume 2, pp.249 - 310

10. Hinton （2013）, p.398

11. Ren Baizun （1999）, p.129

12. Lin Hong （2016）, p.47

13. Li Yu, quoted in So （1992）, pp.1 - 2

14. Li Yu （1984）, p.5 （作者翻译）

15. Gao Lian, quoted in Wang Zihui （1997）, p.213

16. Cao Tingdong, quoted in Wang Zihui （1997）, p.246

17. Qiu Jiping （2017）, p.109 and translation p.229

18. Yuan Mei in Chen（2019），pp.10－11（陈和作者的混合翻译）

19. Ibid.，p.34（作者翻译）

20. Ibid.，p.12

21. Ibid.，p.10（作者翻译）

22. Sterckx（2011），pp.74－5

23. Chen Peiqiu，who died a year later，in 2020

喜蔬乐菜

1. Xiong Sizhi（1995），p.400（作者翻译）

2. Huang（2000），p.36

3. Sabban（2012），p.52

4. Spence（1977），p.267

5. Mote（1977），p.201

6. Yü（1977），p.76

7. https：//www.latimes.com

躬耕碧波

1. Zhao（2011），p.S297

2. Nie Fengqiao（1998），（上卷），pp.359，445

3. Huang（2000），p.61

4. Ibid.，pp.63－4

5. Polo（1958），pp.213－15

点豆成金

1. https：//ideas.ted.com

2. https：//ourworldindata.org

3. Mintz（2011），p.24

4. McGee（2004），pp.493－4

5. McGee（2004），pp.497－9

6. Zhu Wei（1997），p.28

7. Huang（2000），p.336；又见 Yü（1977），p.81

8. Ibid., p.359

9. Ibid., p.358

10. Wu Zimu in Meng Yuanlao（1982），p.131

11. 日本学者 Shinoda Osamu，引自 Zhang Desheng（1993），p.8

12. Sabban（2010）

13. Schafer（1977），pp.105－7；Huang（2000），pp.248－57

14. See Sabban（2010）；Brown（2019）

15. Anderson（1977），p.341，引自 Paul Buell 的私人书信

16. Sabban（2010），p.2

17. Friar Domingo Fernández-Navarrete，quoted in Huang（2000），
    p.319

付"猪"一笑

1. Huang（2000），pp.58－9

2. Ibid., pp.57－8

3. Gossaert（2005），pp.238－41

4. Chang（1977），p.29

5. 了解关于动物在中国农业中所起作用的详细讨论，见 Bray（2018）

6. Gossaert（2005），p.245

7. 关于猪在中国的细节主要来自一个展览——时间：2019 年 2 月；
   地点：北京大学红楼外

8. McGee（2004），p.138；McGee（2020）pp.504－5

9. 关于公猪去势的好处和坏处，见 https://www.ncbi.nlm.nih.gov

10. https://www.taipeitimes.com

11. https://www.ft.com

12. https://www.economist.com

13. Chiang（1974），p.178

14. Xiong Sizhi（1995），p.617（作者翻译）

美食无界

1. Chen Dasou et al.（2016），p.27

2. See Gladney（1996），Chapter 1，on the history of the Hui Muslims
   in China

3. Gladney（1996），p.11

4. Ibid.，pp.19－20

5. http://hrlibrary.umn.edu

6. Cited in Wang（2015），p.52

7. Schafer（1985），pp.10－11

8. Ibid.，p.20

9. Ibid.，p.29

10. Ibid.

11. 见对布尔和安德臣的介绍（2010）

12. Brown（2021）

13. Blofeld（1989），pp.105－7

"曲"尽其妙

1. Huang（2000），p.153

2. Ibid.，p.8

3. Ibid.，p.155

4. See Huang（2000），p.169ff and Lin（2015），p.15ff

5. McGee（2012）

6. Huang（2000），p.191

万物可入菜

1. 感谢香港的 Rose Leng, Magdalena Cheung 和富嘉阁总经理李文基上的烹饪课!

2. Auden and Isherwood（1973）, pp.220 - 21

3. Knoblock and Riegel（2000）, p.309

4. Wu Zimu（1982）, pp.133, 136

5. Sabban（2012）, p.52（作者翻译）

6. Waley（1956）, p.52

7. Diamond（2006）, Chapters 7 and 8

舌齿之乐

1. Yuan Mei in Chen（2019）, p.22（作者翻译）

珍稀的诱惑

1. 原文：https://ctext.org；又见 Hinton（2013）, p.524

2. See Sterckx（2005）, p.39 and Yü（1977）, p.67

3. Zhu Wei（1997）, p.95

4. Li Shizen's *bencao gangmu*《本草纲目》, 见 "兽之二（兽类三十八种）, 熊" https://ctext.org/wiki.pl?if = gb&chapter = 372&remap = gb#p476

5. Buell and Anderson（2010）, p.510

6. Liu Xiang 刘向 *Xin Xu*《新序》, cited in Nie Fengqiao（1998）, 上卷 p.75

7. Hawkes（1985）, pp.234 - 5

8. Wang Liqi et al.（1983）8 - 9（作者翻译）

9. Sterckx（2011）, p.205

10. Zhu Wei（1997）, p.49

11. Legge（1967），pp.468－9

12. Zhu Wei（1997），p.52

13. Knechtges（1986），p.58

14. Ibid.

15. Zhu Wei（1997），pp.52－3；又见 Knechtges（1986），p.58

16. Zhu Wei（1997），p.53

17. Yue（2018），pp.103－5

18. Zhu Wei（1997），p.53

19. Davis（1857），p.374

20. Williams（2006），pp.390－92

21. Ho（1998），p.78

22. Wang Zengqi（2018），p.25

23. Odoric of Pordenone，quoted in Roberts（2002），p.29

24. 人民大会堂（1984），在书和菜谱的开头插入的照片 p.160

25. https：//www.uscc.gov/research

26. https：//www.globaltimes.cn

27. Ibid.

28. http：//www.china.org.cn

29. https：//chinadialogue.net

30. Nie Fengqiao（1998），下卷 p.81

31. 2011 年我对 WWF 的 Sarah Goddards 的采访

32. Mo Zi（2010），p.110

33. Wang（2015），p.22

34. https：//www.wsj.com

35. Translation from *Imperial Food List*（玉食批）in Huang（2000），p.128

36. Gao Lian，translated by H T Huang in Huang（2000）p.130

37. https：//www.mercurynews.com

38. Eilperin（2012），pp.84 - 5

39. 我的个人笔记：Mintz 于 2008 年在纽约 Dynasties conference 对饺子的评论

40. Freeman（1977），p.143

41. Ren Baizun（1999），p.149

大味无形

1. Knoblock and Riegel（2000），p.309

2. Yuan Mei in Chen（2019），pp.26，28（作者翻译）

3. Ibid.，p.28（作者翻译）

4. http：//politics. people.com.

5. See Chen（2009），introduction

6. 在开封的私人交流，2015

浓淡相宜

1. Knoblock and Riegel（2000），p.309

2. Sterckx（2019），p.420

3. Hawkes（1985），p.227

4. Ibid.，p.234

5. Sterckx（2011），p.17

6. Ibid.，p.25

7. https：//royalsocietypublishing.org

8. Ren Baizun（1999），p.468

9. Chen（2002），p.114

10. Swisher（1954），p.67

11. Davis（1857），Volume 2，pp.362 - 3

12. See Jullien（2008）

13. Dao De Jing，section 12

14. Dao De Jing, section 63
15. Sterckx（2006）, p.29 and Sterckx（2011）, p.202
16. Lo（2005）, p.166
17. Sterckx（2006）, p.15

毫末刀工

1. Yü（1977）, p.58
2. Ibid., p.68
3. Huang（2000）, p.69
4. Legge（1967）, Volume 1, p.469；Huang（2000）, p.69
5. Hinton（2013）, p.294
6. Sterckx（2011）, p.58
7. Quoted in ibid., p.52
8. Sterckx（2011）, p.54
9. Ibid., pp.49－54
10. Palmer（1996）, p.23
11. Wang（1997）, p.211；Huang（2000）, pp.69－70, p.74－6
12. Huang（2000）, pp.69－70 and p.69n
13. Legge（1967）, p.79
14. Ibid., pp.459－60
15. Huang（2000）, p.69n
16. Wang（1997）, p.213
17. Ibid.
18. 潘尼诗作，引自 Wang（1997）, p.213（作者翻译）
19. Schafer（1977）, p.104
20. 段成式诗作，引自 Wang（1997）, p.213（作者翻译）
21. Schafer（1977）, p.104
22. Yue（2018）, pp.103－5

23. Schafer（1977）, p.126

"蒸蒸" 日上

1. Huang（2000）, p.76
2. Ibid. N. B.：考古学家安德臣提醒过我，蒸锅也有类似的形态，我不确定其起源和中国的蒸笼是否有关。
3. Huang（2000）, p.88, p.88n, p.90 fig 29a
4. Anderson（1795）, p.62
5. Su Dongpo, quoted in Zhu Wei
6. Yue（2018）, p.104

火也候也

1. Sterckx（2011）, p.68
2. Ren Baizun（1999）, p.133
3. Ibid.；Wang（2015）, pp.60‒1
4. Ren Baizun（1999）, p.133, Wang（2015）, pp.60‒61
5. *Shan jia qing gong* by Lin Hong, in Chen Dasou（2019）
6. See Linford（2019）
7. *Chinese Cooking*（1983）, p.11
8. Yuan Mei in Chen（2019）, p.22（作者翻译）
9. Knoblock and Riegel（2000）, p.308（作者翻译）
10. Harper（1982）, pp.44‒6
11. St Cavish（2022）

千词万法

1. https://www.tinychineseeyes.com/

面团"变形记"

1. 关于中国面食的历史，见 Sabban in Serventi and Sabban（2002），Huang（2000），p.462ff and Knechtges（2014）

2. Huang（2000），p.463

3. Sabban in Serventi and Sabban（2002），pp. 274 – 9；Knechtges（2014），p.449

4. Lu Houyuan et al.（2005）

5. Sabban（2012b）

6. Li Yuming et al.（2014），p.3

7. Knechtges（2014），p.453

8. Translation by David Knechtges in Knechtges（2014），p.453

9. Translation by Françoise Sabban in Serventi and Sabban（2002），p.288；original poem in Xiong Sizhi（1995），p.103

10. Sabban in Serventi and Sabban（2002），pp.300, 304

11. Ibid., pp.304 – 6

12. Ibid., p.311

13. Ibid., p.275

14. Sabban（2000），p.167

15. Li Yuming et al.（2014），p.3

16. Sabban in Serventi and Sabban（2002），p.324

17. Ibid., p.302

18. 为 *Financial Times* 采访 Nick Lander

19. Klein（2020）https：//journals.sagepub.com

点燃我心

1. Dunlop（2013），p.128

2. Knechtges（2014），p.450

3. Brown (2021a)

4. Dunlop (2013), pp.134 - 6

5. Translated by David Knechtges in Knechtges (2014), p.454

6. Ibid., pp.454 - 5

7. Sabban in Serventi and Sabban (2002), p.282

8. Huang (2000), p.478

9. Wang (2015), p.9

10. Wang Zihui (1997), p.199

11. Ibid.

12. Sabban (2002) p.305

13. Meng Yuanlao (1982), pp.14, 20, 22, 29, 30

14. Wu Zimu (1982), p.135

15. Ibid., p.130

16. Ibid., pp.131 - 6

17. Ibid., pp.135 - 6

18. Ibid., pp.136 - 7

19. Ibid., p.137

20. Ibid., p.131

21. Anderson (1795), p.153

22. Barrow (1804), p.109

23. 引自 Zhang Yiming (1990) p.5 (作者翻译)

24. Qiu Pangtong (1995), p.79

甜而非 "品"

1. Hawkes (1985), p.228

2. Huang (2000), p.92

3. See Huang (2000), pp.457 - 9 on malt sugar

4. Schafer (1963), pp.152 - 4

5. See Sabban（1994）

6. Huang（2000），pp.424－6

行千里，致广大

1. Legge（1967），p.228

2. Veith（1982），p.147，原文及相关章节出自'异法方宜论'at https：//ctext.org

3. Sterckx（2011），p.17

4. Wang（2015），p.58；又见 Knechtges（1986），pp.236－7

5. Schafer（1977），p.131

6. Meng Yuanlao（1982），pp.21, 29

7. Wu Zimu（1982），p.135

8. Wu Yu（2018）

9. Ibid.

10. Ibid.

11. Anderson and Anderson（1977），pp.340－41

无荤之食

1. Kieschnick（2005），p.205

2. Sterckx（2011），p.32

3. Sterckx（2006），p.14n

4. Wang Zihui（1997），p.149

5. Campany（2005），p.107

6. Sterckx（2011），pp.77－81

7. Kieschnick（2005），pp.187－8

8. Ibid., p.189

9. Ibid., pp.195－6

10. Ibid., pp.198－202

11. Kieschnick（2005），p.203

12. Ibid.，p.204

13. Freeman（1977），p.164

14. Wu Zimu（1982），p.136

15. Ibid.，p.137

16. Chen Dasou（2016），p.187

17. Roy（2001），Volume 2，p.432，quoted in Kieschnick（2005）

18. 北方都城的宴席会端上假河豚和素鳖做菜品，例子见 Meng Yuanlao（1982），p.17

诗意田园

1. Hinton（1993），pp.70－71

2. Hinton（2013），p.274

3. Harper（1984），p.XXX

4. Mo Zi（2010），pp.23－4

5. Sterckx（2011），pp.15，p.20

6. Sterckx（2006），p.39

7. See Freeman（1977）and Gernet（1962）

8. Gernet（1962），p.14

9. Ibid.，pp.17－18

10. Freeman（1977），pp.170－1

11. Ibid.，pp.172－3

12. Xiong Sizhi（1995），p.617（作者翻译）

13. Knechtges（2012），pp.11－12

14. Huang（2000），p.128

15. Sabban（1997），p.11

16. Chen Dasou et al.（2016），p.33

17. Sabban（1997），pp.21－7，19

18. Li Yu（1984），pp.2－3（作者翻译）

19. Freeman（1977），p.172；又见 Knechtges（2012），p.6

20. Lynn Pan，私人交流

21. Freeman（1977），p.174

22. Chen Dasou（2016），p.33

23. Freeman（1977），p.174

24. From Gao Lian's preface to his fifth treatise, *yin zhuan fu shi jian*（饮馔服食笺），by Dott 翻译（2020），p.22

25. Dott（2020），p.22

26. Yuan Mei in Chen（2019），p.50（作者翻译）

27. Ibid., p.54（作者翻译）

洋为中用

1. 据周三金对德大历史的叙述，Zhou Sanjin（2008），pp.227－30

食与心

1. Mencius in Hinton（2013），p.522

2. Lin（1942），pp.318－19

3. Ibid.

4. EN Anderson，私人交流

5. Françoise Sabban，comment at Chinese Foodways conference，April 2021

6. Legge（1967），pp.451－2

7. Ho（1998），p.74；Spence（1977），p.287

8. Yü（1977），p.74

9. Hawkes（1985），pp.227－8

10. Lu Wenfu（1987），p.105

11. Ibid., p.104

12. Lu Wenfu（1987）, p.153

13. Ibid., p.180

过去与未来

1. https：//grandcentralmarket.com

2. 杂碎和美国中餐的历史，可专门参见 Coe（2009）, Mendelson（2016）and Brown（2021）

3. Brown（2021）

4. Ibid.

5. Yue（2018）, p.105

6. Wong Ching Foo, quoted in Coe（2009）, pp.154－5

7. Coe（2009）, p.161

8. Quoted in Coe（2009）, p.158

9. Coe（2009）, pp.161－4

10. Ibid., p.165

11. Ibid., p.167

12. Bird（1985）, p.296

13. Roberts（2002）, p.88

参考文献（含中文参考文献）

Anderson, Aeneas (1795), *A narrative of the British Embassy to China in the years 1792, 1793 and 1794; containing various circumstances of the Embassy, with accounts of the customers and manners of the Chinese; and a description of the country, towns, cities & c. & c.*, printed for J. Debrett, London

Anderson, EN, and Anderson, Marja L (1977), "Modern China: South", in Chang (1977)

Anderson, EN (1988), *The Food of China*, Yale University Press, New Haven & London

Auden, WH and Isherwood, Christopher (1973), *Journey to a War*, Faber & Faber, London

Baker, Hugh (1986), "Nor good red herring: The Chinese in Britain", in Shaw, Yu-ming (ed.), *China and Europe in the Twentieth Century*, Institute of International Relations, National Chengchi University, Taipei

Barrow, John (1804), *Travels in China*, printed for T. Cadell and W. Davies, London

Benton, Gregor and Gomez, Edmund Terence (2008), *The Chinese in Britain, 1800-Present: Economy, Transnationalism, Identity*, Palgrave Macmillan, Basingstoke

Bird, Isabella (1985), *The Yangtze Valley and Beyond*, Virago, London

Blofeld, John (1989), *City of Lingering Splendour: A frank account of old Peking's exotic pleasures*, Shambala, Boston and Shaftesbury

Bowden, Gregory Houston (1975), *British Gastronomy: The Rise of Great Restaurants*, Chatto and Windus, London

Bray, Francesca (2018), "Where did the animals go: Presence and absence of livestock in Chinese agricultural treatises", in Sterckx, Roel, Siebert, Martina and Schäfer, Dagmar (eds), *Animals Through Chinese History: Earliest Times to 1911*, Cambridge University Press online publication

Bray, Francesca, Hahn, Barbara, Lourdusamy, John Bosco and Saraiva, Tiago (co-authors) (2023), *Moving Crops and the Scales of History*, Yale University Press, New Haven

Bray, Francesca (1984), *Science and Civilisation in China, Volume 6: Biology and Biological Technology, Part 2: Agriculture*, Cambridge University Press, Cambridge

Bredon, Juliet and Mitrophanow, Igor (1966), *The Moon Year: A Record of Chinese Customs and Festivals*, Paragon Book Reprint Corp., New York

Brillat-Savarin, Jean-Anthelme (1970), *The Physiology of Taste* (translated from the French by Anne Drayton), Penguin Classics, London

Brown, Miranda (2019), "Mr Song's Cheeses: Southern China, 1368 – 1644", *Gastronomica*, 19 (2), pp.29 – 42

Brown, Miranda (2021), "The hidden, magnificent history of chop suey", Atlas Obscura, 30 November 2021. https://www.atlasobscura.com/articles/chop-suey-history

Brown, Miranda (2021), "Dumpling Therapy", Chinese Food & History, 15 February 2021. https://www.chinesefoodhistory.org/post/dumpling-therapy

Buell, Paul D and Anderson, EN (2010), *A Soup for the Qan*

(second revised and expanded edition), Brill, Leiden

Campany, Robert F (**2005**), "Eating Better Than Gods and Ancestors", in Sterckx (2005)

Chang, KC (**ed.**) (**1977**), *Food in Chinese Culture: Anthropological and Historical Perspectives*, Yale University Press, New Haven

Chen, Sean JS (**2019**), *Recipes from the Garden of Contentment: Yuan Mei's Manual of Gastronomy*, Berkshire, Publishing Group, Great Barrington

Chen, Teresa M (**2009**), *A Tradition of Soup: Flavors from China's Pearl River Delta*, North Atlantic Books, Berkeley

Chao, Yang Buwei, *How to Cook and Eat in Chinese*, John Day, 1945

Chiang, Cecilia Sun Yun (**1974**), *The Mandarin Way*, Little, Brown and Company, Boston.

Chinese Cooking (**1983**), Zhaohua Publishing House, Beijing

Coe, Andrew, *Chop Suey: A Cultural History of Chinese Food in the United States*, Oxford University Press, New York, 2009

Confucius (**1993**), *The Analects*, (translated by Raymond Dawson), Oxford University Press, Oxford

Cook, Constance A (**2005**), "Moonshine and Millet: Feasting and Purification Rituals in Ancient China", in Sterckx (2005)

Davis, Francis (**1836**), *The Chinese: A General Description of the Empire of China and its Inhabitants*, *Volume 2*, Charles Knight & Co, London

Davis, Francis (**1857**), *China: A General Description of That Empire and its Inhabitants*, *Volume 1*, John Murray, London

Diamond, Jared (**2006**), *Collapse: How Societies Choose to Fail or Succeed*, Penguin Books, London

Dott, Brian R (**2020**), *The Chile Pepper in China: A Cultural*

Biography, Columbia University Press, New York

Dunlop, Fuchsia (2008), *Shark's Fin and Sichuan Pepper: A Sweet-Sour Memoir of Eating in China*, Ebury Publishing, London

Dunlop, Fuchsia (2013), "Barbarian heads and Turkish dumplings: The Chinese word *mantou*", in *Wrapped & Stuffed Foods: Proceedings of the Oxford Symposium on Food and Cookery 2012* ed. Mark McWilliams, pp.128 – 143, Prospect Books, Totnes, England, 2013

Eilperin, Juliet (2012), *Demon Fish: Travels Through the Hidden World of Sharks*, Gerald Duckworth & Co Ltd, London

Freeman, Michael (1977), "Sung", in Chang (1977)

Gernet, Jacques (1962), *Daily Life in China on the Eve of the Mongol Invasion 1250 – 1276*, George Allen & Unwin, London

Gladney, Dru C, *Muslim Chinese: Ethnic Nationalism in the People's Republic*, Council on East Asian Studies at Harvard University, Cambridge, 1996

Goossaert, Vincent (2005), "The Beef Taboo and the Sacrificial Structure of Late Imperial Chinese Society" in Sterckx (2005)

Harper, Donald (1982), "*The Wu Shih Erh Ping Fang: Translation and Prolegomena*", DPhil dissertation at University of California, Berkeley

Harper, Donald (1984), "Gastronomy in Ancient China", in *Parabola Volume 9*, No 4

Hawkes, David (trans.) (1985), *The Songs of the South: An Ancient Chinese Anthology of Poems by Qu Yuan and Other Poets*, Penguin Books, London

Hinton, David (trans.) (1993), *Selected Poems of T'ao Ch'ien*, Copper Canyon Press, Port Townsend

Hinton, David (trans.) (**2013**), *The Four Chinese Classics*, Counterpoint, Berkeley

Ho Chuimei (**1998**), "Food for an 18th-Century Emperor: Qianlong and His Entourage", *Proceedings of the Denver Museum of Natural History*, Series 3, No.15, p.73, 1 November 1998

Holt, Vincent (**1992**), *Why Not Eat Insects?*, Pryor Publications, Whitstable (originally published by the British Museum in 1885)

Huang, HT (**2000**), "Fermentations and Food Science", in Joseph Needham's *Science and Civilisation in China*, *Volume 6*, *Part V*, Cambridge University Press, Cambridge

Illustrated Catalogue of the Chinese Collection of Exhibits for the International Health Exhibition, London, 1884, published by order of the Inspector General of Customs, William Clowes and Sons, London

Jullien, François (**2008**) (translated by Paula M Varsano), *In Praise of Blandness: Proceeding from Chinese Thought and Aesthetics*, Zone Books, New York

Kieschnick, John (**2005**), "Buddhist Vegetarianism in China" in Sterckx (2005)

King, FH (**2004**), *Farmers of Forty Centuries: Organic Farming in China, Korea and Japan*, Dover Publications, New York

Klein, Jakob (**2020**), "Eating Potatoes is Patriotic: State, Market and the Common Good in Contemporary China", *Journal of Current Chinese Affairs*, 48: 3, pp.340 - 59. https://journals.sagepub.com/doi/full/10.1177/1868102620907239

Knechtges, David R (**1986**), "A Literary Feast: Food in Early Chinese Literature", *Journal of the American Oriental Society*, *Volume 106*, no.1, 1986, pp.49 - 63. https://doi.org/10.2307/602363

Knechtges, David R（1997）, "Gradually Entering the Realm of Delight: Food and Drink in Early Medieval China", *Journal of the American Oriental Society*, *Volume 117*, no.2, pp.229－39. https://doi.org/10.2307/605487（accessed January 2023）

Knechtges, David R and 康达维（2012）, "Tuckahoe and Sesame, Wolfberries and Chrysanthumems, Sweet-peel Orange and Pine Wines, Pork and Pasta: The 'Fu' as a Source for Chinese Culinary History" /伏苓与芝麻、枸杞与菊花、黄柑与松醪、猪肉与面食: 辞赋作为中国烹饪史的资料来源, *Journal of Oriental Studies*, 45（1/2）, pp.1－26. http://www.jstor.org/stable/43498202

Knechtges, David R（2014）, "Dietary Habits: Shu Xi's 'Rhapsody on Pasta' " in Wendy Swartz, Robert Ford Campany, Yang Lu and Jessey Choo（eds.）*Early Medieval China: A Sourcebook*, Columbia University Press, New York

Knoblock, John and Riegel, Jeffrey（eds.）（2000）, *The Annals of Lü Buwei*, Stanford University Press, Stanford

Lau, DC（trans.）（1970）, *Mencius*, Penguin Books, London

Lee, Jennifer（2008）, *The Fortune Cookie Chronicles*, Twelve, New York

Legge, James（trans.）（1967）, *Li Chi Book of Rites*（*Volumes 1 and 2*）, University Books, New York

Lévi-Strauss, Claude（1970）, *The Raw and the Cooked: Introduction to a Science of Mythology, Volume 1*, translated from French by John and Doreen Weightman, Jonathan Cape, London

Lin, Hsiang Ju（2015）, *Slippery Noodles: A Culinary History of China*, Prospect Books, London

Lin Yutang（1942）, *My Country and My People*, William Heinemann Ltd, London

Linford, Jenny (2019), *The Missing Ingredient: The Curious Role of Time in Food and Flavour*, Penguin Books, London

Lo, Vivienne (2005), "Pleasure, Prohibition, and Pain: Food and Medicine in Traditional China", in Sterckx (2005)

Lu Houyan et al (2005), "Millet Noodles in Late Neolithic China" in *Nature*, 437, pp.967 – 8. https://www.nature.com/articles/437967a

Lu Wenfu (1987), *The Gourmet and other stories of modern China*, Readers International, London

Lu Xun (2009), *The Real Story of Ah-Q and Other Tales of China: The Complete Fiction of Lu Xun* (translated by Julia Lovell), Penguin Classics, London

McGee, Harold (2004), *McGee on Food and Cooking*, Hodder and Stoughton, London

McGee, Harold (2012), "Harold McGee on 酒饼" in *Lucky Peach*, Issue 5, Fall 2012, pp.34 – 7

McGee, Harold (2020), *Nose Dive: A Field Guide to the World's Smells*, John Murray, London

McGovern, Patrick E, et al (2004), "Fermented Beverages of Pre- and Proto-Historic China", *Proceedings of the National Academy of Sciences of the United States of America*, *Volume 101*, no.51, 2004, pp.17593 – 98. http://www.jstor.org/stable/3374013

Mendelson, Anne (2016), *Chow Chop Suey: Food and the Chinese American Journey*, Columbia University Press, New York

Mintz, Sidney (2011), "The Absent Third: The Place of Fermentation in a Thinkable World Food System" in *Cured, Fermented and Smoked foods, Proceedings of the Oxford Symposium on Food and Cookery* 2010, Prospect Books, Totnes

Mintz, Sidney, and Sharda Nayak (1985), "The Anthropology of

Food: Core and Fringe in Diet", *India International Centre Quarterly*, *Volume 12*, no.2, pp.193 – 204

Miscellaneous, Including Papers on China, The Health Exhibition Literature, Vol. XIX (**1884**) , printed and published for the Executive Council of the International Health Exhibition and for the Council of the Society of Arts by William Clowes and Sons, London

Mo, Timothy (**1999**) , *Sour Sweet*, Paddleless Press, London

Mo Zi (**2010**) (**trans. Ian Johnston**) , *The Book of Master Mo*, Penguin Books, London

Mote, Frederick W (**1977**) , "Yuan and Ming", in Chang (1977)

Palmer, Martin with Breuilly, Elizabeth (**translator**) (**1996**) , *The Book of Chuang Tzu*, Penguin Books, London

Polo, Marco (**1958**) , *The Travels of Marco Polo* (translated by Ronald Latham) , Penguin Classics, London

Puett, Michael (**2005**) , "The offering of food and the creation of order: The practice of sacrifice in Early China " in Sterckx (ed.) (2005)

Price, Barclay (**2019**) , *The Chinese in Britain: A History of Visitors and Settlers*, Amberley Publishing, Stroud.

Rath, Eric C (**2021**) , *Oishii: The History of Sushi*, Reaktion Books, London

Roberts, JAG (**2002**) , *China to Chinatown: Chinese food in the West*, Reaktion Books, London

Robson, David (**2013**) , "There really are 50 Eskimo words for ' snow' ", *The Washington Post*, https://www.washingtonpost.com/ national/health-science/there-really-are-50-eskimo-words-for-snow/ 2013/01/14/e0e3f4e0-59a0-11e2-beee-6e38f5215402_story.html

Roy, David Tod (**2001**) , *The Plum in the Golden Vase or Chin P'ing*

Mei, *Volume 2* "The Rivals", Princeton University Press, Princeton

Sabban, Françoise (1986), "Court cuisine in fourteenth-century imperial China: some culinary aspects of Hu Sihui's Yinshan Zhengyao", *Food and Foodways*, *Volume 1*, issue 1 − 2, pp.161−96

Sabban, Françoise (1994), L'industrie sucrière, le moulin a sucre et les relations sino-portugaises aux XVIe − XVIIIe siècles', *Annales Histoire*, *Sciences Sociales*, *Volume 49*, no.4, pp.817 − 61. http://www.jstor.org/stable/27584739

Sabban, Françoise (2000), "China" in *The Cambridge World History of Food*, Cambridge University Press, Cambridge

Sabban, Françoise (2012a), *Les séductions du palais: Cuisiner et manger en Chine*, ACTES SUD, Arles, 2012

Sabban, Françoise (2012b), "A scientific controversy in China over the origins of noodles", *Carnets du Centre Chine* 15 October 2012. http://cecmc. hypotheses. org/.? p = 7663 translated from "Une controverse scientifique en Chine sur l'origine des pâtes alimentaires" http://cecmc.hypotheses.org/7469

Sabban, Françoise (2010), "Transition nutritionnelle et histoire de la consommation laitière en Chine", Cholédoc, 2010. https://hal. archives-ouvertes.fr/hal-00555810

Sabban, Françoise (1997), "La diète parfaite d'un lettré retiré sous les Song du Sud", *Études Chinoises*, Association française d'études chinoises, 16 (1), pp.7 − 57

Sabban, Françoise (1996), " 'Follow the seasons of the heavens': Household economy and the management of time in sixth-century China", in *Food and Foodways*, 6: 3 − 4, pp.329 − 49

Sabban, Françoise (2014), "China: Pasta's Other Homeland" in Serventi and Sabban (2014)

Sandhaus, Derek (2019), *Drunk in China*, Potomac Books, Sterling

Schafer, Edward H (1977), "T'ang" in Chang (1977)

Schafer, Edward H (1985), *The Golden Peaches of Samarkand: A Study of Tang Exotics*, University of California Press, Berkeley and Los Angeles

Serventi, Silvano and Sabban, Françoise (2002), *Pasta: The Story of a Universal Food*, Columbia University Press, New York

Simoons, Frederick J (1990), *Food in China: A cultural and Historical Inquiry*, CRC Press, Boca Raton

So, Yan-kit (1992), *Classic Food of China*, Macmillan, London

Spang, Rebecca (2000), *The Invention of the Restaurant: Paris and Modern Gastronomic Culture*, Harvard Historical Studies No.135, Harvard University Press, Cambridge

Spence, Jonathan (1977), *Ch'ing* in Chang (1977)

St Cavish, Christopher (2022), "From China: The Future of the Wok", *Serious Eats*, https://www. seriouseats. com/industrial-woks-in-china-5218100

Sterckx, Roel (ed.) (2005), *Of Tripod and Palate: Food, Politics and Religion in Traditional China*, Palgrave Macmillan, London

Sterckx, Roel (2006), "Sages, Cooks and Flavours in Warring States and Han China", *Monumenta Serica*, vol.54, 2006, pp. 1 – 46 http://www.jstor.org/stable/40727531

Sterckx, Roel (2011), *Food, Sacrifice and Sagehood in Early China*, Cambridge University Press, Cambridge

Sterckx, Roel (2019), *Chinese Thought: Confucius to Cook Ding*, Pelican Books, London

Swisher, E (1954), *China in the Sixteenth Century: The Journals of Matthew Ricci: 1583 – 1610* (translated from the Latin by Louis

J. Gallagher), Random House, New York

Veith, Ilza (trans.) (1982), *The Yellow Emperor's Classic of Internal Medicine*, Southern Materials Center, Taipei

Visser, Margaret (1989), *Much Depends on Dinner*, Penguin Books, London

Waley, Arthur (trans.) (1996), *The Book of Songs: The Ancient Chinese Classic of Poetry*, Grove Press, New York

Waley, Arthur (1956), *Yuan Mei: Eighteenth Century Chinese Poet*, George Allen and Unwin, London

Waley-Cohen, Joanna (2007), "The quest for perfect balance: Taste and gastronomy in Imperial China", in Freedman, Paul (ed.), *Food: The History of Taste*, Thames and Hudson, London

Wang, Edward Q (2015), *Chopsticks: A Cultural and Culinary History*, Cambridge University Press, Cambridge

West, Stephen H (1985), "The Interpretation of a Dream. The Sources, Evaluation, and Influence of the ' Dongjing Meng Hua Lu' ", *T'oung Pao*, Volume 71, no.1/3, pp. 63 − 108. http://www.jstor.org/stable/4528333

Wilkinson, Endymion (1998), *Chinese History: A Manual*, Harvard University Asia Center, Cambridge and London

Williams, CAS (2006), *Chinese Symbolism and Art Motifs*, Tuttle Publishing, North Clarendon

Wrangham, Richard (2010), *Catching Fire: How Cooking Made Us Human*, Profile Books, London

Yü, Ying-shih (1977), "Han" in Chang (1977)

Yue, Isaac (2018), " The Comprehensive Manchu-Han Banquet: History, Myth, and Development", *Ming-Qing Yanjiu* 22, pp. 93−111

Zhang Min（1998），"A Brief Discussion of the Banquets of the Qing Court", *Proceedings of the Denver Museum of Natural History*, Series 3, No, 15, 1 November 1998

Zhao Zhijun（2011），"New Archaeobotanic Data for the Study of the Origins of Agriculture in China", *Current Anthropology*, *Volume 52*, Supplement 4, October 2011

Zhenhua Deng et al（eds.）（2018），"The Ancient Dispersal of Millets in Southern China: New Archaeological Evidence", *The Holocene*, *Volume 28*

艾广富（Ai Guangfu），《地道北京菜》，北京科学技术出版社，2006 年

陈达叟等（Chen Dasou et al.），《艺文丛刊：蔬食谱 山家清供 食宪鸿秘》，浙江人民美术出版社，2016 年

陈忠明编著（Chen Zhongming ed.），《江苏风味菜点》（高级烹饪系列教材），上海科学技术出版社，1990 年

陈照炎编（Chen Zhaoyan ed.），《香港小菜大全》，香港长城出版社，2002 年

李渔（Li Yu），《闲情偶寄》，中国商业出版社，1984 年

李玉明等编著（Li Yuming et al）（eds.），《山西面食大全》，北岳文艺出版社，2014 年

林洪（Lin Hong）撰，章原（Zhang Yuan）编著，《山家清供》，中华书局，2016 年

孟元老（Meng Yuanlao），吴自牧（Wu Zimu），《东京梦华录》，中国商业出版社，1982 年

聂凤乔编著（Nie Fengqiao ed.），《中国烹饪原料大典（上下卷）》，青岛出版社，1998 年

裘纪平（Qiu Jiping），《茶经图说》，浙江摄影出版社，2017 年

邱庞同（Qiu Pangtong 1995），《中国面点史》，青岛出版社，1995 年

任百尊编著（Ren Baizun ed.），《中国食经》，上海文化出版社，1999 年

人民大会堂《国宴菜谱集锦》编辑组，《国宴菜谱集锦》，人民大会堂，1984 年

马素繁主编（Ma Sufan ed.），《川菜烹调技术》，四川教育出版社，1987 年

四川高等烹饪专科学校《川菜烹饪技术》编写组，《川菜烹饪技术》（上下册），四川教育出版社，1992 年

汪曾祺（Wang Zengqi），《肉食者不鄙：汪曾祺谈吃大全》，中信出版集团，2018 年

王子辉（Wang Zihui），《中国饮食文化研究》，陕西人民出版社，1997 年

吴余（Wu Yu 2018），"'八大菜系'的历史，比春晚早不了几年"，https://www.sohu.com/a/224094667_157506，2018 年

吴自牧（Wu Zimu），《东京梦华录·梦粱录》，中国商业出版社，1982 年

熊四知编著（Xiong Sizhi ed.），《中国饮食诗文大典》，青岛出版社，1995 年

张德生编著（Zhang Desheng ed. 1993），《中国豆腐菜大全》，福建科学技术出版社，1993 年

赵荣光编著（Zhao Rongguang ed.），《中国饮食典籍史》，上海古籍出版社，2011 年

周三金（Zhou Sanjin），《上海老菜馆》，上海辞书出版社，2008 年

朱伟编著（Zhu Wei ed.），《考吃》，中国书店出版社，1997 年

致 谢

    也许对本书影响最大的人是戴建军（朋友们都亲切地叫他"阿戴"）。在他位于杭州的龙井草堂餐厅和浙江南部的躬耕书院，以及我们游历江南的途中，通过无数令人难忘的美食，从盛大的宴席到农家的午餐，再到深夜杭州街头的面条，阿戴用中国饮食的精神"喂养"我。他让这一切都鲜活起来，帮助我进行了深入理解。阿戴，没有你就没有这本书，我对你永远感激不尽。

    还有其他很多朋友，为我做过饭，成为我厨房里的良师益友，和我谈论中餐，并邀请我去参加他们的晚宴与美食漫游。我要特意感谢以下这些人：浙江的大厨胡忠英、董金木、陈晓明、朱引锋、茅天尧、郭马、杨爱萍、胡飞霞以及龙井草堂和躬耕书院的其他全体成员。江苏的夏永国、沙佩智和张皓向我讲解了扬州与苏州的烹饪传统。在北京，陈晓卿也以同样的智识授业于我，让我赞叹；而小关、艾广福、徐龙、金富成、金涛、崔勇、冯国明也充当了我的老师、向导和饭搭子；我也非常感激刘广伟、刘延明、京吃和梅姗姗。在河南，我与周志永志趣相投，他和我分享了一些难忘的历险故事，和我们一起的还有孙润田。王宏武、杜文利和王志刚帮我稍稍掀起了山西面食神秘面纱的一角。在山东，大厨王兴兰、王致远和王万新让我首次真正品尝了中餐传奇菜系鲁菜。杨艾军、叶增权和毕伟与我分享了云南美食的许多奇妙之处。傅师傅（即书中的"蟹先生"）堪称我在上海的"烹饪教父"。同时也感谢卢怿明付出的时间和智识。在四川，与我结交多年的良师益友们，王旭东、喻波、戴双、兰桂均、江玉祥教授、赖武、刘耀春、徐君、邓红、熊燕和袁龙军总是不断地给予我灵感、知识、鼓励和乐趣。在湖南，刘伟和三三就像我的中国家人，这样的情谊已经延续了二十年。感谢徐泾业和谭世态带我领略佛山和顺德的美妙，也感谢汕头的郑宇晖。在香港，与我多年来分享餐桌之乐的饭搭子有冷黄冬蓓、苏珊·荣（Susan Jung）、奈杰尔·吉（Nigel Kat）、刘健威和刘晋。张逸和李文基热心地满足了我关于文旦柚的好奇心；而邹重珩则在有关食物口感的粤语用词方面给了我宝贵的建议。我也一如既往地感激李建勋（Jason Li）、乐雨音、弄青和谢歌文（Gwen Chesnais），感谢他们跨越远洋大陆给予的友谊和支持。

安达臣（Eugene N. Anderson）是我在中国烹饪学术领域早期的偶像之一，他欣然同意审阅本书的手稿，我非常感谢他宝贵（且引人入胜）的修改和评论。我还要感谢弗朗西斯卡·布雷对米饭一章不吝啬评论和建议，以及弗朗索瓦丝·萨班（Françoise Sabban）、胡司德、康达维、达白安（Brian Dott）和罗维前（Vivienne Lo），感谢他们允许我使用他们对古籍的译文。罗维前和余文章（Isaac Yue）还帮助我解决了一些急需解决的问题。吴晓明继续协助我进行翻译，并提供了许多中国格言警句（以及关于贪吃的道德教育！）。保罗·法兰奇（Paul French）给了我一些很好的阅读书目建议。一如既往，我非常感谢雨果·马丁（Hugo Martin）赠送的书籍，这些书籍属于他的母亲、我的老朋友和导师苏恩洁，它们构成了我藏书的基石。

我的书能翻译成中文，实在是很大的惊喜：此书将是第一本英文本出版不久后就出中文版的作品。为此，我必须感谢出类拔萃的译者何雨珈，她赋予了中国读者心中的"扶霞之声"；也感谢上海译文出版社出色的同事们：张吉人、范炜炜和王琢。（同时也感谢何伟最开始为我们彼此引荐）。

这本书的大部分内容都是在疫情时漫长的非常时期成形的。那段日子之所以还能忍受，部分要感谢在封控和各种限制期间，很多朋友帮助我保持了对食物和中国的热情，其中包括艾米·潘（Amy

Poon)、利利安・陆（Lillian Luk）、张超、李亮、魏桂荣、西娅・朗福德（Thea Langford）、本・阿德勒（Ben Adler）、科林・斯蒂尔（Colin Steele）、阿加塔・特雷巴茨（Agata Trebacz）、萨姆・查特顿・迪克森（Sam Chatterton Dickson）、萨拉・菲纳（Sarah Finer）、吉米・利文斯通（Jimmy Livingstone）、亚当・柯比（Adam Kirby）、梅拉妮・维尔姆斯（Melanie Willems）、安妮莎・赫卢（Anissa Helou）、简・列维（Jane Levi）、塞玛・莫森（Seema Merchant）、佩妮・贝尔（Penny Bell）和丽贝卡・凯斯比（Rebecca Kesby）。还要感谢默林・邓洛普（Merlin Dunlop）、夏洛特・邓洛普（Charlotte Dunlop）、索菲・邓洛普（Sophie Dunlop）和雨果・邓洛普（Hugo Dunlop）在首次封控期间让我和他们住在一起；感谢卡罗琳・邓洛普（Carolyn Dunlop）和贝德・邓洛普（Bede Dunlop）、维基・弗兰克斯（Vicky Franks）、乔・弗洛托（Jo Floto）、罗比・拉瓦（Robbie Lava）和阿加塔・库兹尼卡（Agata Kuznicka）。我还要感谢《金融时报》（*Financial Times*）的亚历山大・吉尔莫（Alexander Gilmour），感谢他委托我创作的一些文章，也为本书提供了素材。

多年来，代理人佐伊・沃尔迪（Zoë Waldie）一直是我的挚友和可靠的"军师"。很高兴能再次和我长期的编辑理查德・阿特金森（Richard Atkinson）合作，这次不是一本食谱，而是札记；很高兴能与美国 W. W. 诺顿公司（W. W. Norton）的梅兰妮・托托罗利（Melanie Tortoroli）和艾琳・辛斯基・洛维特（Erin Sinesky Lovett）合作。此外，还要感谢企鹅出版社（Penguin Books）的山姆・富尔顿（Sam Fulton）、丽贝卡・李（Rebecca Lee）、克莱尔・赛尔（Clare Sayer）、彭・沃格勒（Pen Vogler）、伊莫金・斯科特（Imogen Scott）、弗朗西斯卡・蒙泰罗（Francisca Monteiro）和朱莉・伍恩（Julie Woon）。

众所周知，中文是非常复杂的语言，学习起来往往令人望而生畏，尤其是在涉及历史典籍时；为此，我要深深感谢那些研究、翻译古代经典和其他中国文学作品，并写下很多研究文章的学者们，他们的杰出工作让我这样的"半吊子"更容易理解那些作品。你可以在参考和注释中找到其中许多人的名字，但我还是希望在这里特地感谢黄兴宗、弗朗索瓦丝·萨班、安达臣、胡司德、康达维、张光直（KC Chang）、薛爱华、夏德安、朗西斯卡·布雷、保罗·布尔、大卫·霍克斯（David Hawkes）、闵福德（John Minford）、大卫·辛顿（David Hinton）和芮效卫（David Tod Roy）。我手中他们的所有著作和文章都被翻得折角破旧，我将永远敬畏他们全心的投入和出色的学术成就。

衷心希望这本书能鼓励读者们怀着更多的热爱、理解和欣赏去体验中国美食。当然，若有任何错误和遗漏，责任全在本人。

译后记

——怪味沙拉

怪味，是川菜里风格最独特、调味最讲究的味型之一。它要用芝麻酱、芝麻油、辣椒油、花椒、糖、醋、酱油和盐等调料，达成"咸、甜、麻、辣、酸、鲜、香"等多种味道的同声合唱。没有主唱，每一味都很重要，每一味都不可突出。扶霞形容这是"鸡尾酒一样的调和之味"。

Salad，本书英文原著中高频出现的一个词。在中餐主题的语境下，当然多数时候指的是"凉菜"或"冷盘"。但我总觉得直接翻译成"沙拉"，在扶霞那儿也应该不成问题。在她的脑子里，这两个概念应该没有明显的楚河汉界。要让她在伦敦那个供着灶王爷的厨房里出品一道沙拉，大约也不会是简单的几种生食蔬菜加水煮食材，浇上现成的沙拉酱了事；她应该会充分考虑营养、味道与口感的平衡，综合多种食材与不同厨艺，最后的成菜说不定就是"怪味沙拉"。

毕竟，蓝眼睛的扶霞，有个深邃的"中国胃"。

不仅如此，如果你是她的客人之一，也许能听她从这道菜的味型、配料、摆盘等各种表象开始，生发到相关的历史、典籍、研究、专著：远古贤哲说过什么，近代学者讲了些啥，吃货扶霞又为此采访过谁……昨天今天明天，上下五千年。

毕竟，谈到中餐，扶霞就是个中国人，还是个啥都知道的中国人。

常驻上海的美国撰稿人沈恺伟在某次采访中说："扶霞是一位了不起的作家和美食研究者，她为增进西方人对中餐的了解做出了巨大贡献。我想不出另外一位比她更擅长描写中国食物的作家。她知道的可真多啊，每次和她聊天我都觉得我好像从来没来过中国。"

何止是你啊，Chris，就连我在她面前，都时不时会质疑自己作为中国人的"资格"。

最早她对我说，这一本新书要叫"君幸食"，我脑子里警铃大作，拦住了顶在舌头上的"啥意思？"，不动声色地拿起手机。搜索栏里三个字还没打完呢，她接着说，是出自一个文物，意思就是"invitation to a banquet"。好的，fine，我怎么竟然要靠英文来理解母语？

我当天好好研究了一下那个"君幸食狸龟纹漆盘"，出土自马王堆汉墓的食器，上面刻了三只猫咪、一只小龟，写了三个字儿"君幸食"：请你来吃饭，吃好喝好啊。

我一边高兴又认识了个文物，一边羞赧这个知识竟然是个英国人告诉我的。再转念一想，霞姐不算，她大小是"中国人民的老朋友"，中国通。她教我，很正常。

我哪知道，这只是开始。

起初，我拿到文档草草翻阅，读到一些熟悉的"配方"：在中餐美食冒险中亲身经历的有趣故事；被中餐饮食征服口腹，继而深入研究其中内涵与文化的所得。也看到一些新的东西：之前的两本（《鱼翅与花椒》和《寻味东西》）可以称为以饮食为主的"札记"，虽然也有学术方向的研究探索，但大大偏重趣味性的叙事；相比之下，《君幸食》有明确的研究构架和体系，试图从实践和文化两个方向来梳理中餐脉络，就像是一盘多样叙事与广泛研究平衡统一的"怪味沙拉"。

她邀请我们来赴宴，就真的摆出了一桌子宴席。每一个小章节，都从宴席上的一道菜说起（所以我这个译后记，也有样学样了）。就像前面我幻想她为客人讲解"怪味沙拉"一样，从一个相关的细枝末节讲开去，延伸到无限的历史长河与广袤的地理版图上：碗盘成了写满文字的卷轴，筷子就是跋涉不停的双腿。

　　读起来是有趣的、过瘾的、干货满满的。但作为翻译，这本书也许最认真的读者，里面的"干货"造成了一些（主要是时间上的）困扰。我为《君幸食》创建的网页收藏夹下面有数百个条目，都是为了确认她讲到的典故、引用的原文、提及的人与事件所查阅的资料。有时也需要造访地方图书馆查阅年代久远的实体资料，甚或求助重洋之外大学校园里的朋友到图书馆去为我查一本难得的藏书。扶霞本人也提供了帮助，从她庞大的实体中文烹饪资料库里为我翻出原文、发来照片。这些广博的衍生资料，也产生了另一个附带困扰，就是我常常一看进去就忘了正事儿。一天下来，书没翻几行，闲篇儿倒是看了不少！

　　我和扶霞有个共同朋友，看了英文版，跟我评价"旁征博引，规模宏大，又真诚可爱，特别棒"。我点头同意，也在心里嘀咕一句，她征她引，倒是信手拈来，害我查得好苦！

　　当然，这里该有个"但是"了：我出于职责，心甘情愿，于另一层面，又是享受其中。

　　前面说过，这里面有熟悉的"配方"，我翻译的时候也和之前一样，体重噌噌上涨。"吃货"对食物的充满真爱的描写，最能勾另一个"吃货"垂涎三尺。比如她写自己和李渔一样爱吃蟹，美蟹入梦来，人与蟹同醉（"I dream of crabs, and I dream of them drunken."）我当下馋虫蚀骨，当晚就找了家餐馆，大啖一顿醉蟹。她写喜欢上鸭肠、鸡爪、兔头等食材的口感之后，几乎是能点必点；同为"非正常肉类爱好者"的我边嘬啃着糟卤鸭舌边大喊："我懂你啊，霞姐，我懂！"

　　新的享受，便是我从这本书里扶霞的探索中，对自己的文化产生了新的尊重。就像你正走在熟悉得像空气的土地上，突然来了这么一个引路人。她与你土生土长的这片土地毫无血缘，萍水相逢，却一见钟情，从此投入其中，扎根的深度与广度都要超过你；同时又因为过去并不"身在此山中",兼有细腻的眼光和新奇的角度,能发现局中人习以为常、很难在意的边边角角。她带你对这片呼吸了几十年的空气进行新的历险,深入到时间与空间的褶皱、过去与未来的纹理。这是一段多么陌生又熟悉、多么充满收获的旅程啊。

比如,翻译完"谷粮天赐"那一章,我揣着焕然一新的情怀,蒸了一锅白米饭,盛在碗里,就着美味的腐乳刨了一大碗;时隔几十年,又对"粒粒皆辛苦"有了更进一步的理解。类似的场景几乎会在完成每一章时上演(我的日常饮食也因此丰富不少)。我常开玩笑酸扶霞,说她对中国文化有点儿"皈依者狂热",其实这是佩服,深深地。

食物触动味蕾,靠的是味道;逗弄唇齿,靠的是口感;抵达心肠,则归功于承载的情感。作为扶霞长期的译者和朋友,我明白她的生动描写、她的殷勤探索,归根结底都是出于一片深情,渗透到字里行间,渗透在她的每一本书里。"涮羊肉"那一章,她写自己乐见少数民族在中华大地上生根发芽,拥有独特但也属于中国的美食,因为这意味着,"这片热土上也会有我的一席之地"。译者眼窝子浅,泪水不值钱,擦着红眼睛,在心里给了远隔重洋的她一个拥抱:"我懂你的,霞姐,我懂。"

我把这一篇分享给同样做美食研究的朋友,她言简意赅:"从具体的饮食来谈族群,比任何意识形态都有力量。"

就在前几天,和朋友聊起《君幸食》。他说:"扶霞这几年一口气出了四五本书啊,很高产。"我纠正他:"前面几本都是她很久之前写的了,要么就是多年来的短篇合集,或者是旧书修订。"停了一下,又补了句:"这样说来,好像是我高产啊。"

(半开)玩笑话。不过,《君幸食》确实是扶霞"第一本英文版出版不久后就出中文版的作品"(作者原话)。这本书的集中写作期,正是过去的几年。扶霞远在伦敦,不能"回"中国,思乡之情总是浓郁悠长。我猜测，可能因为这个原因，本书后记前的最后一章，她写了"食与心"，写到自己在"异国"的厨房中烹饪中餐，通过美食照片向远方的朋友传递"我在想你们"的讯息；也写到情感内敛的中国朋友们以憧憬未来一起吃饭的方式，表达对她的思念。扶霞把朋友们的这种表达，与屈原列举美食召唤"魂兮归来"相提并论，实在可爱感人。今年春夏，阔别几年的她回到成都，我们在一位故人的小餐馆里吃重聚的第一餐，盐菜回锅肉一上桌，她眼睛都亮了："我太想这一口了。"

愿以后这思念，不再需要漫长的等待才能纾解。愿吃货扶霞与亲爱的朋友们，无论中国外国，能经常向对方发出"君幸食"的邀请。

谢谢亲爱的朋友扶霞，遇到你是我的口腹与精神之大幸，生理与纸面兼而幸之。你曾赞我创造了中国读者心中的"扶霞之声"，但我想说，那本来就是你的声音，我只是有幸听到，心向往之并努力模仿的一只快乐小鸟。这鹦鹉学舌，不敢自称惟妙惟肖，也希望尽量还原那种动心悦耳。（不然下次见面，我给你做一盘怪味沙拉？）

谢谢从不踩键盘的完美小猫 Butter，你是最称职的"监工"，在铲屎官从事"副业"时，几乎一刻不曾离开她的案头。天冷时你固执地待在我的膝上呼噜，我便有猫万事足，钉在工位上专注敲字——编辑欠你很多罐罐。

谢谢我的好朋友、同为"译文纪实"书系译者的李昊。译扶霞的过程虽然享受，也难免有苦笔之时，我往往求助于他，从他的灵动头脑和伶牙俐齿中得到不少启发和快乐。（他译的《街角》很好看！）

谢谢"译文纪实"书系的总策划张吉人，没有你，我就不会有扶霞这桩美好际遇，微茫的译事生涯也许会少很多光亮，生活大约也不会如此有趣；谢谢"编辑大人"范炜炜，奇妙的缘分把两个巴蜀妹子联系在一起，同为译者的你总是给我很多的宽容和鼓励；感谢被我称为"家姐"的营销编辑王琢，你嘴上总是在催促和嫌弃我，但我知道那都是爱，你在努力保护我的单纯和自由：家姐，我也爱你。

　　每篇译后记末尾的感谢总是给你，清淡与麻辣、平静与波澜，百种滋味，才成生活。谢谢你给我温暖美好的爱，伴我勇敢前行。

怪味雨珈

2023 年冬于成都

INVITATION TO A BANQUET

by

FUCHSIA DUNLOP

Copyright © Fuchsia Dunlop 2023

Simplified Chinese edition copyright:

2024 SHANGHAI TRANSLATION PUBLISHING HOUSE(STPH)

All rights reserved

图字:09-2022-0882 号

图书在版编目(CIP)数据

君幸食:一场贯穿古今的中餐盛宴/(英)扶霞·
邓洛普(Fuchsia Dunlop)著;何雨珈译.—上海:
上海译文出版社,2024.4
(译文纪实)
书名原文:Invitation to a banquet
ISBN 978-7-5327-9617-5

Ⅰ.①君… Ⅱ.①扶… ②何… Ⅲ.①饮食—文化—
中国 Ⅳ.①TS971.202

中国国家版本馆 CIP 数据核字(2024)第 061250 号

君幸食:一场贯穿古今的中餐盛宴
[英]扶霞·邓洛普 著 何雨珈 译
责任编辑/范炜炜 装帧设计/徐 茂 邵 旻 观止堂_未氓

上海译文出版社有限公司出版、发行
网址:www.yiwen.com.cn
201101 上海市闵行区号景路 159 弄 B 座
上海景条印刷有限公司印刷

开本 890×1240 1/32 印张 12.25 插页 2 字数 267,000
2024 年 4 月第 1 版 2024 年 4 月第 1 次印刷
印数:00,001—20,000 册

ISBN 978-7-5327-9617-5/I·6029
定价:68.00 元